高职高专规划教材

矿冶液压设备使用与维护

主　编　苑忠国

副主编　李　毅　于　钧

U0315895

北　京

冶金工业出版社

2010

内 容 提 要

全书共 9 章,讲述了液压传动基础知识、动力元件、执行元件、控制元件、辅助元件、回路、典型矿山设备液压系统与典型冶金设备液压系统等内容。其中对液压传动系统的使用与维护、故障诊断和排除等内容进行了详细阐述。

本书简化理论推导,注重生产实践,在一定程度上反映了矿山冶金液压设备的新技术与新发展。本书可作为高职高专冶金技术专业、矿山机电专业和其他相关专业的教材,也可作为在职技术工人的培训教材或自学用书。

图书在版编目(CIP)数据

矿冶液压设备使用与维护/苑忠国主编. —北京:冶金工业出版社,2010.8
高职高专规划教材
ISBN 978-7-5024-5326-8

Ⅰ.①矿… Ⅱ.①苑… Ⅲ.①矿山机械—液压系统—高等学校:技术学校—教材 ②冶金设备—液压系统—高等学校:技术学校—教材 Ⅳ.①TD403②TF303

中国版本图书馆 CIP 数据核字(2010)第 155403 号

出 版 人 曹胜利
地 址 北京北河沿大街嵩祝院北巷 39 号,邮编 100009
电 话 (010)64027926 电子信箱 yjcbs@cnmip.com.cn
责任编辑 陈慰萍 美术编辑 李 新 版式设计 孙跃红
责任校对 王贺兰 责任印制 牛晓波
ISBN 978-7-5024-5326-8
北京印刷一厂印刷;冶金工业出版社发行;各地新华书店经销
2010 年 8 月第 1 版,2010 年 8 月第 1 次印刷
787mm×1092mm 1/16;12.75 印张;338 千字;193 页
27.00 元

冶金工业出版社发行部 电话:(010)64044283 传真:(010)64027893
冶金书店 地址:北京东四西大街 46 号(100010) 电话:(010)65289081(兼传真)
(本书如有印装质量问题,本社发行部负责退换)

前　言

随着科学技术的迅速发展,矿山机械液压设备和冶金液压设备也快速发展,为了适应这种发展趋势,有必要开设相关课程,使学生毕业后能够迅速适应工作岗位群的要求。

根据高职高专办学理念和人才培养目标以及矿冶行业的特点,在编写过程中,我们遵循"必须够用"的原则,注重基本理论和基本知识的表述,理论联系实际;注重矿冶液压设备的实际应用;注重学生职业技能和动手能力的培养,重点讲解矿冶液压设备系统的基本工作原理,元件的基本结构,应用与维护,并简要介绍本学科的发展趋势,为培养合格的高级技能应用型人才提供必需的专业基础知识。另外,考虑到高职高专人才岗位群的特点,在内容选取上尽量贴近工程实际,详细编写了液压系统的故障诊断、使用维护和故障排除方面的内容,切实做到用理论指导实践,用理论知识分析问题和解决问题。

本书由吉林电子信息职业技术学院教师结合课程改革的要求和多年的教学经验编写而成,其中,毕俊召编写第1章,季德静编写第2章,李毅编写第3章,于钧编写第4章,党红编写第5章,苑忠国编写第6章至第9章。本书由苑忠国任主编,李毅、于钧任副主编。

在编写过程中,得到了许多同行和专家的指点,尤其是得到了衡阳高梦熊对本书的指点和大力支持,在此一并表示衷心的感谢。由于编者水平所限,书中不妥之处,诚请读者批评指正。

编　者
2010 年 4 月

目　　录

1 液压传动基础

1.1 液压传动的发展概况

20世纪50年代,随着世界各国经济的恢复和发展,生产过程自动化的不断进步,液压技术很快用于民用工业,特别是在机械制造、起重运输机械及各类施工机械、船舶、航空等领域得到了快速发展和广泛应用。自20世纪80年代以来,液压技术与现代数学、力学和微电子技术、计算机技术、控制科学等紧密结合,出现了微处理器、电子放大器、传感测量元件和液压控制单元相互集成的机电一体化产品(如美国Lee公司研制的微型液压阀等),提高了液压系统的智能化程度和可靠性,并应用计算机技术开展了对液压元件和系统的动、静态性能数字仿真及结构的辅助设计和制造(CAD/CAM)。随着科学技术的进步和人类环保、能源危机意识的提高,近20年来人们重新认识和研究历史上以纯水作为工作介质的纯水液压传动技术,并在理论和应用研究上,都得到了持续稳定地复苏和发展。纯水液压传动技术正在逐渐成为现代液压传动技术中的热点技术和新的发展方向之一。

21世纪将是信息化、网络化、知识化和全球化的世纪,信息技术、生命科学、生物技术和纳米技术等新科技的日益进展将对液压传动与控制技术的研究、设计观念及方法、对包括液压阀在内的各类液压产品的结构与工艺、对其应用领域以及企业的经营管理模式产生深刻影响并带来革命性变化。在社会和工程需求的强力推动及机械与电气传动及控制的挑战下,液压传动与控制技术将依托机械制造、材料工程、微电子及计算机、数学及力学、控制科学的新成果,不断发挥自身优势,满足客观需求,变得更为绿色化、机电一体化、模块化、智能化和网络化,将自身推进到新的水平。国内外液压技术发展的主要动向见表1-1。

表1-1 国内外液压技术发展的主要动向

发展内容	国内	国外	发展内容	国内	国外
	小型化、集成化、多样化	机电一体化集成元件和系统		高效、节能、环保	高精度数字控制元件和系统
	高压、高速、高精度、高可靠性	智能化自动控制元件和系统		机电一体化	水介质元件和系统

我国的液压技术是随着新中国的建立、发展而发展起来的,经过近半个多世纪的努力,我国液压行业已形成了一个门类比较齐全、有一定生产能力和技术水平的工业体系,形成了国内自主开发、引进技术制造、合资生产、仿制消化的多元化格局。通过技术引进、自主开发和技术改造,高压柱塞泵、齿轮泵、叶片泵、通用液压阀、液压缸等一大批产品的技术水平有了明显的提高,并可稳定地批量生产,为各类主体设备提高生产水平提供了保证。另外,我国在液压元件和系统的CAD、污染控制、比例伺服技术等方面也取得一定成果,并已用于生产。

应当指出,尽管我国液压工业已取得了很大的进步,但与主体设备发展需求及和世界先进水平相比,尚存在不小差距,主要反映在:(1)产品品种少;(2)专业化程度低,规模小,经济效益差;(3)科研开发力量尚较薄弱,技术进步缓慢;(4)本行业产品尚未打开国际市场。液压气动产品国际市场容量很大,但我国的出口刚刚起步,有很大的发展空间。

1.2 液压传动的基本原理及特征

1.2.1 液压传动的基本原理

1.2.1.1 传动类型及液压传动的定义

机器由原动机、传动装置和工作机三部分组成。原动机(电动机或内燃机)是机器的动力源;工作机是机器直接对外做功的部分;而传动装置则是设置在原动机和工作机之间的部分,用于实现动力(或能量)的传递、转换与控制,以满足工作机对力(或转矩)、工作速度(或转速)及位置的要求。

按照传动件工作介质的不同,传动有机械传动、电气传动、流体传动(液体传动和气压传动)及复合传动等类型。

液体传动又包括液力传动和液压传动。液力传动是以动能进行工作的液体传动。液压传动则是以受压液体作为工作介质进行动力(或能量)的转换、传递、控制与分配的液体传动。由于其独特的技术优势,液体传动已成为现代机械设备与装置实现传动及控制的重要技术手段之一。这也是本书主要介绍的内容。

1.2.1.2 液压传动的工作原理

图1-1所示为液压传动的简易挤压机及其等效简化模型。小液压缸10与排油单向阀3、吸油单向阀4一起构成手动液压泵,完成吸油与排油动作。当向上抬起杠杆13时,手动液压泵的小活塞1向上运动,小活塞的下部容腔a的容积增大形成局部真空,致使排油单向阀3关闭,油

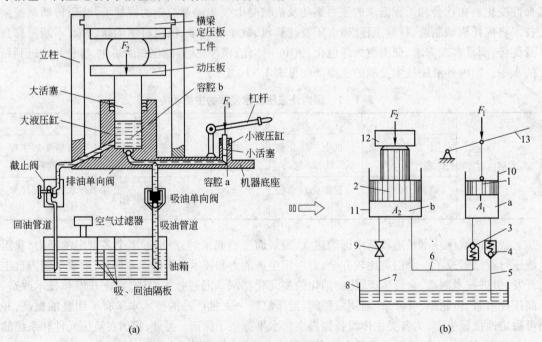

图1-1 液压传动工作原理

(a)简易挤压机;(b)简化模型

1—小活塞;2—大活塞;3—排油单向阀;4—吸油单向阀;5—吸油管道;6—排油管道;7—回油管道;
8—油箱;9—截止阀;10—小液压缸;11—大液压缸;12—动压板;13—杠杆

箱 8 中的油液在大气压作用下经吸油管道 5 顶开吸油单向阀 4 进入 a 腔。当大活塞 2 在力 F_1 作用下向下运动时,a 腔的容积减小,油液因受挤压,故压力升高,于是,被挤出的液体将吸油单向阀 4 关闭,而将排油单向阀 3 顶开,经排油管道 6 进入大液压缸 11 的容腔 b,推动大活塞 2 上移挤压工件(负载 F_2)。手摇泵的小活塞 1 不断上下往复运动,工件逐渐被挤扁。当工件挤压到所需形状后,停止小活塞 1 的运动,则大液压缸 11 的 b 腔内油液压力将使排油单向阀 3 关闭,b 腔内的液体被封死,大活塞 2 连同工件一起被闭锁不动。此时,截止阀 9 关闭。如打开截止阀 9,则大液压缸 11 的 b 腔内液体便经回油管道 7 排回油箱 8,于是大活塞 2 将在自重作用下下移回复到原始位置。

1.2.2 液压传动的工作特征

根据液压模型的工作原理可知,由小液压缸 10 与排油单向阀 3、吸油单向阀 4 一起组成的手动液压泵,将杠杆的机械能转换为油液的压力能输出,完成吸油与排油;大液压缸 11 将油液的压力能转换为机械能输出,举起重物,手动液压泵和挤压工件的液压缸(简称挤压液压缸)组成了最简单的液压传动系统,实现了动力(力和运动)的传递与转换。其工作特征如下。

(1)力的传递靠液体压力实现,系统工作压力取决于负载。模型中大活塞 2 与小活塞 1 的静力平衡方程分别为

$$F_2 = p_2 A_2$$
$$F_1 = p_1 A_1$$

式中 F_2, A_2, p_2 ——作用在大活塞 2 上的负载力(其大小与输出力相等)、大活塞 2 的面积、力 F_2 在 b 腔中产生的液体压力;

   F_1, A_1, p_1 ——作用在小活塞 1 上的输入力、小活塞 1 的面积、力 F_1 在 a 腔中产生的液体压力(液压泵的排油压力)。

不计管路的压力损失,有

$$p_1 = \frac{F_1}{A_1} = \frac{F_2}{A_2} = p_2 = p$$

于是,系统的输出力(即所能克服的负载)

$$F_2 = F_1 \frac{A_2}{A_1}$$

此即为液压传动中力传递的基本公式。

1)因 $A_2/A_1 > 1$,所以用一个很小的输入力 F_1,就可以推动一个比较大的负载 F_2,因此液压系统可视为一个力的放大机构。利用这个放大了的力 F_2 举升重物,就做成了液压千斤顶;用来进行压力加工,就做成了液压机;用于车辆刹车,就做成了液压制动闸等。

2)在系统结构参数(此处为活塞面积 A_1 和 A_2)一定的情况下,液压泵的排油压力,即系统工作压力 p_1 决定于举升液压缸的压力 p_2,从而决定于负载 F_2。负载越大,压力越大。此即为液压传动的第一个工作特征。

(2)运动速度的传递靠容积变化相等原则实现,运动速度取决于流量。忽略液体的压缩性、系统泄漏损失及液压缸和管路的弹性变形等因素,则液压泵排出的液体体积必然等于进入举升液压缸的液体体积,即容积变化相等。

$$x_1 A_1 = x_2 A_2 \tag{1-1}$$

式中 x_1 ——液压泵小活塞位移;
   x_2 ——挤压液压缸大活塞位移。

式(1-1)两边同除以运动时间 t 得

$$q_1 = A_1 v_1 = A_2 v_2 = q_2 = q$$

式中　v_1, v_2——液压泵小活塞 1 和挤压液压缸大活塞 2 的平均运动速度;

　　　　q_1, q_2——液压泵输出的平均流量和液压缸输入的平均流量。

显而易见,在系统结构参数一定的情况下,运动速度的传递是靠密闭工作容积变化相等的原则实现的。活塞的运动速度取决于输入流量的大小,而与外负载无关。如果设法调节进入液压缸的流量 q_2,即可调节活塞的运动速度 v_2。此即为液压传动中能实现无级调速的基本原理。

(3)系统的动力传递符合能量守恒定律,压力与流量的乘积等于功率。如果不计任何损失,则系统的输入、输出功率相等,即

$$P_1 = F_1 v_1 = p A_1 \frac{q_1}{A_1} = p q_1 = p A_2 \frac{q_2}{A_2} = F_2 v_2 = P_2$$

它表示在液压传动中是以液体的压力能来传递动力的,并且符合能量守恒定律。压力与流量的乘积等于功率。

综上所述可知:

(1)与外负载力相对应的液体参数是液体压力,与运动速度相对应的液体参数是液体流量。因此,压力和流量是液压传动中两个最基本的参数。

(2)如果不计各种损失,液压传动传递的力与速度彼此无关,所以液压传动既可实现与负载无关的任何运动规律,也可借助各种控制机构实现与负载有关的各种运动规律。

(3)液压功率等于压力与流量的乘积,这一点和电气系统中电功率等于电压与电流的乘积相对应。在液压系统的分析、设计及系统性能的计算机仿真中经常会利用液-电这种对应关系,简化问题难度、缩短设计开发周期并降低制造成本。

1.3　液压系统的组成与图形符号

1.3.1　液压系统的组成

液压传动与控制的机械设备或装置中,其液压系统大部分使用具有连续流动性的液压油等工作介质,通过液压泵将驱动泵的原动机的机械能转换成液体的压力能,经过压力、流量、方向等各种控制阀,送至执行器(液压缸、液压马达或摆动液压马达)中,转换为机械能去驱动负载。这样的液压系统一般都是由动力源、执行器、控制阀、液压辅件及液压工作介质等几部分所组成,各部分的功能作用见表 1-2。

表 1-2　液压系统的组成部分及功用

组　成　部　分		功　能　作　用
动力源	原动机(电动机或内燃机)和液压泵	将原动机产生的机械能转变为液体的压力能,输出具有一定压力的油液
执行器	液压缸、液压马达和摆动液压马达	将液体的压力能转变为机械能,用以驱动工作机构的负载做功,实现往复直线运动、连续旋转运动或摆动
控制阀	压力、流量、方向控制阀及其他控制元件	控制调节液压系统中从泵到执行器的油液压力、流量和方向,从而控制执行器输出的力(转矩)、速度(转速)和方向,以保证执行器驱动的主机工作机构完成预定的运动规律

组 成 部 分		功 能 作 用
液压辅件	油箱、管件、过滤器、热交换器、蓄能器及指示仪表等	用来存放、提供和回收液压介质,实现液压元件之间的连接,传输载能液压介质,滤除液压介质中的杂质,保持系统正常工作所需的介质清洁度,系统加热或散热,储存、释放液压能或吸收液压脉动和冲击,显示系统压力、油温等
液压工作介质	各类液压油(液)	作为系统的载能介质,在传递能量的同时起润滑冷却作用

一般而言,能够实现某种特定功能的液压元件的组合,称为液压回路。为了实现对某一机器或装置的工作要求,若干具有特定基本功能的回路连接或复合而成的总体称为液压系统。

1.3.2　液压传动系统的图形符号

我国制订了一种用规定的图形符号来表示液压原理图中的各元件和连接管路的国家标准,即《液压系统图图形符号》(GB/T 786.1—2009),见附表。图 1-2 为用国标《液压系统图图形符号》(GB/T 786.1—2009)绘制的工作原理图。使用这些图形符号可使液压系统图简单明了,且便于绘制。但必须指出,用图形符号绘制的液压系统图并不表示各元件的具体结构及其实际安装位置和管道布置。

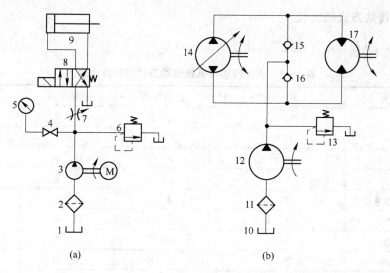

(a)　　　　　　　　　　　　　　(b)

图 1-2　采用图形符号绘制的液压系统原理

(a)开式系统;(b)闭式系统

1,10—油箱;2,11—过滤器;3,12—单向定量液压泵;4—压力表开关;5—压力表;6,13—溢流阀;7—节流阀;8—二位四通电磁换向阀;9—活塞式单杆液压缸;14—双向变量液压泵;15,16—单向阀;17—双向定量液压马达

我国制订的液压系统图图形符号标准 GB/T 786.1—2009 中,对图形符号有以下几条基本规定:

(1)符号只表示元件的职能、连接系统的通路,不表示元件的具体结构和参数,也不表示元件在机器中的实际安装位置。

(2)元件符号内的油液流动方向用箭头表示,线段两端都有箭头的,表示流动方向可逆。

(3)符号均以元件的静止位置或中间零位置表示,当系统的动作另有说明时,可作例外。

1.4　液压元件的分类

液压元件分为动力元件、执行元件、控制元件、辅助元件4类,这4类又各自包含不同的内容。

动力元件的作用是将原动机的机械能转换成液体的压力能。动力元件一般指液压系统中的油泵,它向整个液压系统提供动力。液压泵按结构形式一般分为齿轮泵、叶片泵和柱塞泵三大类。

执行元件的作用是将液体的压力能转换为机械能,驱动负载做直线往复运动或回转运动。执行元件指液压系统中的液压缸和液压马达。液压缸的结构形式有活塞液压缸、柱塞液压缸、摆动液压缸和组合液压缸。液压马达的结构形式有齿轮式液压马达、叶片液压马达和柱塞液压马达。

控制元件(即各种液压阀)在液压系统中主要是控制和调节液体的压力、流量和方向。根据控制功能的不同,液压阀可分为压力控制阀、流量控制阀和方向控制阀。压力控制阀又分为溢流阀(安全阀)、减压阀、顺序阀、压力继电器等;流量控制阀包括节流阀、调整阀、分流集流阀等;方向控制阀包括单向阀、液控单向阀、梭阀、换向阀等。根据控制方式不同,液压阀可分为开关式控制阀、定值控制阀和比例控制阀。

辅助元件包括蓄能器、过滤器、冷却器、加热器、油管、管接头、油箱、压力计、流量计、密封装置等。

1.5　各种传动方式的比较及液压传动的优缺点

1.5.1　各种传动方式的比较

液压传动与其他传动方式的综合比较见表1-3。

表1-3　液压传动与其他传动方式的综合比较

性　能	液压传动	气压传动	机械传动	电气传动
输出力	大	稍　大	较　大	不太大
速　度	较　高	高	低	高
质量功率比	小	中　等	较　小	中　等
响应性	高	低	中　等	高
负载引起特性变化	稍　有	很　大	几乎无	几乎无
定位性	稍　好	不　良	良　好	良　好
无级调速	良　好	较　好	较困难	良　好
远程操作	良　好	良　好	困　难	特别好
信号变换	困　难	较困难	困　难	容　易
调　整	容　易	稍困难	稍困难	容　易
结　构	稍复杂	简　单	一　般	稍微复杂
管线配置	复　杂	稍复杂	较简单	不特别
环境适应性	较好,但易燃	好	一　般	不太好
危险性	注意防火	几乎无	无特别问题	注意漏电
动力源失效时	可通过蓄能器完成若干动作	有余量	不能工作	不能工作
工作寿命	一　般	长	一　般	较　短
维护要求	高	一　般	简　单	较　高
价　格	稍　高	低	一　般	稍　高

1.5.2 液压传动的优缺点

与其他传动控制方式相比较,液压传动与控制技术的特点如下:

(1)优点。

1)单位功率的重量轻。液压泵和液压马达单位功率的重量只有电动机的 1/10,液压泵和液压马达可低至 0.0025N/W,而同等功率的电动机则约为 0.03N/W。前者尺寸约为后者的 12% ~ 13%。就输出力而言,用液压泵很容易得到极高压力的液压油液,将此油液传送至液压缸后,即可产生很大的作用力。

2)布局灵活方便。液压元件的布置不受严格的空间位置限制,容易按照机器的需要,通过管道实现系统中各部分的连接,布局安装具有很大的柔性,能构成用其他方法难以组成的复杂系统。

3)调速范围大。通过控制阀,液压传动可以在运行过程中实现液压执行器大范围的无级调速。

4)工作平稳、快速性好。油液具有弹性,可吸收冲击,故液压传动传递运动均匀平稳,易于实现快速启动、制动和频繁换向,往复回转运动的换向频率可达 500 次/min,往复直线运动的换向频率高达 1000 次/min。

5)易于操纵控制并实现过载保护。液压系统操纵控制方便,易于实现自动控制、远距离遥控和过载保护;运转时可自行润滑,有利于散热和延长使用寿命。

6)易于实现自动化和机电液一体化。液压技术容易与电气、电子控制技术相整合,组成机电液一体化的复合系统,实现自动工作循环。

7)易于实现直线运动。用液压传动实现直线运动比机械传动简便。

8)液压系统设计、制造和使用维护方便。液压元件属于机械工业基础件,已实现了标准化、系列化和通用化,因此,便于液压系统的设计、制造和使用维护,有利于缩短机器设备的设计制造周期并降低制造成本。

(2)缺点。

1)不能保证定比传动。由于液体的压缩性和泄漏等因素的影响,液压技术不能严格保证定比传动。

2)传动效率偏低。传动过程中需经两次转换,常有较多的能量损失,因此传动效率偏低。

3)工作稳定性易受温度影响。液压系统的性能对温度较为敏感,不宜在过高或过低温度下工作,采用液压油作传动介质时,还需注意防火问题。

4)造价较高。为防止或减少泄漏,液压元件制造精度要求较高,所以造价较高。

5)故障诊断困难。液压元件与系统容易因液压油液污染等原因造成系统故障,且发生故障部位不易诊断。

2 液压动力元件

2.1 液压泵概述

（1）液压泵的基本工作原理。液压泵都是依靠密封容积变化的原理来进行工作的,故一般称为容积式液压泵,图2-1所示的是一单柱塞液压泵的工作原理图,图中柱塞2装在缸体3中形成一个密封容积a,柱塞在弹簧4的作用下始终压紧在偏心轮1上,原动机驱动偏心轮1旋转使柱塞2做往复运动,使密封容积a的大小发生周期性的交替变化。当a由小变大时就形成部分真空,使油箱中的油液在大气压作用下,经吸油管顶开单向阀6进入油腔a而实现吸油;反之,当a由大变小时,a腔中吸满的油液将顶开单向阀5流入系统而实现压油。这样液压泵就将原动机输入的机械能转换成液体的压力能,原动机驱动偏心轮不断旋转,液压泵就不断地吸油和压油。

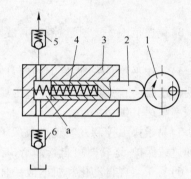

（2）液压泵的分类。液压泵按其在单位时间内所能输出的油液的体积是否可调节可分为定量泵和变量泵两类;按结构形式可分为齿轮式、叶片式和柱塞式三大类。

图2-1　液压泵工作原理
1—偏心轮;2—柱塞;3—缸体;
4—弹簧;5,6—单向阀

2.2 齿轮泵

齿轮泵是液压系统中广泛采用的一种液压泵,它一般做成定量泵。按结构不同,齿轮泵分为外啮合齿轮泵和内啮合齿轮泵,其中以外啮合齿轮泵应用最广。本节以外啮合齿轮泵为例讲解齿轮泵的工作原理、结构特征、优缺点及提高工作压力的措施。

2.2.1 齿轮泵的工作原理

图2-2为外啮合齿轮泵的工作原理图,它由装在壳体内的一对齿轮所组成,齿轮两侧有端盖。壳体、端盖和齿轮的各个齿间槽组成了许多密封工作腔。当齿轮按图示方向旋转时,右侧吸油腔由于相互啮合的轮齿逐渐脱开,密封工作容积逐渐增大,形成部分真空,因此油箱中的油液在外界大气压力的作用下,经吸油管进入吸油腔,将齿间槽充满,并随着齿轮旋转,进入到左侧压油腔内。在压油区一侧,由于轮齿在这里逐渐进入啮合,密封工作腔容积不断减小,油液便被挤出去,从油腔输送到压力管路中去。在齿轮泵的工作过程中,只要两齿轮的旋转方向不变,其吸、排油腔的位置也就确定不变。这里啮合点处的齿面接触线一直分隔高、低压两腔,起着配油作用,因此在齿轮泵中不需要设置专门的配流机构,这是它和其他容积式液压泵的不同之处。

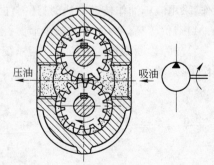

压油　　吸油

图2-2　外啮合齿轮泵工作原理

2.2.2 齿轮油泵的结构特征

外啮合齿轮泵的泄漏、困油和径向液压力不平衡是影响齿轮泵性能指标和寿命的三大问题。各种不同齿轮泵的结构特征之所以不同,都因采用了不同结构措施来解决这三大问题所致。

2.2.2.1 泄漏

齿轮泵存在着三个可能产生泄漏的部位:齿轮端面和端盖间,齿轮外圆和壳体内孔间,两个齿轮的齿面啮合处。其中对泄漏影响最大的是齿轮端面和端盖间的轴向间隙,通过轴向间隙的泄漏量可占总泄漏量的75%~80%,因为这里泄漏途径短,泄漏面积大。轴向间隙过大,泄漏量多,会使容积效率降低;但间隙过小,齿轮端面和端盖之间的机械摩擦损失增加,会使泵的机械效率降低。因此设计和制造时必须严格控制泵的轴向间隙。

2.2.2.2 困油

齿轮泵要平稳工作,齿轮啮合的重叠系数必须大于1,也就是说要求在一对轮齿即将脱开啮合前,后面的一对轮齿就要开始啮合。就在两对轮齿同时啮合的这一小段时间内,留在齿间的油液因在两对轮齿和前后泵盖所形成的一个密闭空间中,如图2-3(a)所示。当齿轮继续旋转时,这个空间的容积逐渐减小,直到两个啮合点 A、B 处于节点两侧的对称位置时,如图2-3(b)所示,封闭容积减至最小。由于油液的可压缩性很小,当封闭空间的容积减小时,被困的油液受挤压,压力急剧上升,油液从零件接合面的缝隙中强行挤出,使齿轮和轴承受到很大的径向力。当齿轮继续旋转,这个封闭容积又逐渐增大到如图2-3(c)所示的最大位置。容积增大时又会造成局部真空,使油液中溶解的气体分离,产生气穴现象,这些都将使齿轮泵产生强烈的噪声。这就是齿轮泵的困油现象。

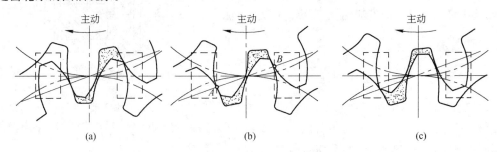

图2-3 困油现象

消除困油的方法,通常是在齿轮泵的两侧端盖上铣两条卸荷槽(如图2-3中的虚线所示)。当封闭容积减小时,卸荷槽与压油腔相通(见图2-3a);而当封闭容积增大时,卸荷槽与吸油腔相通(见图2-3c)。一般的齿轮泵两卸荷槽是非对称开设的,往往向吸油腔偏移,但无论怎样,两槽间的距离 a 必须保证在任何时候都不能使吸油腔和压油腔相互串通,对于分度圆压力角 $\alpha = 20°$、模数为 m 的标准渐开线齿轮,$a = 2.78m$,当卸荷槽为非对称时,在压油腔一侧必须保证 $b = 0.8m$,另一方面为保证卸荷槽畅通,槽宽 $c > 2.5m$,槽深 $h \geqslant 0.8m$,如图2-4所示。

2.2.2.3 径向不平衡力

在齿轮泵中,作用在齿轮外圆上的压力是不相等的,在压油腔和吸油腔处齿轮外圆

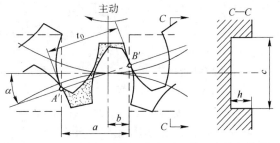

图2-4 非对称卸荷槽尺寸齿顶不能和壳体相接触

和齿轮表面承受着工作压力和吸油腔压力,在齿轮和壳体内孔的径向间隙中,可以认为压力由压油腔压力逐渐分级下降到吸油腔压力,这些液体压力综合作用的结果,相当于给齿轮一个径向的作用力(即不平衡力)使齿轮和轴承受载。工作压力越大,径向的不平衡力也越大。径向不平衡力很大时致使轴弯曲,齿顶与壳体产生接触,同时加速轴承的磨损,降低轴承的寿命。为了减小径向不平衡力的影响,有的泵上采用了缩小压油口的办法,使压力油仅作用在一个齿到两个齿的范围内,同时适当增大径向间隙,使齿轮在压力作用下,齿顶不能和壳体相接触。

2.2.3　齿轮泵的优缺点

外啮合齿轮泵的优点是结构简单,尺寸小,重量轻,制造方便,价格低廉,工作可靠,自吸力强(容许的吸油真空度大),对油液污染不敏感,维护容易。其缺点是一些机件承受不平衡径向力,磨损严重,泄漏大,工作压力的提高受到限制,由于流量脉动大,压力脉动和噪声都比较大。

2.2.4　提高外啮合齿轮泵压力的措施

要提高齿轮泵的压力,必须要减小端面的泄漏,一般采用齿轮端面间隙自动补偿的办法。图 2 – 5 所示为端面间隙的补偿原理。利用特制的通道把泵内压油腔的压力油引到浮动轴套的外侧,产生液压作用力,使轴套压向齿轮端面,这个力必须大于齿轮端面作用在轴套内侧的作用力,才能保证在各种压力下,轴套始终自动贴紧齿轮端面,减小泵内通过端面的泄漏,达到提高压力的目的。

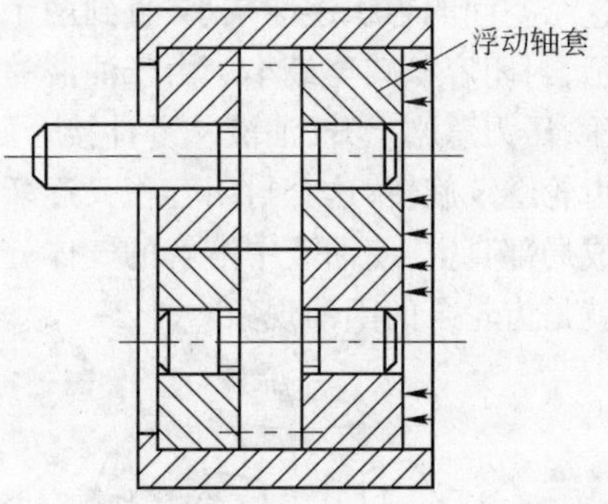

2.3　叶片泵

2.3.1　单作用叶片泵的工作原理

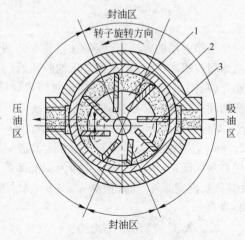

图 2 – 5　齿轮泵端面间隙自动补偿

单作用叶片泵的工作原理如图 2 – 6 所示,它由转子 1、定子 2、叶片 3 和端盖组成。定子有圆柱形内腔,定子与转子之间有偏心距 e,叶片装在转子槽内滑动。当转子旋转时,叶片在离心力和叶片槽压力油的作用下,贴紧定子内壁,这样构成了若干密封的空腔。在端盖上设有配油窗口,转子逆时针旋转时,左边为压油口,右边为吸油口,压油口与吸油口中间为封油区。封油区的宽度与叶片的间距大致相等。当转子按图示方向旋转时,叶片在右半部工作空间的容积逐渐扩大,并吸入油液。当相邻两个叶片转到上部,容积变得最大时,恰好处在封油区的位置。叶片继续旋转,在左半部工作室间逐渐缩小,将液油从压油口压出。

这种叶片泵每转一圈,完成一次吸油和压油的工作,所以称为单作用叶片泵。它的缺点是由于压油腔单方向作用,使轴承受到较大的载荷,所以它也称为非卸荷式叶片泵。单作用叶片泵能够调整转子与定子之间的偏心距 e,所以可作为变量泵使用。

图 2 – 6　单作用叶片泵工作原理
1—转子;2—定子;3—叶片

2.3.2 双作用叶片泵的工作原理

双作用叶片泵的工作原理如图2-7所示。它由转子1、定子2、叶片3和端盖组成。定子内表面近似于长径为 R、短径为 r 的椭圆形。转子和定子的中心重合。这种液压泵有四个均布的配油口,两个吸油区和两个压油区。转子转一周,每个工作空间完成两次吸油和压油,所以称为双作用叶片泵。这种液压泵作用在转子上的液压作用力互相平衡,所以也称为卸荷式叶片泵。为了使各方向力完全平衡,叶片数目应为偶数。

2.3.3 叶片的几个问题

2.3.3.1 叶片的倾角

叶片沿着定子内曲线运动时,它的工作情况与凸轮很相似,为了减少叶片的压力角使之避免叶片卡住和不均匀磨损,所以一般设置叶片时都相对转子半径偏斜一个角度。在双作用叶片泵中

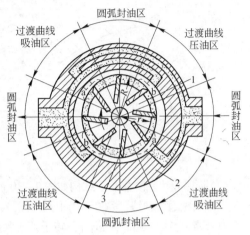

图2-7 双作用叶片泵工作原理
1—转子;2—定子;3—叶片

叶片倾角的方向与转子转动的方向相同。单作用叶片泵倾斜的方向与转子转动的方向相同(见图2-6和图2-7),因此单作用叶片泵的定子内腔为正圆形,压力角问题并不突出。然而,单作用泵的叶片在吸油区完全依靠离心力甩出,为了保证叶片容易甩出并贴紧定子内壁,所以叶片须向后倾斜一定角度。

2.3.3.2 叶片的数量

从简化结构、节省材料、减少叶片磨损、提高液压泵的工作效率的角度来看,叶片的数量越少越好。但是,叶片数目越少,相对的工作曲线较长,过渡曲线较短,这样不但液压泵吸油不充分,而且使得曲线斜度过大。从这个角度来看,叶片数必须大于6。

叶片在槽中径向滑动时,相当于小柱塞泵,使液压泵的输出流量产生脉动。为了抵消这种脉动,要求叶片数必须是4的倍数。因此,合理的叶片数目为8、12、16等。综合考虑叶片泵的工作特性和工艺因素,我国的YB型叶片泵的叶片数定为12。

2.3.3.3 叶片厚度

叶片的厚度不能太厚或太薄,叶片过厚,叶片底部的油压力和离心力变大,而且会增大流量脉动。如果叶片过薄,则强度和刚度不够,容易折断和变形,并且难以加工。因此,叶片厚度要适中,一般取 $2 \sim 2.5 \mathrm{mm}$,YB型叶片泵的叶片取 $2.25 \mathrm{mm}$。

2.3.3.4 叶片的卸荷

为了使叶片可靠地紧贴在定子的表面上,往往将压力油通入叶片的根部。在压油区叶片顶部存在油液的压力作用能够抵消一部分叶片根部的油压作用力。但是在吸油区叶片顶部没有油压力,而根部仍以同样的压力使叶片抵住定子内面,造成了定子的剧烈磨损,缩短了液压泵的使用寿命。特别是在高压和高转速的情况下,这种现象尤为严重。因此必须减少小叶片与定子间的压力,采取叶片的卸荷措施。常用的卸荷方法有以下几种:

(1)双叶片。双叶片结构如图2-8所示。它具有两个叶片,两叶片之间开有纵向小孔,将根部与顶部导通,使顶部产生压力抵消根部部分压力。两叶片可相互滑移,使顶部的两个边始终与定子内表面保持接触。

（2）弹簧叶片。弹簧叶片结构如图 2 - 9 所示。这种叶片较厚，在顶部有圆弧槽。圆弧槽通过纵向小孔与叶片根部相通，使两端压力接近平衡。为了使叶片紧密地与定子接触，在叶片槽中装有弹簧。

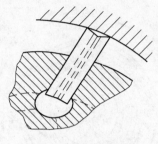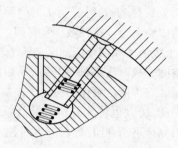

图 2 - 8　双叶片结构　　　　　　　　　图 2 - 9　弹簧叶片结构

（3）阶梯叶片。阶梯叶片结构如图 2 - 10 所示。阶梯叶片与槽构成两个腔，a 腔通过配流盘始终与压力油相通，使叶片紧贴定子内壁。b 腔经小孔与转子、工作油腔相通。转子处于压油区时，b腔压力升高，与叶片顶部油压平衡；转子处于吸油区时，b 腔卸荷，减少了叶片紧贴定子的作用力。

（4）复合叶片。复合叶片结构如图 2 - 11 所示。它由 A、B 两片组成，A 片与 B 片之间构成一个小腔 a。它通过配流盘与压力油相通。A 片下部两侧与叶片槽构成 b 腔，它与转子工作腔相通。当转子处于吸油区时，b 腔卸荷，减少了叶片对定子内表面的作用力，转子处于压油区时，b腔压力上升，抵消叶片顶部的油压力，使叶片紧贴于定子内表面上。

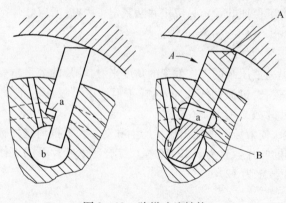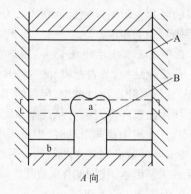

图 2 - 10　阶梯叶片结构　　　　　　　图 2 - 11　复合叶片结构

2.3.4　叶片泵的优缺点

一般来说，叶片泵的流量要比齿轮泵均匀，运转平稳，噪声小，工作压力和容积效率也比较高。双作用叶片泵的径向液压力是平衡的，轴承不受附加负载，有利于寿命的提高；单作用叶片泵能自动实现流量的调节。叶片泵的缺点是：运动零件之间的间隙小，对杂质很敏感，对油的过滤要求比较高，否则易使叶片卡死；吸油条件要求比较严格，对油的黏度的适应范围较窄（$16.5 \sim 37\text{mm}^2/\text{s}$）；转速一般只能在 $500 \sim 1500\text{r/min}$ 之间；其结构比较复杂，对材质和加工要求较高，价格较贵。叶片泵在铸造设备上使用十分广泛。

2.4　柱塞泵

柱塞泵是靠柱塞在缸体中做往复运动造成密封容积的变化来实现吸油与压油的液压泵，与齿轮泵和叶片泵相比,这种泵有许多优点:构成密封容积的零件为圆柱形的柱塞和缸孔,加工方便,可得到较高的配合精度,密封性能好,在高压下工作仍有较高的容积效率;只需改变柱塞的工作行程就能改变流量,易于实现变量;柱塞泵主要零件均受压应力,材料强度性能可得以充分利用。由于柱塞泵压力高,结构紧凑,效率高,流量调节方便,故在需要高压、大流量、大功率的系统中和流量需要调节的场合使用。如龙门刨床、拉床、液压机、工程机械、矿山冶金机械、船舶上柱塞泵都得到广泛的应用。

柱塞泵按柱塞的排列和运动方向不同,可分为径向柱塞泵和轴向柱塞泵两大类。

2.4.1　径向柱塞泵

2.4.1.1　径向柱塞泵的工作原理

径向柱塞泵的工作原理如图2－12所示。柱塞1径向排列安装在缸体2中。缸体由原动机带动连同柱塞1一起旋转,所以缸体2称为转子。柱塞1靠离心力(或在低压油)的作用下抵紧定子4的内壁。当转子按图示顺时针方向回转时,由于定子和转子之间有偏心距e,柱塞绕经上半周时向外伸出,柱塞底部的容积逐渐增大,形成部分真空,因此经过衬套3(衬套3压紧在转子内,并和转子一起回转)上的油孔从配油轴5的吸油口b吸油;当柱塞转到下半周时,定子内壁将柱塞向里推,柱塞底部的容积逐渐减小,向配油轴的压油口c压油。当转子回转一周时,每个柱塞底部的密封容积完成一次吸压油,转子连续运转,即完成吸压油工作。配油轴固定不动,油液从配油轴上半部的两个孔a流入,从下半部两个油孔d压出。为了进行配油,配油轴在和衬套3接触的一段加工出上下两个缺口,形成吸油口b和压油口c,留下的部分形成封油区,封油区的宽度应能封住衬套上的吸压油孔,以防吸油口和压油口相连通,但尺寸也不能大得太多,以免产生困油现象。

径向柱塞泵的流量因偏心距的大小而不同,若偏心距e做成可调的(一般是使定子做水平移动以调节偏心量),就成为变量泵。如果偏心距的方向改变后,进油口和压油口也随之互相变换,这就是双向变量泵。

由于径向柱塞泵径向尺寸大,结构较复杂,自吸能力差,且配油轴受到径向不平衡液压力的作用,易于磨损,因此限制了转速和压力的提高。

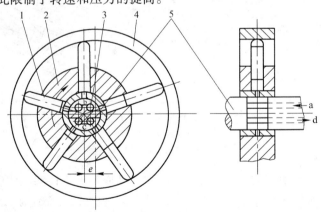

图2－12　径向柱塞泵的工作原理
1—柱塞;2—缸体;3—衬套;4—定子;5—配油轴

2.4.1.2　径向柱塞泵的排量和流量计算

当转子和定子之间的偏心距为e时,柱塞在缸体孔中的行程为$2e$,设柱塞个数为z,直径为d

时,泵的排量 V 为

$$V = \frac{\pi}{4}d^2 2ez \qquad (2-1)$$

设泵的转速为 n,容积效率为 η_v,则泵的实际输出流量 q 为

$$q = \frac{\pi}{4}d^2 2ezn\eta_v = \frac{\pi d^2}{2}ezn\eta_v \qquad (2-2)$$

由于径向柱塞泵中的柱塞在缸体中移动速度是变化的,因此泵的输出流量是有脉动的。当柱塞多且为奇数时,流量脉动较小。

2.4.2　轴向柱塞泵

2.4.2.1　轴向柱塞泵的工作原理

轴向柱塞泵是将多个柱塞轴向配置在一个共同缸体的圆周上,并使柱塞中心线和缸体中心线平行的一种泵。轴向柱塞泵有两种形式,直轴式(斜盘式)和斜轴式(摆缸式)。图 2 – 13(a)所示为直轴式轴向柱塞泵的工作原理,这种泵主要由缸体 1、配油盘 2、柱塞 3 和斜盘 4 组成。柱塞沿圆周均匀分布在缸体内。斜盘与缸体轴线倾斜一角度 γ,柱塞靠机械装置或在低压油作用下压紧在斜盘上(图中为弹簧),配油盘 2 和斜盘 4 固定不转,当原动机通过传动轴使缸体转动时,由于斜盘的作用,迫使柱塞在缸体内做往复运行,并通过配油盘的配油窗口进行吸油和压油。如图 2 – 13(a)中所示回转方向,当缸体转角在 $\pi \sim 2\pi$ 范围内,柱塞向外伸出,柱塞底部的密封工作容积增大,通过配油盘的吸油窗口吸油;在 $0 \sim \pi$ 范围内,柱塞被斜盘推入缸体,使密封容积减小,通过配油盘的压油窗口压油。缸体每转一周,每个柱塞各完成吸、压油一次。如改变斜盘倾角 γ,就能改变柱塞行程的长度,即改变液压泵的排量,改变斜盘倾角方向,就能改变吸油和压油的方向,即成为双向变量泵。

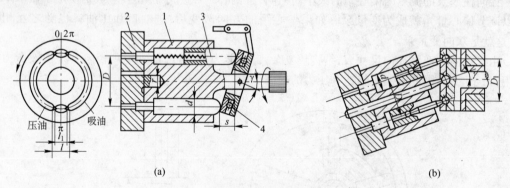

(a)　　　　　　　　　　　　　　　　　　　(b)

图 2 – 13　轴向柱塞泵工作原理

(a)直轴式;(b)斜轴式

1—缸体;2—配油盘;3—柱塞;4—斜盘

配油盘上吸油窗口和压油窗口之间的封油区宽度 l 应稍大于柱塞缸体底部通油孔宽度 l_1。但不能相差太大,否则会发生困油现象。一般在二配油窗口的两端部开有三角形卸荷槽,以减少冲击和噪声。

图 2 – 13(b)所示为斜轴式轴向柱塞泵原理。缸体轴线相对传动轴轴线成一倾斜角 γ,传动轴端部用万向铰链、连杆与缸体中的每个柱塞相连接,当传动轴转动时,通过万向铰链、连杆使柱塞和缸体一起转动,并迫使柱塞在缸体中做往复运动,借助配油盘进行吸油和压油。这类泵的优点是变量范围大,泵的强度较高,但和上述直轴式相比,其结构较复杂,外形尺寸和重量均较大。

　　轴向柱塞泵的优点是:结构紧凑,径向尺寸小,惯性小,容积效率高,目前最高压力可达80MPa,甚至更高,一般用于工程机械、压力机等高压系统中。但其轴向尺寸较大,轴向作用力也较大,结构比较复杂。

2.4.2.2　轴向柱塞泵的排量和流量计算

　　如图2-13所示,柱塞的直径为d,柱塞分布圆直径为D,斜盘倾角为γ时,柱塞的行程为$s=D\tan\gamma$,所以当柱塞数为z时,轴向柱塞泵的排量V为

$$V=\frac{d^2}{4}Dz\tan\gamma \qquad (2-3)$$

　　设泵的转速为n,容积效率为η_v,则泵的实际输出流量q为

$$q=\frac{d^2}{4}Dzn\eta_v\tan\gamma \qquad (2-4)$$

　　实际上,由于柱塞在缸体孔中运动的速度不是恒速的,因而输出流量是有脉动的。当柱塞数为奇数时,脉动较小,且柱塞数多脉动也较小,因而一般常用的柱塞泵的柱塞个数为7、9或11。

2.4.2.3　轴向柱塞泵的结构特点

A　典型结构

　　图2-14为一种直轴式轴向柱塞泵的结构。图中11为斜盘、7为柱塞、3为缸体、4为配油盘、6为传动轴。这里柱塞的球状头部装在滑履9内,以缸体为支撑的弹簧2通过钢球推压回程盘10,回程盘和柱塞滑履一同转动。在排液过程中借助斜盘推动柱塞做轴向运动;在吸油时依靠回程盘、钢球和弹簧组成的回程装置将滑履紧紧压在斜盘表面上滑动,弹簧一般称之为回程弹簧,这样的泵具有自吸能力。在滑履与斜盘相接触的部分有一油室,它通过柱塞中间的小孔与缸体中的工作腔相连,压力油进入油室后在滑履与斜盘的接触面间形成了一层油膜,起着静压支承的作用,使滑履作用在斜盘上的力大大减小,因而磨损也减小。传动轴通过左边的花键带动缸体

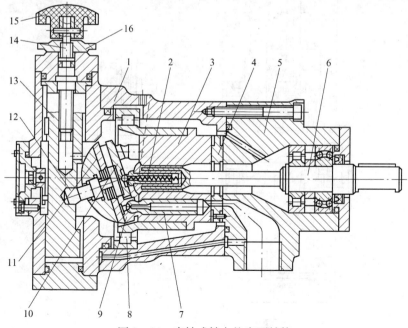

图2-14　直轴式轴向柱塞泵结构

1—泵体;2—弹簧;3—缸体;4—配油盘;5—前泵体;6—传动轴;7—柱塞;8—轴承;9—滑履;
10—回程盘;11—斜盘;12—轴销;13—变量活塞;14—丝杠;15—手轮;16—螺母

旋转,由于滑履贴紧在斜盘表面上,柱塞在随缸体旋转的同时在缸体中做往复运动。缸体中柱塞底部的密封工作容积是通过配油盘4与泵的进出口相通的。随着传动轴的转动,液压泵就连续地吸油和排油。

　　B　变量机构

　　由式2－4可知,只要改变斜盘的倾角γ,即可改变轴向柱塞泵的排量和输出流量。下面介绍常用的轴向柱塞泵的手动变量和伺服变量机构的工作原理。

　　(1)手动变量机构。如图2－14所示,转动手轮15,使丝杠14转动,带动变量活塞13做轴向移动(因导向键的作用,变量活塞只能做轴向移动,不能转动),通过轴销12使斜盘11绕变量机构壳体上的圆弧导轨面的中心(即为钢球中心)旋转,从而使斜盘倾角改变,达到变量的目的。当流量达到要求时,可用锁紧螺母16锁紧。这种变量机构结构简单,但操纵不轻便,且不能在工作过程中变量。

　　(2)伺服变量机构。图2－15(a)所示为轴向柱塞泵的伺服变量机构,以此机构代替图2－14所示轴向柱塞泵中的手动变量机构,就成为手动伺服变量泵。其工作原理为:泵输出的高压油由通道经单向阀口进入变量机构壳体5的下腔d,液压力作用在变量活塞4的下端。当与伺服阀芯1相连接的拉杆不动时(图示状态),变量活塞4的上腔g处于封闭状态,变量活塞不动,斜盘3在某一相应的位置上。当使拉杆向下移动时,推动阀芯1一起向下移动,d腔的压力油经通道e进入上腔g。由于变量活塞上端的有效面积大于下端的有效面积,向下的液压力大于向上的液压力,故变量活塞4也随之向下移动,直到将通道e的油口封闭为止。变量活塞的移动量等于拉杆的位移量。当变量活塞向下移动时,通过轴销带动斜盘3摆动,斜盘倾斜角增加,泵的输出流入随之增加;当拉杆带动伺服阀阀芯向上运动时,阀芯将通道f打开,上腔g通过卸压通

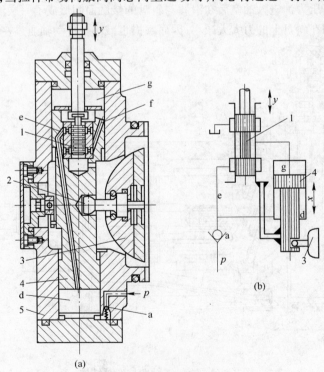

图2－15　伺服变量机构

1—阀芯;2—球铰;3—斜盘;4—活塞;5—壳体

道 f 接通油箱而卸压,变量活塞向上移动,直到阀芯将卸压通道关闭为止。变量活塞的移动量也等于拉杆的移动量。这时斜盘也被带动做相应的摆动,使倾斜角减小,泵的流量也随之相应地减小。图 2－15(b)为该伺服机构的工作原理图。由以上可知,伺服变量机构是通过操纵液压伺服阀动作,利用泵输出的压力油推动变量活塞来实现变量的。故加在拉杆上的力很小,控制灵敏。拉杆可用手动方式或机械方式操作,斜盘可以倾斜 ±18°,故在工作过程中泵的吸压油方向可以变换,因而这种泵可做成双向变量液压泵。

除了以上介绍的两种变量机构以外,轴向柱塞泵还有很多种变量机构,如恒功率变量机构、恒压变量机构、恒流量变量机构等,这些变量机构与轴向柱塞泵的泵体部分组合就成为各种不同变量方式的轴向柱塞泵,在此不作介绍。

2.4.2.4 双端面配油轴向柱塞泵简介

双端面配油轴向柱塞泵是一种双端面进油,单端面排油,靠吸油自冷却的新型轴向柱塞泵。该泵的工作原理和自冷却原理如图 2－16 所示,由于在结构上采用双端面进油,因而去掉了泄漏回油管路,并使冷却流量与容积效率无关。这种泵可在普通的轴向柱塞泵的基础上改制得到,其结构简单,效率高,重量轻,温升低,寿命长,转速范围大(最高可达 3000r/min),工作压力高(最大可达 80MPa),但由于在斜盘上开有进油槽,因而这种泵无法做成双向变量泵和液压马达。

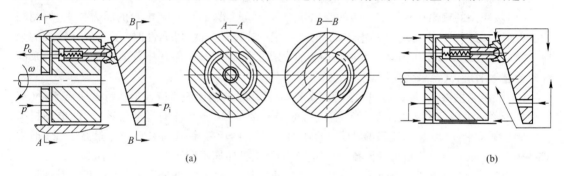

图 2－16 双端面配油轴向柱塞泵工作原理
(a)工作原理;(b)自冷却原理

2.5 液压泵的选用与维护

2.5.1 液压泵的选用

2.5.1.1 选用原则

液压泵是向液压系统提供一定流量和压力的油液的动力元件,它是每个液压系统不可缺少的核心元件。合理地选择液压泵,对于降低液压系统的能耗、提高系统的效率、降低噪声、改善工作性能和保证系统的可靠工作都十分重要。

选择液压泵的原则是:根据主机工况、功率大小和系统对工作性能的要求,首先确定液压泵的类型,然后按系统所要求的压力、流量大小确定其规格型号。表 2－1 列出了液压系统中常用液压泵的主要性能。

表 2－1 液压系统中常用液压泵的性能比较

性　能	外啮合齿轮泵	双作用叶片泵	限压式变量叶片泵	径向柱塞泵	轴向柱塞泵	螺杆泵
输出压力	低压	中压	中压	高压	高压	低压
流量调节	不能	不能	能	能	能	不能

性　能	外啮合齿轮泵	双作用叶片泵	限压式变量叶片泵	径向柱塞泵	轴向柱塞泵	螺杆泵
效率	低	较高	较高	高	高	较高
输出流量脉动	很大	很小	一般	一般	一般	最小
自吸特性	好	较差	较差	差	差	好
对油的污染敏感性	不敏感	较敏感	较敏感	很敏感	很敏感	不敏感
噪声	大	小	较大	大	大	最小

选用适合执行器做功要求的液压泵,需充分考虑可靠性、寿命、维修性等因素,以便所选的液压泵能在系统中长期运行。

2.5.1.2　影响液压泵选用的因素

液压泵的种类非常多,其特性也有很大差别。选择液压泵时要考虑的因素有工作压力、流量、转速、定量或变量、变量方式、容积效率、总效率、寿命、原动机的种类、噪声、压力脉动率、自吸能力等,还要考虑与液压油的相容性、尺寸、重量、经济性、维修性。这些因素,有些已写在产品样本或技术资料里,要仔细研究,不明确的地方最好询问制造厂。

(1)液压泵的输出压力。液压泵的输出压力应是执行器所需压力、配管的压力损失、控制阀的压力损失之和。它不得超过样本上的额定压力。强调安全性、可靠性时,还应留有较大的余地。样本上的最高工作压力是短期冲击时允许的压力。如果每个循环中都发生冲击压力,泵的寿命会显著缩短,甚至泵会损坏。

(2)液压泵的参数(压力、流量、转速、效率)。液压泵的输出流量应包括执行器所需流量(有多个执行器时由时间图求出总流量)、溢流阀的最小溢流量、各元件的泄漏量的总和、电动机掉转(通常 1r/s 左右)引起的流量减少量、液压泵长期使用后效率降低引起的流量减少量(通常 5% ~7%)。样本上往往给出理论排量、转速范围及典型转速不同压力下的输出流量。

压力越高、转速越低则液压泵的容积效率越低,变量泵排量调小时容积效率降低。转速恒定时泵的总效率在某个压力下最高,变量泵的总效率在某个排量、某个压力下最高。泵的总效率对液压系统的效率有很大影响,应该选择效率高的泵,并尽量使泵工作在高效工况区。转速关系着泵的寿命、耐久性、气穴、噪声等,虽然样本上写着允许的转速范围,但最好是在与用途相适应的最佳转速范围内使用。特别是在用发动机驱动泵的情况下,油温低时若低速则吸油困难,且易因润滑不良引起卡咬失效,而高转速下则要考虑产生气蚀、振动、异常磨损、流量不稳定等现象的可能性。转速剧烈变动还对泵内部零件的强度有很大影响。

开式回路中使用时需要泵具有一定的自吸能力。发生气蚀不仅可能使泵损坏,而且还引起振动和噪声,使控制阀、执行器动作不良,对整个液压系统产生恶劣影响。在确认所用泵的自吸能力的同时,必须在考虑液压装置的使用温度条件、液压油的黏度来计算吸油管路的阻力的基础上,确定泵相对于油箱液位的安装位置并设计吸油管路。另外,泵的自吸能力就计算值来说要留有充分裕量。一般来说,在固定设备中液压系统的正常工作压力可选择为泵额定压力的 70% ~80%,车辆用泵可选择为泵额定压力的 50% ~60%,以保证泵的足够的寿命。

泵的流量与工况有关,选择的泵的流量须大于液压系统工作时的最大流量。泵的效率值是泵的质量体现,一般来说,应使主机的常用工作参数处在泵效率曲线的高效区域参数范围内。另外,泵的最高压力与最高转速不宜同时使用,以延长泵的使用寿命,在选择时,应严格遵照产品说明书中的规定。要特别注意壳体内的泄油压力。壳体内的泄油压力取决于轴封所能允许的最高压力。德国 Rexroth 公司生产的斜轴式轴向柱塞泵和马达的壳体泄油压力一般为 0.2MPa,也有高达1MPa的,国产轴向柱塞泵和马达的壳体泄油压力应严格遵照产品使用说明书的规定,过高的壳体泄油压力将导致轴封的早期损坏。轴向柱塞泵和马达转速的选择应严格按照产品技术规格表中规定的数据,不得超过最高转速值。至于其最低转速,在正常使用条件下,并没有严格的限制,但对于某些要求转速均匀性和稳定性很高的场合,则最低转速不得低于50r/min。

(3)泵的结构形式。如柱塞泵有定量泵和变量泵两种。定量泵结构简单,价格便宜,大多数液压系统中采用,而能量利用率高的变量泵,也在越来越多的场合发挥作用。一般来说,如果液压功率小于10kW、工作循环是开关式、泵在不使用时可完全卸荷、并且大多数工况下需要泵输出全部流量的,可以考虑选用定量泵;如果液压功率大于10kW、流量的变化要求较大,可以考虑选用变量泵。变量泵的变量形式的选择,可根据系统的工况要求以及控制方式等因素选择。

(4)油温和黏度。液压泵的最低工作温度一般根据油液黏度随温度降低而加大来确定。当油液黏稠到进口条件不再保证液压泵完全充满时液压泵将发生气蚀。抗燃液压油的比重大于石油基液压油,有时低温黏度也更大。许多抗燃液压油含水,如果压力低或温度高则水会蒸发。因此,使用这些油液时,泵进口条件更加敏感。常用的解决办法是用辅助泵给主泵进口升压,或把泵进口布置成低于油箱液面的形式,以便向泵进口灌油。液压泵的最高允许工作温度取决于所用油液和密封的性质。超过允许温度时,油液会变稀,黏度降低,不能维持高载荷部位的正常润滑,引起氧化变质。根据制造厂规定,柱塞泵和马达的工作油温范围为 $-25 \sim +80$℃。工作介质的最低黏度为 $10\text{mm}^2/\text{s}$,最高黏度为 $100\text{mm}^2/\text{s}$。

(5)使用寿命。所谓使用寿命,通常是指大修周期内泵在额定条件下运转时间的总和。通常车辆用泵和马达大修周期为2000h以上,室内泵的使用大修周期为5000h以上。

(6)价格。一般来说,斜盘式轴向柱塞泵(马达)要比斜轴式轴向柱塞泵(马达)价格低,定量泵比变量泵价格低。与其他泵相比,柱塞泵比叶片泵、齿轮泵贵,但性能和寿命要优于它们。

(7)安装与维修。一般来说,非通轴泵安装和维修较通轴泵方便,单泵比集成式泵维修方便。泵的油口连接有螺纹式和法兰式两种,油口位置也有多种选择,因此,选用时应仔细确认。

(8)尺寸和重量。对比各种泵的尺寸与重量,可以用"比功率"即功率与重量之比作为指标。不同的应用场合对"比功率"有不同的要求。对于轴向柱塞泵,有多种"比功率",可视不同的使用场合而定。对车辆,特别是航空用泵,要求"比功率"值越大越好,而对固定式机械,对此项要求不甚严格。

2.5.2 液压泵的维护

(1)新机运转的三个月内应注意运转状况。在新机运转期间内;应把握运转状况检查,例如机件的保养,螺丝是否有松动,油温是否有不正常升高,液压油是否很快劣化,使用条件是否符合规定等。

(2)液压泵启动后勿立即加给负荷。液压泵在启动后须实施一段时间无负荷空转(约10~30min),尤其气温很低时,更须经温车过程,使液压回路循环正常再加负载,并确认运转状况。

(3)观察油温变化。注意检查最高和最低油温变化状况,并查出油温和外界环境温度的关系,如此才能知道冷却器容量、储油箱容量是否与周围条件、使用条件互相配合,对冷却系统的故障排除也才有据可查。

(4)注意液压泵的噪声。液压泵容易受到气泡和尘埃的影响,高温时润滑不良或使用条件过荷等,都会引起不良后果,使液压泵发出不正常的声响。

(5)注意检查计器类的显示值。随时观察液压回路的压力表显示值、压力开关灯信号等振动情形和安定性,以尽早发现液压回路作用是否正常。

(6)注意观察机械的动作情况(对于改装泵)。液压回路设计不当或组件制造不良,在起始使用阶段不容易发现,故应特别注意在各种使用条件下所显现出的动作状态。

(7)注意各阀内的调整。充分了解压力控制阀、流量控制阀和方向控制阀的使用,对调整范围和极限须特别留意,否则调整错误不仅损及机械,更对安全构成威胁。

(8)检查过滤器的状态。对回路中的过滤器应定期取出清理,并检查滤网的状态及网上所吸附的污物,分析污物的质、量和大小,如此可观察回路中污染程度,甚至据此推断出污染来源所在。

(9)定期检查液压油的变化。每隔一二个月检查分析液压油劣化、变色和污染程度的变化,以确保液压传动媒介的正常。

(10)注意配管部分的泄漏情况。液压装置配管是否良好,于运转一段时间后即可看出,检察是否漏油、配管是否松动。

(11)随时注意异常现象。异常声音、振动或监视系统异常信号等的产生,必定有其原因。一旦发现有异常现象,即刻找来回路图,按图索骥,小心观察异常现象是否为一时错误所造成,评估需不需要停车处理。压力、负荷、温度、时间的变动,启动和停止都是造成异常现象的原因,平时即应逐项分析研讨。

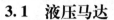

3 液压执行元件

3.1 液压马达

3.1.1 液压马达的分类

从能量转换的观点来看,液压泵与液压马达是可逆工作的液压元件。向任何一种液压泵输入工作液体,都可使其变成液压马达工况;反之,当液压马达的主轴由外力矩驱动旋转时,也可变为液压泵工况。这是因为它们具有同样的基本结构要素——密闭且又可以周期性变化的容积和相应的配油机构。但是,由于液压马达和液压泵的工作条件不同,对它们的性能要求是不一样的,所以同类型的液压马达和液压泵之间,仍存在许多差别。首先液压马达应能够正、反转,因而要求其内部结构对称;液压马达的转速范围需要足够大,特别对它的最低稳定转速有一定的要求,因此,它通常都采用滚动轴承或静压滑动轴承;其次液压马达由于在输入压力油条件下工作,因而不必具备自吸能力,但需要具备一定的初始密封性,才能提供必要的启动转矩。这些差别的存在,使得液压马达和液压泵虽然在结构上比较相似,但不能可逆工作。

液压马达按其结构类型可以分为齿轮式、叶片式、柱塞式和其他型式。液压马达按其额定转速可分为高速和低速两大类,额定转速高于 500r/min 的属于高速液压马达,额定转速低于 500 r/min 的属于低速液压马达。高速液压马达的基本型式有齿轮式、螺杆式、叶片式和轴向柱塞式等。它们的主要特点是转速较高、转动惯量小,便于启动和制动,调节(调速及换向)灵敏度高。通常高速液压马达输出转矩不大,所以又称为高速小转矩液压马达。低速液压马达的基本型式是径向柱塞式,此外在轴向柱塞式、叶片式和齿轮式中也有低速的结构型式,低速液压马达的主要特点是排量大、体积大、转速低(有时可达每分钟几转甚至零点几转),因此可直接与工作机构连接,不需要减速装置,从而使传动机构大为简化。通常低速液压马达输出转矩较大,所以又称为低速大转矩液压马达。

3.1.2 液压马达的工作原理

常用的液压马达的结构与同类型的液压泵很相似,下面以叶片式和径向柱塞式液压马达为例,简单介绍其工作原理。

3.1.2.1 叶片式液压马达

图 3-1 所示为叶片式液压马达工作原理。当压力油通入压油腔后,在叶片 1、3(或 5、7)上,一面作用有压力油,另一面为低压油。由于叶片 3 伸出的面积大于叶片 1 伸出的面积,因此作用于叶片 3 上的总液压力大于作用于叶片 1 上的总液压力,于是压力差使叶片带动转子作逆时针方向旋转,作用于其他叶片如 5、7 上的液压力,其作用原理同上。叶片 2、6 两面同时受压力油作用,受力平衡对转子不产生作用转矩。叶片式液压马达的输出转矩与液压马达的排量和液压马达进出油口之间的压力差有关,其转速由输入液压马达的流量大小来决定。

由于液压马达一般都要求能正反转,所以叶片式液压马达的叶片要径向放置。为了使叶片根部始终通有压力油,在回、进油腔通入叶片根部的通路上应设置单向阀,为了确保叶片式液压马达在压力油通入后能正常启动,必须使叶片顶部和定子内表面紧密接触,以保证良好的密封,因此在叶片根部应设置预紧弹簧。

叶片式液压马达体积小,转动惯量小,动作灵敏,可适用于换向频率较高的场合,但泄漏量较大,低速工作时不稳定。因此叶片式液压马达一般用于转速高、转矩小和动作要求灵敏的场合。

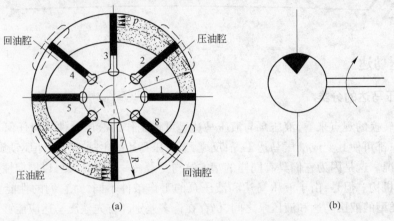

(a)   (b)

图 3-1   叶片式液压马达工作原理

3.1.2.2   径向柱塞式液压马达

图 3-2 为径向柱塞式液压马达的工作原理图。当压力油经固定的配油轴 4 的窗口进入缸体 3 内柱塞 1 的底部时,柱塞向外伸出,紧紧顶住定子 2 的内壁。由于定子与缸体存在一偏心距 e,在柱塞与定子接触处,定子对柱塞的反作用力 F_N 可分解为 F_F 和 F_T 两个分力。当作用在柱塞底部的油液压力为 p,柱塞直径为 d,力 F_F 与 F_N 之间的夹角为 φ 时,它们分别为:

$$F_F = p \frac{\pi}{4} d^2, \quad F_T = F_F \tan\varphi$$

力 F_T 对缸体产生一转矩,使缸体旋转。缸体再通过端面连接的传动轴向外输出转矩和转速。

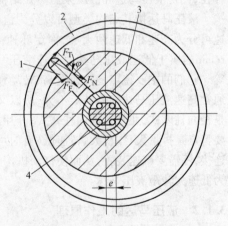

图 3-2   径向柱塞式液压马达工作原理
1—柱塞;2—定子;3—缸体;4—配油轴

3.1.3   液压马达的维护

(1)回油背压。为了马达的工作平稳性,要求有一定的回油背压,对内曲线马达更应如此,否则将导致滚轮脱离定子导轨曲面从而产生撞击、振动、噪声,严重时导致损坏。但背压值也不可太大。根据液压马达的转矩与其进、出口压力差成正比的关系,在进口压力一定时,当背压增大必然使液压马达的进出口压力差减小,所以造成液压马达转动无力。一般情况下,液压马达的回油背压应为 0.3~1.0MPa。

(2)泄油管路。泄油管路一般不接到系统回油路上,对于有冲洗系统的马达,泄油管路可以充当冲洗的回油管。当马达轴处于水平方向安装时,应该将泄油管路连接到壳体最上端的泄油口。若马达轴处于垂直方向安装时,泄油管应连接到马达的上端盖的可选泄油口,必要时可在泄油管路上增加适当的背压。背压值不可太大,否则将导致轴向密封圈损坏而造成外泄。背压值应该控制在 0.5MPa 以下,工作中瞬时峰值应小于 0.8MPa(通过测量马达壳体压力可知),以便马达内部始终充满油液,并且可以降低马达的运转噪声。

(3)定期加润滑脂。因为内曲线多作用式液压马达转速低,负载大,其内部的滚动轴承很难形成润滑油膜,因此应该定期对其进行加脂润滑,周期一般为2000~3000h。

(4)马达安装与更换。更换马达时尽可能使马达输出轴少受或不受径向力,以保证马达的内部支撑轴承不受额外的作用力,否则,长时间使用会使配油机构产生偏斜,影响其使用寿命。因此,马达在安装中传动轴与其他机械连接时要保证同心,或采用挠性连接。对于带有扭矩臂的马达,安装时应该先连接马达与扭矩臂,然后再固定扭矩臂,以防损坏壳体或配流轴。

(5)注意捕捉异常信号。善于捕捉故障信号,及时采取措施。声音、振动和温度的微小变化都意味着马达存在问题。用旧的马达存在着内部泄漏,而且泄漏会随温度的升高而增加。由于内部泄漏能使密封垫和衬圈变形所以也可能发生外部泄漏。对于马达内泄的判断,笔者的维修经验是:先将马达的回油管截止,停止系统冲洗并断开马达与冲洗管路的连接,再将系统压力调至最低,启动油泵后,逐渐将压力调至正常范围,在马达的测压点及泄油口处可以观测到壳体压力变化和泄漏量,必要时可以进行正反两个方向的试验。

(6)保持油液清洁。尽可能使液压油保持清洁。大多数液压马达故障的背后都潜藏着液压油质量的下降。故障多半是固体颗粒(微粒)、污染物和过热形成的胶状物造成的。总结的经验是,带有液压马达的液压系统其油液清洁度至少应保持在NAS9级以内,否则液压油中含有的杂质,会造成马达内的摩擦零件表面磨损,摩擦副磨损出沟槽,造成泄漏量增大。

3.2 液压油缸

3.2.1 液压油缸的分类

液压缸按其结构形式,可以分为活塞缸、柱塞缸和摆动缸三类。活塞缸和柱塞缸实现往复运动,输出推力和速度,摆动缸则能实现小于360°的往复摆动,输出转矩和角速度。液压缸除单个使用外,还可以几个组合起来或和其他机构组合起来,以完成特殊的功用。

3.2.2 活塞式液压缸和柱式液压缸

3.2.2.1 活塞式液压缸
活塞式液压缸根据其使用要求的不同可分为双杆式、单杆式两种。

A 双杆式活塞缸
双杆式活塞缸是活塞两端都有一根直径相等的活塞杆伸出。根据安装方式不同双杆式活塞缸又可以分为缸筒固定式和活塞杆固定式两种。图3-3(a)所示的为缸筒固定式的双杆活塞缸。它的进、出油口布置在缸筒两端,活塞通过活塞杆带动工作台移动,当活塞的有效行程为 l 时,整个工作台的运动范围为 $3l$,所以机床占地面积大,一般适用于小型机床。当工作台行程要求较长时,可采用图3-3(b)所示的活塞杆固定的形式。这种形式的缸体与工作台相连,活塞杆通过支架固定在机床上,动力由缸体传出。这种安装形式中,工作台的移动范围只等于液压缸有效行程 l 的两倍($2l$),因此占地面积小。进出油口可以设置在固定不动的空心的

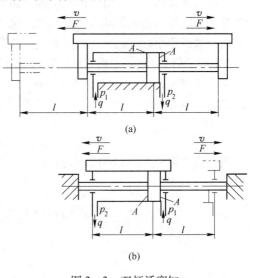

图3-3 双杆活塞缸
(a)缸筒固定式;(b)活塞杆固定式

活塞杆的两端,使油液从活塞杆中进出,也可设置在缸体的两端,但必须使用软管连接。

由于双杆活塞缸两端的活塞杆直径通常是相等的,因此它左、右两腔的有效面积也相等。当分别向左、右腔输入相同压力和相同流量的油液时,液压缸左、右两个方向的推力和速度相等。当活塞的直径为 D,活塞杆的直径为 d,液压缸进、出油腔的压力为 p_1 和 p_2,输入流量为 q 时,双杆活塞缸的推力 F 和速度 v 为:

$$F = A(p_1 - p_2) = \frac{\pi}{4}(D^2 - d^2)(p_1 - p_2)$$

$$v = \frac{q}{A} = \frac{4q}{\pi(D^2 - d^2)}$$

式中,A 为活塞的有效工作面积。

双杆活塞缸在工作时,设计成一个活塞杆是受拉的,另一个活塞杆不受力,因此这种液压缸的活塞杆可以做得细些。

B　单杆式活塞缸

如图 3-4 所示,单杆式活塞缸即活塞只有一端带活塞杆。单杆液压缸也有缸体固定和活塞杆固定两种形式,但它们的工作台移动范围都是活塞有效行程的两倍。

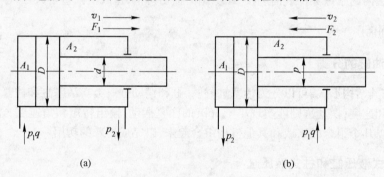

图 3-4　单杆活塞缸

单杆活塞缸活塞两端有效面积不等。如果以相同流量的压力油分别进入液压缸的左、右腔,活塞移动的速度与进油腔的有效面积成反比,即油液进入无杆腔时有效面积大,速度慢,进入有杆腔时有效面积小,速度快;而活塞上产生的推力则与进油腔的有效面积成正比。

如图 3-4(a)所示,当输入液压缸的油液流量为 q,液压缸进出油口压力分别为 p_1 和 p_2 时,其活塞上所产生的推力 F_1 和速度 v_1 为:

$$F_1 = A_1 p_1 - A_2 p_2 \tag{3-1}$$

$$v_1 = \frac{q}{A_1} = \frac{4q}{\pi D^2} \tag{3-2}$$

当油液从如图 3-4(b)所示的右腔(有杆腔)输入时,其活塞上所产生的推力 F_2 和速度 v_2 为:

$$F_2 = A_2 p_1 - A_1 p_2 = \frac{\pi}{4}\left[(p_1 - p_2)D^2 - p_1 d^2\right] \tag{3-3}$$

$$v_2 = \frac{q}{A_2} = \frac{4q}{\pi(D^2 - d^2)} \tag{3-4}$$

由式(3-1)~式(3-4)可知,由于 $A_1 > A_2$,所以 $F_1 > F_2$、$v_1 < v_2$。若把两个方向上的输出速度 v_2 和 v_1 的比值称为速度比,并记作 λ_v,则 $\lambda_v = v_2/v_1 = 1/[1 - (d/D)^2]$。因此,活塞杆直径越

小,λ_v 越接近于 1,活塞两个方向的速度差值也就越小,如果活塞杆较粗,活塞两个方向运动的速度差值就较大。在已知 D 和 λ_v 的情况下,也就可以较方便地确定 d。

如果向单杆活塞缸的左右两腔同时通压力油,如图 3-4 所示,即所谓的差动连接(作差动连接的单出杆液压缸称为差动液压缸),开始工作时差动缸左右两腔的油液压力相同,但是由于左腔(无杆腔)的有效面积大于右腔(有杆腔)的有效面积,故活塞向右运动,同时使右腔中排出的油液(流量为 q')也进入左腔,加大了流入左腔的流量($q+q'$),从而也加快了活塞移动的速度。实际上活塞在运动时,由于差动缸两腔间的管路中有压力损失,所以右腔中油液的压力稍大于左腔油液压力。若忽略不计,则差动缸活塞推力 F_3 和运动速度 v_3 为:

$$F_3 = p_1(A_1 - A_2) = p_1 \frac{\pi}{4}d^2 \tag{3-5}$$

$$v_3 = \frac{q+q'}{A_1} = \frac{q + \frac{\pi}{4}(D^2 - d^2)v_3}{\frac{\pi}{4}D^2}$$

即
$$v_3 = \frac{4q}{\pi d^2} \tag{3-6}$$

由式(3-5)、式(3-6)可知,差动连接时液压缸的推力比非差动连接时小,速度比非差动连接时大。利用这一点,可使在不加大油源流量的情况下得到较快的运动速度。这种连接方式被广泛应用于组合机床的液压动力滑台和其他机械设备的快速运动中。

如果要求快速工进和快速退回速度相等,即使 $v_2 = v_3$,则由式(3-4)、式(3-6)可得 $D = \sqrt{2}d$。

3.2.2.2 柱塞式液压缸

柱塞式液压缸是一种单作用液压缸,其工作原理如图 3-5(a)所示。柱塞与工作部件连接,缸筒固定在机体上。当压力油进入缸筒时,推动柱塞带动运动部件向右运动,但反向退回时必须靠其他外力或自重驱动。柱塞缸通常成对反向布置作用,如图 3-5(b)所示。当柱塞的直径为 d,输入液压油的流量为 q,压力为 p 时,其柱塞上所产生的推力 F 和速度 v 为:

$$F = pA = p\frac{\pi}{4}d^2$$

$$v = \frac{q}{A} = \frac{4q}{\pi d^2}$$

柱塞式液压缸的主要特点是柱塞与缸筒无配合要求,缸筒内孔不需精加工,甚至可以不加工。运动时由缸盖上的导向套来导向,所以它特别适用在行程较长的场合。

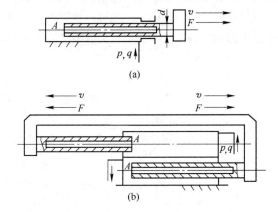

图 3-5 柱式液压缸

3.2.3 摆动油缸和其他液压缸

3.2.3.1 摆动油缸

液压缸和液压马达是两种不同的液压执行元件,但是摆动式液压缸是一种利用大螺旋升角的螺旋副实现旋转运动的特殊的液压执行装置,因此也称摆动液压马达。当它通入压力油时,它的主轴能输出小于 360° 的摆动运动。摆动式液压缸常用于工夹具夹紧装置、送料装置、转位装置以及需要周期性进给的系统中。图 3-6(a)所示为单叶片式摆动缸,它的摆动角度较大,可达

300°。当摆动缸进出油口压力为 p_1 和 p_2，输入流量为 q 时，它的输出转矩 T 和角速度 ω 各为：

$$T = b\int_{R_1}^{R_2}(p_1 - p_2)r\mathrm{d}r = \frac{b}{2}(R_2^2 - R_1^2)(p_1 - p_2)$$

$$\omega = 2\pi n = \frac{2q}{b(R_2^2 - R_1^2)}$$

式中，b 为叶片的宽度，R_1、R_2 为叶片底部、顶部的回转半径。

图 3-6(b)所示为双叶片式摆动缸，它的摆动角度较小，可达 150°，它的输出转矩是单叶片式的两倍，而角速度则是单叶片式的一半。

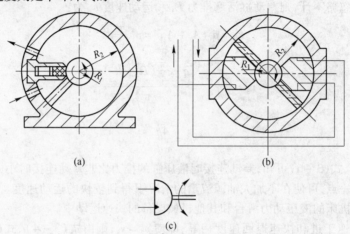

(a)   (b)

(c)

图 3-6　摆动缸
(a)单叶片式；(b)双叶片式；(c)摆动缸的符号

3.2.3.2　其他液压缸

A　增压缸

增压液压缸又称增压器。在某些短时或局部需要高压液体的液压系统中，常用增压缸与低压大流量泵配合作用。增压缸有单作用和双作用两种型式。单作用增压缸的工作原理如图 3-7(a)所示。当低压为 p_1 的油液推动增压缸的大活塞时，大活塞推动与其连成一体的小活塞输出压力为 p_2 的高压液体，当大活塞直径为 D，小活塞直径为 d 时，输出压力：

$$p_2 = p_1\left(\frac{D}{d}\right)^2 = Kp_1$$

式中，$K = D^2/d^2$，称为增压比，它代表增压缸的增压能力，也就是说增压缸仅仅是增大输出的压力，并不能增大输出的能量。

单作用增压缸在小活塞运动到终点时，不能再输出高压液体，需要将活塞退回到左端位置，

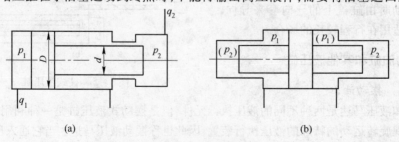

(a)   (b)

图 3-7　增压缸
(a)单作用增压缸；(b)双作用增压缸

再向右行时才又输出高压液体,即只能在一次行程中输出高压液体。为了克服这一缺点,可采用双作用增压缸,由两个高压端连续向系统供油,如图3-7(b)所示。

　B　伸缩缸

伸缩式液压缸由两个或多个活塞式液压缸套装而成,前一级活塞缸的活塞是后一级活塞缸的缸筒。伸出时可获得很长的工作行程,缩回时可保持很小的结构尺寸。伸缩缸被广泛用于起重运输车辆上。

图3-8是套筒式伸缩缸的原理图。伸缩缸的外伸动作是逐级进行的。首先是最大直径的缸筒以最低的油液压力开始外伸,当到达行程终点后,稍小直径的缸筒开始外伸,直径最小的缸筒最后伸出。随着工作级数增多,外伸缸筒直径越来越小,工作油液压力越来越高,工作速度也越来越快。伸缩缸可以是图3-8(a)所示的单作用式,也可以是图3-8(b)所示的双作用式,前者靠外力回程而后者靠液压回程。

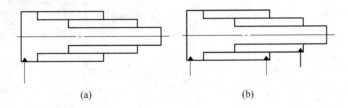

(a)　　　　　　　　　　(b)

图3-8　伸缩缸
(a)单作用式伸缩缸;(b)双作用式伸缩缸

　C　齿轮缸

齿轮式液压缸又称无杆式活塞缸,它由两个柱塞缸和一套齿轮齿条传动装置组成,如图3-9所示。当压力油推动活塞左右往复运动时,齿条就推动齿轮件往复旋转,从而驱动工作部件(如组合机床中的旋转工作台)做周期性的往复旋转运动。

3.2.4　液压缸的使用维护

(1)安装。液压缸的安装形式主要分为两类:一类是轴线固定式,另一类是轴线摆动式。液压缸的安装形式还可细分为底座式、法兰式、拉杆式、轴销式、耳环式、球头式、中间球铰式、带加强筋的法兰式及法兰底角并用式等。一般来说液压缸可随意安装在需要的地方。

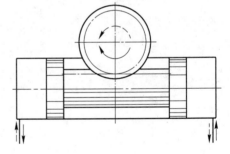

图3-9　齿轮缸

安装过程中应保持清洁,为防止液压缸丧失功能或过早磨损,安装时应尽量避免拉力作用,特别应使其不要承受径向力。安装管接头或有螺纹的部位时应避免挤压、撞伤。油灰、麻线之类的密封材料决不可用,因为这类材料会引起油液污染,从而导致液压缸丧失功能。安装液压油管时,还应注意避免产生扭力。

(2)启动。液压缸用油一定要符合厂家的说明,连接液压缸之前,必须彻底冲洗液压系统。冲洗过程中,应关闭液压缸连接管。建议应连续冲洗约半个小时,然后才能将液压缸接入液压系统。

(3)维修保养。在冲击载荷大的情况下,应密切注意液压缸支承的润滑。尤其是新系统启动后,应反复检查液压缸的功能及泄漏情况。启动后,还应检查轴心线是否对中,若不对中,则应重新调节液压缸体或机器元件中心线,实现对中。

　　保持液压油洁净是非常重要的。注油时,要用低于 $60\mu m$ 的过滤器进行过滤。接在系统中的过滤器,开始运转阶段至少每工作 100h 清洗一次,然后应每月清洗一次,至少每次换油时清洗一次。建议换油时全部更换新油,并将油箱彻底清洗。

　　使用过程中,应注意做好液压缸的防松、防尘及防锈工作。长时间停用后再重新使用时,注意用干净棉布擦净暴露在外的活塞杆表面。启动时先空载运转,待正常后再挂接机具。

　　(4)贮藏。作为备件的液压缸建议贮存在干燥、隔潮的地方,贮藏处不能有腐蚀物质或气体。应加注适当的防护油,最好先以该油作为介质使液压缸运行几次。当启用时,要彻底清洗掉液压缸中的防护油,建议第一次更换新油的时间间隔比通常情况短一些。贮存过程中液压缸进、回油口应严格密封,保护好活塞杆免受机械损伤或氧化腐蚀。

4 液压控制元件

4.1 液压控制元件的分类

在液压系统中,除需要液压泵供油和液压执行元件来驱动工作装置外,还要配备一定数量的液压控制阀来对液体的流动方向、压力的高低以及流量的大小进行预期的控制,以满足负载的工作要求。因此,液压控制阀是直接影响液压系统工作过程和工作特性的重要元件。

各类液压控制阀虽然形式不同,控制的功能各有所异,但都具有共性。首先在结构上,所有的阀都由阀体、阀芯(座阀或滑阀)和驱使阀芯动作的元部件(如弹簧、电磁铁)等组成。其次,在工作原理上,所有的阀的阀口大小,阀进、出油口间的压差以及通过阀的流量之间的关系都符合孔口流量公式($q = KA\Delta P^{m}$),只是各种阀控制的参数各不相同而已,如压力阀控制的是压力,流量阀控制的是流量等。因而,根据其内在联系、外部特征、结构和用途等方面的不同,可将液压阀按不同的方式进行分类,如表 4-1 所示。

表 4-1　液压控制阀的分类

分类方法	种　类	详　细　分　类
按用途分	压力控制阀	溢流阀、减压阀、顺序阀、比例压力控制阀、压力继电器等
	流量控制阀	节流阀、调速阀、分流阀、比例流量控制阀等
	方向控制阀	单向阀、液控单向阀、换向阀、比例方向控制阀
按操纵方式分	人力操纵阀	手把及手轮、踏板、杠杆
	机械操纵阀	挡块、弹簧、液压、气动
	电动操纵阀	电磁铁控制、电－液联合控制
按连接方式分	管式连接	螺纹式连接、法兰式连接
	板式及叠加式连接	单层连接板式、双层连接板式、集成块连接、叠加阀
	插装式连接	螺纹式插装、法兰式插装

液压传动系统对液压控制阀的基本要求为:

(1)动作灵敏,使用可靠,工作时冲击和振动要小,使用寿命长。

(2)油液通过液压阀时压力损失要小,密封性能好,内泄漏要小,无外泄漏。

(3)结构简单紧凑,安装、维护、调整方便,通用性好。

4.2　方向控制阀

方向控制阀主要用来通断油路或改变油液流动的方向,从而控制液压执行元件的启动或停止,改变其运动方向。它主要有单向阀和换向阀。

4.2.1　单向阀

单向阀的主要作用是控制油液的单向流动。液压系统中对单向阀的主要性能要求是:正向流动阻力损失小,反向流动密封性能好,动作灵敏。图 4-1(a)为一种管式普通单向阀的结构,压力油从阀体左端的通口流入时,克服弹簧 3 作用在阀芯 2 上的力,使阀芯向右移动,打开阀口,并通过阀芯上的径向孔 a、轴向孔 b 从阀体右端的通口流出;但是压力油从阀体右端的通口流入时,液压力和弹簧力一起使阀芯压紧在阀座上,使阀口关闭,油液无法通过。单向阀的图形符号如图 4 - 1(b)所示。

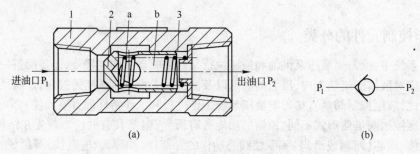

图 4 - 1　单向阀
1—阀套;2—阀芯;3—弹簧

　　单向阀中的弹簧主要是用来克服阀芯的摩擦阻力和惯性力,使单向阀工作灵敏可靠,所以普通单向阀的弹簧刚度一般都选得较小,以免油液流动时产生较大的压力降。一般单向阀的开启压力在 0.035 ~ 0.05MPa,当通过其额定流量时的压力损失不应超过 0.1 ~ 0.3MPa。若将单向阀中的弹簧换成较大刚度的弹簧时,可将其置于回油路中作背压阀使用,此时阀的开启压力为 0.2 ~ 0.6MPa。

　　除了一般的单向阀外,还有液控单向阀。图 4 - 2(a)为一种液控单向阀的结构,当控制口 K 处无压力油通入时,它的工作和普通单向阀一样,压力油只能从进油口 P_1 流向出油口 P_2,不能反向流动。当控制口 K 处有压力油通入时,控制活塞 1 右侧 a 腔通泄油口(图中未画出),在液压力作用下活塞向右移动,推动顶杆 2 顶开阀芯,使油口 P_1 和 P_2 接通,油液就可从 P_2 口流向 P_1 口。在图示形式的液控单向阀结构中,K 处通入的控制压力最小须为主油路压力的 30% ~ 50%,而在高压系统中使用的带卸荷阀芯的液控单向阀其最小控制压力约为主油路压力的 5%。图 4 - 2(b)为液控单向阀图形符号。

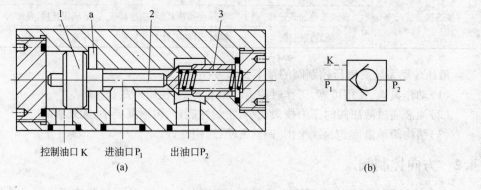

控制油口 K　进油口 P_1　出油口 P_2
(a)　　　　　　　　　　　　　　　(b)

图 4 - 2　液控单向阀
1—活塞;2—顶杆;3—阀芯

4.2.2　换向阀

　　换向阀是利用阀芯对阀体的相对运动,使油路接通,关断或变换油流的方向,从而实现液压执行元件及其驱动机构的启动、停止或变换运动方向。

液压传动系统对换向阀性能的主要要求是:

(1)油液流经换向阀时压力损失要小。

(2)互不相通的油口间的泄漏要小。

(3)换向要平稳、迅速且可靠。

换向阀的种类很多,其分类方式也各有不同。一般来说,按阀芯相对于阀体的运动方式来分,换向阀有滑阀和转阀两种;按操作方式来分,换向阀有手动、机动、电磁动、液动和电液动等多种;按阀芯工作时在阀体中所处的位置来分,换向阀有二位和三位等;按换向阀所控制的通路数不同,换向阀有二通、三通、四通和五通等。系列化和规格化了的标准换向阀由专门的工厂生产。

4.2.2.1 换向阀的工作原理

图4-3(a)所示为滑阀式换向阀的工作原理。当阀芯向右移动一定的距离时,由液压泵输出的压力油从阀的P口经A口输向液压缸左腔,液压缸右腔的油经B口流回油箱,液压缸活塞向右运动;反之,若阀芯向左移动某一距离时,液流反向,活塞向左运动。

图4-3(a)中的换向阀可绘制成如图4-3(b)所示的图形符号。由于该换向阀阀芯相对于阀体有三个工作位置,通常用一个粗实线方框符号代表一个工作位置,因而有三个方框。该换向阀共有P、A、B、T_1 和 T_2 五个油口,所以每一个方框中表示油路的通路与方框共有五个交点。在中间位置,由于各油口之间互不相通,用"⊥"或"⊤"来表示,而当阀芯向右移动时,表示该换向阀左位工作,即P与A、B与T_2相通;反之,则P与B、A与T_1相通。因此该换向阀被称之为三位五通换向阀。图4-4为常用的二位和三位换向阀的位和通路符号图。

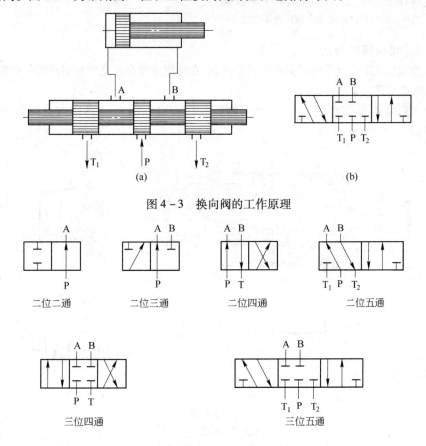

图4-3 换向阀的工作原理

图4-4 换向阀的位和通路符号

换向阀中阀芯相对于阀体的运动需要有外力操纵来实现,常用的操纵方式有手动、机动(行程)、电磁动、液动和电液动,它们的符号如图4-5所示。不同的操纵方式与图4-4所示的换向阀的位和通路符号组合就可以得到不同的换向阀,如三位四通电磁换向阀、三位五通液动换向阀等。

图4-6(a)所示为转动式换向阀(简称转阀)的工作原理图,该阀由阀体1、阀芯2和使阀芯转动的操纵手柄3组成。在图示位置,通口P和A相通,B和T相通。当操纵手柄转换到"止"位置时,通口P、A、B和T均不相通。当操纵手柄转换到另一位置时,则通口P和B相通,A和T相通。图4-6(b)为转阀的图形符号。

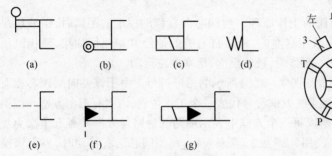

图4-5 换向阀操纵方式符号

(a)手柄式;(b)机动(滚轮式);(c)电磁;(d)弹簧;(e)液压;
(f)液压先导控制;(g)电磁-液压先导控制

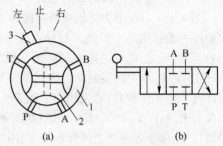

图4-6 转阀
1—阀体;2—阀芯;3—手柄

4.2.2.2 换向阀的结构

在液压传动系统中广泛采用的是滑阀式换向阀,在这里主要介绍这种换向阀的几种典型结构。

A 手动换向阀

手动换向阀是利用手动杠杆来改变阀芯位置实现换向的,图4-7所示为手动换向阀的结构和图形符号。

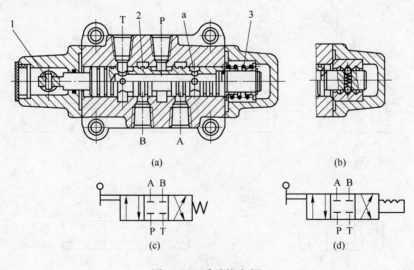

图4-7 手动换向阀
1—手柄;2—阀芯;3—弹簧

图4-7(a)为自动复位式手动换向阀,放开手柄1,阀芯2在弹簧3的作用下自动回复中

位。该阀适用于动作频繁、工作持续时间短的场合,操作比较安全,常用于工程机械的液压传动系统中。

如果将该阀阀芯右端弹簧3的部位改为图4-7(b)的形式,即成为可在三个位置定位的手动换向阀,图4-7(d)为其图形符号。

B 机动换向阀

机动换向阀又称行程阀,主要用来控制机械运动部件的行程。它是借助于安装在工作台上的挡铁或凸轮来迫使阀芯移动,从而控制油液的流动方向。机动换向阀通常是二位的,有二通、三通、四通和五通几种,其中二位二通机动阀又分常闭和常开两种。

图4-8(a)为滚轮式二位二通常闭式机动换向阀,图4-8(b)为其图形符号。在图示位置阀芯2被弹簧3压向左端,油腔P和A不通,当挡铁或凸轮压住滚轮1使阀芯2移动到右端时,油腔P和A接通。

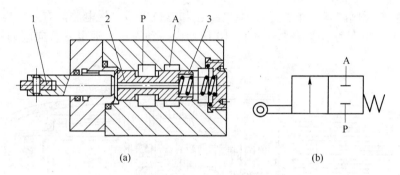

图4-8 机动换向阀
1—滚轮;2—阀芯;3—弹簧

C 电磁换向阀

电磁换向阀是利用电磁铁的通电吸合与断电释放而直接推动阀芯来控制液流方向的。它是电气系统与液压系统之间的信号转换元件。它的电气信号由液压设备中的按钮开关、限位开关、行程开关等电气元件发出,从而可以使液压系统方便地实现各种操作及自动顺序动作。

按电磁铁使用电源的不同,电磁换向阀可分为交流和直流两种。按衔铁工作腔是否有油液电磁换向阀又可分为干式和湿式。交流电磁铁启动力较大,不需要专门的电源,吸合、释放快,动作时间为0.01~0.03s;其缺点是若电源电压下降15%以上,则电磁铁吸力明显减小,若衔铁不动作,干式电磁铁会在10~15min内烧坏线圈(湿式电磁铁为1~1.5h),且冲击及噪声较大,寿命低,因而在实际使用中交流电磁铁允许的切换频率一般为10次/min,不得超过30次/min。直流电磁铁工作较可靠,吸合、释放动作时间为0.05~0.08s,允许使用的切换频率较高,一般可达120次/min,最高可达300次/min,且冲击小,体积小,寿命长;其缺点是需有专门的直流电源,成本较高。此外,还有一种本机整流型电磁铁,其电磁铁是直流的,但电磁铁本身带有整流器,通入的交流电经整流后再供给直流电磁铁。目前,国外新发展了一种油浸式电磁铁,不但衔铁,而且激磁线圈也都浸在油液中工作。它具有寿命更长、工作更平稳可靠等优点,但由于造价较高,应用面不广。

图4-9(a)所示为二位三通交流电磁阀结构,图4-9(b)为其图形符号。在图示位置,油口P和A相通,油口B断开。当电磁铁通电吸合时,推杆1将阀芯2推向右端,这时油口P和A断开,而与B相通。当电磁铁断电释放时,弹簧3推动阀芯复位。

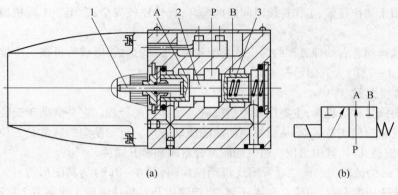

图 4 - 9　二位三通电磁阀
1—推杆;2—阀芯;3—弹簧

如前所述,电磁阀就其工作位置来说,有二位和三位等。二位电磁阀有一个电磁铁,靠弹簧复位;三位电磁阀有两个电磁铁。图 4 - 10 所示为一种三位五通电磁换向阀的结构和图形符号。

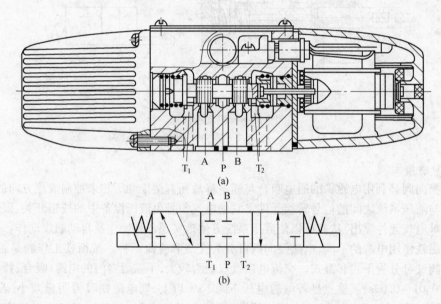

图 4 - 10　三位五通电磁换向阀

D　液动换向阀

液动换向阀是利用控制油路的压力油来改变阀芯位置的换向阀。图 4 - 11 为三位四通液动换向阀的结构和图形符号。阀芯是由其两端密封腔中油液的压差来移动的。当控制油路的压力油从阀右边的控制油口 K_2 进入滑阀右腔时,K_1 接通回油,阀芯向左移动,使压力油口 P 与 B 相通,A 与 T 相通;当 K_1 接通压力油,K_2 接通回油时,阀芯向右移动,使得 P 与 A 相通,B 与 T 相通;当 K_1、K_2 都通回油时,阀芯在两端弹簧和定位套作用下回到中间位置。

E　电液换向阀

在大中型液压设备中,当通过阀的流量较大时,作用在滑阀上的摩擦力和液动力较大,此时电磁换向阀的电磁铁推力相对太小,需要用电液换向阀来代替电磁换向阀。

电液换向阀由电磁滑阀和液动滑阀组合而成。电磁滑阀起先导作用,它可以改变控制流的方向,从而改变液动滑阀阀芯的位置。由于操纵液动滑阀的液压推力可以很大,所以主阀芯的尺寸可以做得很大,允许有较大的油液流量通过。这样用较小的电磁铁就能控制较大的液流。

图4-12所示为弹簧对中型三位四通电液换向阀的结构和图形符号,当先导电磁阀左边的电磁铁通电后使其阀芯向右边位置移动,来自主阀P口或外接油口的控制压力油可经先导电磁阀的A口和左单向阀进入主阀左端容腔,并推动主阀阀芯向右移动。这时主阀芯右端容腔中

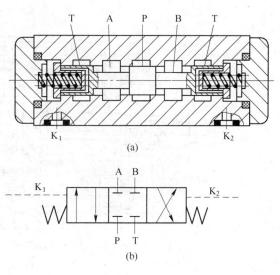

图4-11 三位四通液动阀

的控制油液可通过右边的节流阀经先导电磁阀的B口和T口,再从主阀的T口或外接油口流回油箱(主阀芯的移动速度可由右边的节流阀调节),使主阀P与A、B和T的油路相通。反之,由先导电磁阀右边的电磁铁通电,可使P与B、A与T油路相通。当先导电磁阀的两个电磁铁均不带电时,先导阀阀芯在其对中弹簧作用下回到中位,此时来自主阀P口或外接油口的控制压力油不再进入主阀芯的左、右两容腔,主阀芯左右两腔的油液通过先导阀中间位置的A、B两油口与先导阀T口相通(见图4-12b),再从主阀的T口或外接油口流回油箱。主阀芯在两端对中弹簧的预压力的推动下,依靠阀体定位,准确地回到中位,此时主阀的P、A、B和T油口均不通。

电液动换向阀除了上述的弹簧对中以外还有液压对中的,在液压对中的电液换向阀中,先导式电磁阀在中位时,A、B两油口均与控制压力油口P连通,而T则封闭;其他方面与弹簧对中的电液换向阀基本相似。

4.2.2.3 换向阀的性能和特点

A 中位机能

对于各种操纵方式的三位四通和三位五通的换向滑阀,阀芯在中间位置时各油口的连通情况称为换向阀的中位机能。不同的中位机能,可以满足液压系统的不同要求。表4-2为常见的三位四通、三位五通换向阀的中位机能的型式、滑阀状态和符号。由表4-2可以看出,不同的中位机能是通过改变阀芯的形状和尺寸得到的。

在分析和选择三位换向阀的中位机能时,通常应考虑以下几点:

(1)系统保压。当P口被堵塞时,系统保压,液压泵能用于多缸系统;当P口不太通畅地与T口相通时(如X型),系统能保持一定的压力供控制油路使用。

(2)系统卸荷。P口通畅地与T口相通时,系统卸荷。

(3)换向平稳性与精度。当液压缸A、B两口都堵塞时,换向过程中易产生液压冲击,换向不平稳,但换向精度高;反之,A、B两口都通T口时,换向过程中工作部件不易制动,换向精度低,但液压冲击小。

(4)启动平稳性。阀在中位时,液压缸某腔如通油箱,则启动时该腔内因无足够的油液起缓冲作用,启动不平稳。

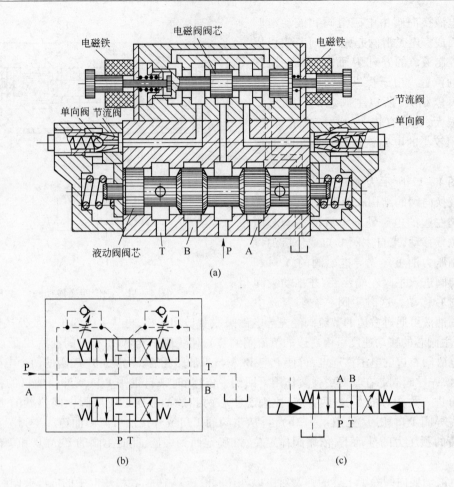

图 4 – 12　电液换向阀

表 4 – 2　三位换向阀的中位机能

中位机能型式	中间位置时的滑阀状态	中间位置的符号	
		三位四通	三位五通
O	T(T₁)A P B T(T₂)	A B P T	A B T₁ P T₂
H	T(T₁)A P B T(T₂)	A B P T	A B T₁ P T₂
Y	T(T₁)A P B T(T₂)	A B P T	A B T₁ P T₂
J	T(T₁)A P B T(T₂)	A B P T	A B T₁ P T₂

续表4-2

中位机能型式	中间位置时的滑阀状态	中间位置的符号	
		三位四通	三位五通
C	$T(T_1)$ A P B $T(T_2)$	A B / P T	A B / T_1 P T_2
P	$T(T_1)$ A P B $T(T_2)$	A B / P T	A B / T_1 P T_2
K	$T(T_1)$ A P B $T(T_2)$	A B / P T	A B / T_1 P T_2
X	$T(T_1)$ A P B $T(T_2)$	A B / P T	A B / T_1 P T_2
M	$T(T_1)$ A P B $T(T_2)$	A B / P T	A B / T_1 P T_2
U	$T(T_1)$ A P B $T(T_2)$	A B / P T	A B / T_1 P T_2

(5)液压缸"浮动"和在任意位置上的停止。阀在中位时,当A、B两油口互通时,卧式液压缸呈"浮动"状态,可利用其他机构移动工作台,调整其位置。当A、B两口堵塞或与P口连接(在非差动情况下),则可以使液压缸在任意位置处停下来。

三位换向阀除了在中间位置时有各种滑阀机能外,有时也把阀芯在其一端位置时的油口连通情况设计成特殊的机能,这时分别用两个字母表示滑阀在中间状态和一端状态的滑阀机能,常用的有OP型和MP型等,它们的符号如图4-13所示。OP和MP型滑阀机能主要用于差动连接回路,以得到快速行程。

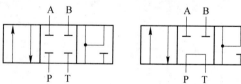

图4-13 OP型、MP型中位机能符号

B 滑阀的液动力

由液流的动量定律可知,油液通过换向阀时作用在阀芯上的液动力有稳态液动力和瞬态液动力两种。滑阀上的稳态液动力是在阀芯移动完毕,开口固定之后,液流流过阀口时因动量变化而作用在阀芯上的有使阀口关小的趋势的力。其值与通过阀的流量大小有关,流量越大,液动力也越大,因而使换向阀切换的操纵力也应越大。由于在滑阀式换向阀中稳态液动力相当于一个回复力,故它对滑阀性能的影响是使滑阀的工作趋于稳定。滑阀上的瞬态液动力是滑阀在移动过程中(即开口大小发生变化时)阀腔液流因加速或减速而作用在阀芯上的力。这个力与阀芯的移动速度有关(即与阀口开度的变化率有关),而与阀口开度本身无关,且瞬态液动力对滑阀工作稳定性的影响要视具体结构而定,在此不作详细分析。

　　C　滑阀的液压卡紧现象

　　一般滑阀的阀孔和阀芯之间有很小的间隙,当缝隙均匀且缝隙中有油液时,移动阀芯所需的力只须克服黏性摩擦力,数值是相当小的。但在实际使用中,特别是在中、高压系统中,当阀芯停止运动一段时间后(一般约5min以后),这个阻力可以大到几百牛顿,使阀芯重新移动十分费力。这就是所谓的液压卡紧现象。

　　引起液压卡紧的原因,有的是由于脏物进入缝隙而使阀芯移动困难,有的是由于缝隙过小,油温升高时造成阀芯膨胀而卡死,但是主要原因是来自滑阀副几何形状误差和同心度变化所引起的径向不平衡液压力。如图4-14(a)所示,当阀芯和阀体孔之间无几何形状误差且轴心线平行但不重合时,阀芯周围间隙内的压力分布是线性的(图中 A_1 和 A_2 线所示),且各向相等,阀芯上不会出现不平衡的径向力。当阀芯因加工误差而带有倒锥(锥部大端朝向高压腔)且轴心线平行而不重合时,阀芯周围间隙内的压力分布如图4-14(b)中曲线 A_1 和 A_2 所示,这时阀芯将受到径向不平衡力(图中阴影部分)的作用而使偏心距越来越大,直到两者表面接触为止,这时径向不平衡力达到最大值;但是,如阀芯带有顺锥(锥部大端朝向低压腔)时,产生的径向不平衡力将使阀芯和阀孔间的偏心距减小。图4-14(c)所示为阀芯表面有局部凸起,相当于阀芯碰伤,残留毛刺或缝隙中楔入脏物时,阀芯受到的径向不平衡力将使阀芯的凸起部分推向孔壁。当阀芯受到径向不平衡力作用而和阀孔相接触后,缝隙中存留液体被挤出,阀芯和阀孔间的摩擦变成半干摩擦乃至干摩擦,因而使阀芯重新移动时所需的力增大了许多。

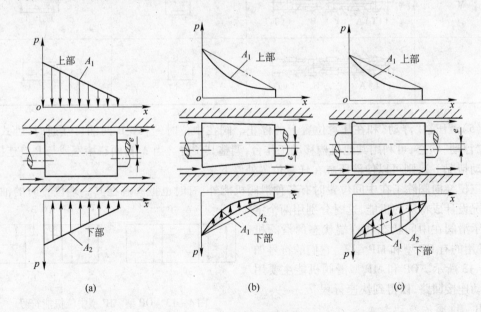

图4-14　滑阀上的径向力

　　滑阀的液压卡紧现象不仅在换向阀中有,其他的液压阀中也普遍存在,在高压系统中更为突出,特别是滑阀的停留时间越长,液压卡紧力越大,以致造成移动滑阀的推力(如电磁铁推力)不能克服卡紧阻力,使滑阀不能复位。

　　为了减小径向不平衡力,应严格控制阀芯和阀孔的制造精度。在装配时,尽可能使其成为顺锥形式,另一方面在阀芯上开环形均压槽,如图4-15所示,也可以大大减小径向不平衡力。一般环形均压槽的尺寸是:宽0.3~0.5mm,深0.5~0.8mm,槽距1~5mm。

4.2.3 方向控制阀的使用与维护

4.2.3.1 使用与维护

(1)本元件可使用抗燃液压油、油包水乳化液和水乙二醇。当使用磷酸酯液时,型号前加前缀"F3"。带特殊密封的元件油液极限黏度范围是 13～54cSt,推荐使用 30 号液压油。

(2)带特殊密封件的环境温度在 −20～+70℃ 范围内。液体温度:矿物油在 −20～+80℃ 范围内,含水液在 +10～+54℃ 范围内。为了获得最佳使用效果,除含水液外,通常液体温度最高为 65℃。总之,不论温度范围如何都要保证黏度处于上述所指出的限度范围内。

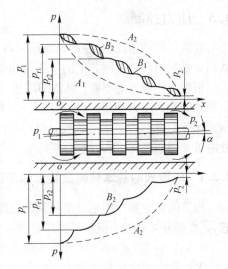

图 4−15 滑阀环形槽的作用

(3)要求系统在 21MPa 下的绝对过滤精度为 40μm 或更高。经常注意油液的清洁度,定期检查油液的性能,并适时更换。

(4)方向阀为板式安装,须用螺钉将阀固定在安装基面上,"A"和"N"型的滑阀轴线应水平安装,期货型阀不受限制,但应以水平安装优先。

(5)电磁换向阀有四个油口,液动换向阀(主阀)有四个工作油口和两个控制油口(压力对中型有四个工作油口和三个控制油口),安装或维修时应正确连接。

(6)电液阀的先导控制压力不得低于所需的最小压力。

(7)内泄式阀的先导压力必须总是超过回油路压力,至少超过所必需的最小先导压力。若回油路压力波动超过最小先导压力时,建议使用外泄式阀。

(8)两个或更多的阀的先导泄油若用同一管路时,泄油路中的压力波动可能足以大到引起这些阀的无意换向,这对无弹簧定位型阀特别危险,因此需设单独的回油管路。

(9)任何滑阀要是在一定压力下长时间保持换向状态,则可能因液体液积物的生成而卡死或不易移动,这决定于使用和系统的过滤情况。因此,必须定期反复换向以防止出现这种情况。

(10)使用电源电压及其波动范围,不得超过前文中规定值。

(11)液控单向阀泄油及压力表连接:为消除油路背压对先导控制油压的影响,阀的外部泄油口宜单独接回油箱。当需要接入压力表时,拧出阀体上 1/4″螺堵,换以相应的接头接上压力表。

(12)用户购回元件后,若不及时使用,应向内部注入防锈油,并在外露加工表面涂上防锈脂,妥善保存。

4.2.3.2 常见故障及排除方法

方向控制阀常见故障及排除方法见表 4−3。

表 4−3 方向控制阀常见故障及排除方法

故 障	产 生 原 因	排 除 方 法
滑阀不能动作	1. 滑阀被拉坏; 2. 滑阀变形; 3. 先导控制压力低; 4. 自动复位弹簧折断	1. 拆开清洗,去掉毛刺。修整拉坏表面; 2. 重新安装阀体,使压紧力均匀; 3. 按使用说明使先导控制压力大于 0.35MPa; 4. 更换弹簧

4.3 压力控制阀

在液压传动系统中,控制油液压力高低的液压阀称之为压力控制阀,简称压力阀。这类阀的共同点是利用作用在阀芯上的液压力和弹簧力相平衡的原理工作的。

根据工作需要的不同,具体的液压系统对压力控制的要求是各不相同的:有的需要限制液压系统的最高压力,此时可使用安全阀;有的需要稳定液压系统中某处的压力值(或者压力差,压力比等),此时可使用溢流阀、减压阀等定压阀;还有的需要利用液压力作为信号控制其动作,此时可使用顺序阀、压力继电器等。

4.3.1 溢流阀的基本结构及其工作原理

溢流阀的主要作用是对液压系统定压或进行安全保护。几乎在所有的液压系统中都要用到它,其性能好坏对整个液压系统的正常工作有很大影响。

4.3.1.1 溢流阀的作用和性能要求

A 溢流阀的作用

在液压系统中用来维持定压是溢流阀的主要用途。它常用于节流调速系统中,和流量控制阀配合使用,调节进入系统的流量,并保持系统的压力基本恒定。如图 4 - 16(a)所示,溢流阀 2 并联于系统中,进入液压缸 4 的流量由节流阀 3 调节。由于定量泵 1 的流量大于液压缸 4 所需的流量,油压升高,将溢流阀 2 打开,多余的油液经溢流阀 2 流回油箱。因此,在这里溢流阀的功用就是在不断的溢流过程中保持系统压力基本不变。

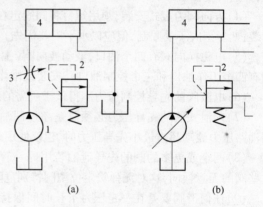

图 4 - 16 溢流阀的作用
1—定量泵;2—溢流阀;3—节流阀;4—液压缸

用于过载保护的溢流阀一般称为安全阀。如图 4 - 16(b)所示的变量泵调速系统,在正常工作时,安全阀 2 关闭,不溢流,只有在系统发生故障压力升至安全阀的调整值时,阀口才打开,使变量泵排出的油液经阀 2 流回油箱,以保证液压系统的安全。

B 液压系统对溢流阀的性能要求

(1)定压精度高。当流过溢流阀的流量发生变化时,系统中的压力变化要小,即静态压力超调要小。

(2)灵敏度要高。如图 4 - 16(a)所示,当液压缸 4 突然停止运动时,溢流阀 2 要迅速开大。否则,定量泵 1 输出的油液将因不能及时排出而使系统压力突然升高,并超过溢流阀的调定压力,使系统中各元件及辅助件受力增加,影响寿命。溢流阀的灵敏度越高,则动态压力超调越小。

(3)工作要平稳,且无振动和噪声。

(4)当阀关闭时,密封要好,泄漏要小。

对于经常开启的溢流阀,主要要求前三项性能;而对于安全阀,则主要要求第 2 和第 4 两项性能。其实,溢流阀和安全阀都是同一结构的阀,只不过是在不同要求时有不同的作用而已。

4.3.1.2 溢流阀的结构和工作原理

常用的溢流阀按其结构形式和基本动作方式可归结为直动式和先导式两种。

A 直动式溢流阀

直动式溢流阀依靠系统中的压力油直接作用在阀芯上与弹簧力等相平衡,以控制阀芯的启闭动作。图 4-17 所示是一种低压直动式溢流阀,P 是进油口,T 是回油口,进口压力油经阀芯 3 中间的阻尼孔口作用在阀芯的底部端面上。当进油压力较小时,阀芯在弹簧 2 的作用下处于下端位置,将 P 和 T 两油口隔开。当进油压力升高,在阀芯下端所产生的作用力超过弹簧的压紧力 F_s 时,阀芯上升,阀口被打开,多余的油液排回油箱。阀芯上的阻尼孔 a 用来对阀芯的动作产生阻尼,以提高阀的工作平衡性,调整螺母 1 可以改变弹簧的压紧力,这样也就调整了溢流阀进口处的油液力 p。

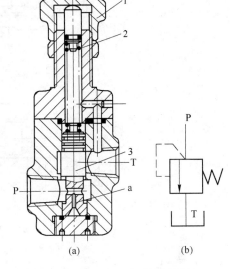

图 4-17 低压直动式溢流阀
1—螺母;2—弹簧;3—阀芯

当溢流阀稳定工作时,作用在阀芯上的油液压力、弹簧的压紧力 F_s、稳态轴向液动力 F_{bs}、阀芯的自重 G 和摩擦力 F_f 是平衡的,它们之间的关系可以用式(4-1)表示。

$$pA_R = F_s + F_{bs} + G + F_f \qquad (4-1)$$

式中,p 为进油口压力,A_R 为阀芯承受油液压力的面积。

若忽略液动力、阀芯的自重的摩擦力,则式(4-1)可写成

$$p = \frac{F_s}{A_R} \qquad (4-2)$$

由式(4-1)可以看出,溢流阀是利用被控压力作为信号来改变弹簧的压缩量,从而改变阀口的通流面积和系统的溢流量来达到定压目的的。当系统压力升高时,阀芯上升,阀口通流面积增加,溢流量增大,进而使系统压力下降。溢流阀内部通过阀芯的平衡和运动构成的这种负反馈作用是其定压作用的基本原理,也是所有定压阀的基本工作原理。由式(4-2)可知,弹簧力的大小与控制压力成正比,因此如要提高被控压力,一方面可用减小阀芯的面积来实现,另一方面可通过增大弹簧力来实现。但因受结构限制,需采用大刚度的弹簧。这样,在阀芯相同位移的情况下,弹簧力变化较大,因而该阀的定压精度就低。所以,这种低压直动式溢流阀一般用于压力小于 2.5MPa 的小流量场合。图 4-17(b)所示为直动式溢流阀的图形符号。由图 4-17(a)还可看出,在常位状态下,溢流阀进、出油口之间是不相通的,而且作用在阀芯上的液压力是由进口油液压力产生的,经溢流阀阀芯的泄漏油液经内泄漏通道进入回油口 T。

直动式溢流阀采取适当的措施也可用于高压大流量。例如,德国 Rexroth 公司开发的通径 6~20mm 的压力为 40~63MPa,通径为 25~30mm 的压力为 31.5MPa 的直动式溢流阀,最大流量可达到 330L/min,其中较为典型的锥阀式结构如图 4-18(a)所示,图 4-18(b)为锥阀式结构的局部放大图。在锥阀的下部有一阻尼活塞 3,活塞的侧面铣扁,以便将压力油引到活塞底部,该活塞除了能增加运动阻尼以提高阀的工作稳定性外,还可以使锥阀导向在开启后不会倾斜。此外,锥阀上部有一个偏流盘 1,盘上的环形槽用来改变液流方向,一方面以补偿锥阀 2 的液动力,另一方面由于液流方向的改变,产生一个与弹簧力相反方向的射流力。当通过溢流阀的流量增加时,虽然因锥阀阀口增大引起弹簧力增加,但由于与弹簧力方向相反的射流力同时增加,结果抵消了弹簧力的增量,有利于提高阀的通流流量和工作压力。

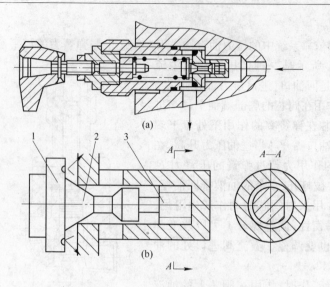

图 4 - 18　直动式锥型溢流阀
1—偏流盘;2—锥阀;3—阻尼活塞

B　先导式溢流阀

图 4 - 19 所示为先导式溢流阀的结构。压力油从 P 口进入,通过阻尼孔 3 后作用在导阀 4 上。当进油口压力较低,导阀上的液压作用力不足以克服导阀右边的弹簧 5 的作用力时,导阀关闭,没有油液流过阻尼孔,所以主阀芯 2 两端压力相等,在较软的主阀弹簧 1 作用下主阀芯 2 处于最下端位置,溢流阀阀口 P 和 T 隔断,没有溢流。

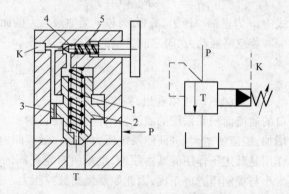

图 4 - 19　先导式溢流阀
1—主阀弹簧;2—主阀芯;3—阻尼孔;
4—导阀;5—弹簧

当进油口压力升高到作用在导阀上的液压力大于导阀弹簧作用力时,导阀打开,压力油就可通过阻尼孔、经导阀流回油箱。由于阻尼孔的作用,主阀芯上端的液压力 p_2 小于下端压力 p_1。当这个压力差作用在面积为 A_R 的主阀芯上等于或超过主阀弹簧力 F_s、轴向稳态液动力 F_{bs}、摩擦力 F_f 和主阀芯自重 G 时,主阀芯开启,油液从 P 口流入,经主阀阀口由 T 流回油箱,实现溢流。

$$\Delta p = p_1 - p_2 \geqslant \frac{F_s + F_{bs} + G + F_f}{A_R} \tag{4-3}$$

由式(4-3)可知,由于油液通过阻尼孔而产生的 p_1 与 p_2 之间的压差值不太大,所以主阀芯只需一个小刚度的软弹簧阀弹簧即可;而作用在导阀 4 上的液压力 p_2 与其导阀阀芯面积的乘积即为导阀弹簧 5 的调压弹簧力,由于导阀阀芯一般为锥阀,受压面积较小,所以用一个刚度不太大的弹簧即可调整较高的开启压力 p_2,用螺钉调节导阀弹簧的预紧力,就可调节溢流阀的溢流压力。

先导式溢流阀有一个远程控制口 K,如果将 K 口用油管接到另一个远程调压阀(远程调压阀的结构和溢流阀的先导控制部分一样),调节远程调压阀的弹簧力,即可调节溢流阀主阀芯上端的液压力,从而对溢流阀的溢流压力实现远程调压。但是,远程调压阀所能调节的最高压力不得超过溢流阀本身导阀的调整压力。当远程控制口 K 通过二位二通阀接通油箱时,主阀芯上端的压力接近于零,主阀芯上移到最高位置,阀口开得很大。由于主阀弹簧较软,这时溢流阀 P 口处压力很低,系统的油液在低压下通过溢流阀流回油箱,实现卸荷。

4.3.1.3 溢流阀的性能

溢流阀的性能包括溢流阀的静态性能和动态性能,在此作一简单的介绍。

A 静态性能

(1)压力调节范围。压力调节范围是指调压弹簧在规定的范围内调节时,系统压力能平稳地上升或下降,且压力无突跳及迟滞现象时的最大和最小调定压力。溢流阀的最大允许流量为其额定流量,在额定流量下工作时溢流阀应无噪声。溢流阀的最小稳定流量取决于它的压力平稳性要求,一般规定为额定流量的15%。

(2)启闭特性。启闭特性是指溢流阀在稳态情况下从开启到闭合的过程中,被控压力与通过溢流阀的溢流量之间的关系。它是衡量溢流阀定压精度的一个重要指标,一般用溢流阀处于额定流量、调定压力 p_s 时,开始溢流的开启压力 p_k 及停止溢流的闭合压力 p_B 分别与 p_s 的百分比来衡量,前者称为开启比 $\overline{p_k}$,后者称为闭合比 $\overline{p_b}$。

$$\overline{p_k} = \frac{p_k}{p_s} \times 100\%$$

$$\overline{p_B} = \frac{p_B}{p_s} \times 100\%$$

式中,p_s 可以是溢流阀调压范围内的任何一个值。显然上述两个百分比值越大,则开启压力和闭合压力越接近,溢流阀的启闭特性就越好,一般应使 $\overline{p_k} \geq 90\%$,$\overline{p_B} \geq 85\%$。直动式和先导式溢流阀的启闭特性曲线如图 4-20 所示。

(3)卸荷压力。当溢流阀的远程控制口 K 与油箱相连时,额定流量下的压力损失称为卸荷压力。

B 动态性能

当溢流阀在溢流量发生由零至额定流量的阶跃变化时,它的进口压力(也就是它所控制的系统压力),将如图 4-21 所示的那样迅速升高并超过额定压力的调定值,然后逐步衰减到最终稳定压力,从而完成其动态过渡过程。图 4-21 所示的 t_1 称之为响应时间;t_2 称之为过渡过程时间。显然,t_1 越小,溢流阀的响应越快;t_2 越小,溢流阀的动态过渡过程时间越短。

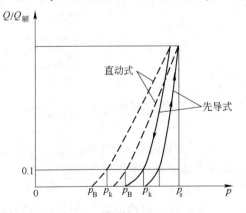

图 4-20 溢流阀的启闭特性曲线

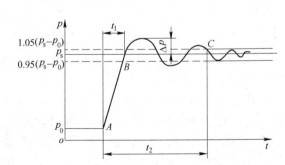

图 4-21 流量阶跃变化时溢流阀的进口
压力响应特性曲线

定义最高瞬时压力峰值与额定压力调定值 p_s 的差值为压力超调量 Δp，则压力超调率 $\overline{\Delta p}$ 为

$$\overline{\Delta p} = \frac{\Delta p}{p_s} \times 100\%$$

它是衡量溢流阀动态定压误差的一个性能指标，一个性能良好的溢流阀 $\overline{\Delta p}$ 为 10% ～ 30%。

4.3.2　减压阀

减压阀是使出口压力（二次压力）低于进口压力（一次压力）的一种压力控制阀。其作用是用来降低液压系统中某一回路的油液压力，使用一个油源能同时提供两个或几个不同压力的输出。减压阀在各种液压设备的夹紧系统、润滑系统和控制系统中应用较多。此外，当油液压力不稳定时，在回路中串入一减压阀可得到一个稳定的较低的压力。根据减压阀所控制的压力不同，它可分为定值输出减压阀、定差减压阀和定比减压阀。

4.3.2.1　定值输出减压阀

A　工作原理

图4-22(a)所示为直动式减压阀的结构和图形符号。P_1 口是进油口，P_2 口是出油口。阀不工作时，阀芯在弹簧作用下处于最下端位置，阀的进、出油口是相通的，亦即阀是常开的。若出口压力增大，使作用在阀芯下端的压力大于弹簧力时，阀芯上移，关小阀口，这时阀处于工作状态。若忽略其他阻力，仅考虑作用在阀芯上的液压力和弹簧力相平衡的条件，则可以认为出口压力基本上维持在某一定值——调定值上。这时如出口压力减小，阀芯就下移，开大阀口，阀口处阻力减小，压降减小，使出口压力回升到调定值；反之，若出口压力增大，则阀芯上移，关小阀口，阀口处阻力加大，压降增大，使出口压力下降到调定值。

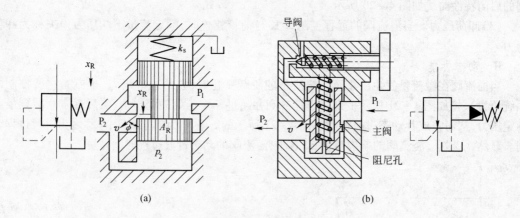

图4-22　减压阀

图4-22(b)为先导式减压阀的工作原理图和图形符号，可仿前述先导式溢流阀来推演，这里不再赘述。

将先导式减压阀和先导式溢流阀进行比较，它们之间有如下几点不同之处：

（1）减压阀保持出口压力基本不变，而溢流阀保持进口处压力基本不变。

（2）在不工作时，减压阀进、出油口互通，而溢流阀进出油口不通。

（3）为保证减压阀出口压力调定值恒定，它的导阀弹簧腔需通过泄油口单独外接油箱；而溢流阀的出油口是通油箱的，所以它的导阀的弹簧腔和泄漏油可通过阀体上的通道和出油口相通，不必单独外接油箱。

B　工作特性

理想的减压阀在进口压力、流量发生变化或出口负载增加时,其出口压力 p_2 总是恒定不变。但实际上 p_2 是随 p_1、q 的变化或负载的增大而有所变化的。由图 4-22(a)可知,若忽略阀芯的自重和摩擦力,当稳态液动力为 p_{bs} 时,阀芯上的力平衡方程为

$$p_2 A_R + F_{bs} = k_s(x_c + x_R)$$

亦即

$$p_2 = \frac{k_s(x_c + x_R) - p_{bs}}{A_R}$$

式中,x_c 为当阀芯开口 $x_R = 0$ 时弹簧的预压缩量。其余符号含义见图 4-22。

若忽略液动力 F_{bs},且 $x_R << x_c$ 则有

$$p_2 \approx \frac{k_s}{A_R} x_c = 常数$$

这是减压阀出口压力可基本上保持定值的原因。

减压阀的 $p_2 - q$ 特性曲线如图 4-23 所示。当减压阀进油口压力 p_1 基本恒定时,若通过的 q 增加,则阀口缝隙 x_R 加大,出口压力 p_2 略微下降。在如图 4-22(b)所示的先导式减压阀中,出口压力的压力调整值越低,它受流量变化的影响就越大。

当减压阀的出油口不输出油液时,它的出口压力基本上仍能保持恒定,此时有少量的油液通过减压阀阀口经先导阀和泄油管流回油箱,保持该阀处于工作状态,如图 4-22(b)所示。

4.3.2.2　定差减压阀

定差减压阀是使进、出油口之间的压力差等于或近似于不变的减压阀,其工作原理如图 4-24 所示。高压油 p_1 经节流口 x_R 减压后以低压 p_2 流出,同时,低压油经阀芯中心孔将压力传至阀芯上腔,则其进、出油液压力在阀芯有效作用面积上的压力差与弹簧力相平衡。

$$\Delta p = p_1 - p_2 = \frac{k_s(x_c + x_R)}{\frac{\pi}{4}(D^2 - d^2)} \tag{4-4}$$

式中,x_c 为当阀芯开口 $x_R = 0$ 时弹簧(其弹簧刚度为 k_s)的预压缩量,其余符号含义如图 4-24 所示。由式(4-4)可知,只要尽量减小弹簧刚度 k_s 和阀口开度 x_R,就可使压力差 Δp 近似地保持为定值。

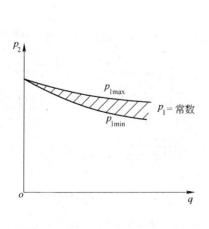

图 4-23　减压阀的特性曲线

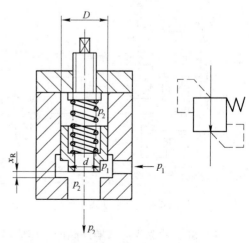

图 4-24　定差减压阀

4.3.2.3　定比减压阀

定比减压阀能使进、出油口压力的比值维持恒定。图 4 - 25 为其工作原理图,阀芯在稳态时忽略稳态液动力、阀芯的自重和摩擦力,可得到力平衡方程为:

$$p_1A_1 + k_s(x_c + x_R) = p_2A_2$$

式中,k_s 为阀芯下端弹簧刚度,x_c 是阀口开度为 $x_R = 0$ 时的弹簧的预压缩量,其他符号含义如图 4 - 25 所示。若忽略弹簧力(刚度较小),则有(减压比):

$$\frac{p_2}{p_1} = \frac{A_1}{A_2} \tag{4-5}$$

由式(4 - 5)可见,选择阀芯的作用面积 A_1 和 A_2,便可得到所要求的压力比,且比值近似恒定。

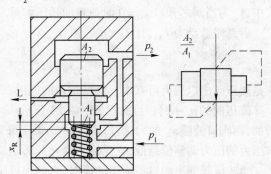

图 4 - 25　定比减压阀

4.3.3　顺序阀

顺序阀用来控制液压系统中各执行元件动作的先后顺序。依控制压力的不同,顺序阀可分为内控式和外控式两种。前者用阀的进油口压力控制阀芯的启闭,后者用外来的控制压力油控制阀芯的启闭(即液控顺序阀)。顺序阀也有直动式和先导式两种,前者一般用于低压系统,后者用于中高压系统。

图 4 - 26 所示为直动式顺序阀的工作原理和图形符号。当进油口压力 p_1 较低时,阀芯在弹簧作用下处于下端位置,进油口和出油口不相通。当作用在阀芯下端的油液的液压力大于弹簧的预紧力时,阀芯向上移动,阀口打开,油液便经阀口从出油口流出,从而操纵另一执行元件或其他元件动作。由图可见,顺序阀和溢流阀的结构基本相似,不同的只是顺序阀的出油口通向系统的另一压力油路,而溢流阀的出油口通油箱。此外,由于顺序阀的进、出油口均为压力油,所以它的泄油口 L 必须单独外接油箱。

直动式外控顺序阀的工作原理和图形符号如图 4 - 27 所示,它和上述顺序阀的差别仅仅在于其下部有一控制油口 K,阀芯的启闭是利用通入控制油口 K 的外部控制油来控制的。

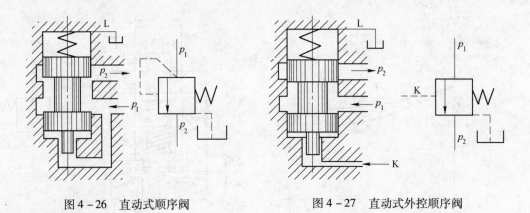

图 4 - 26　直动式顺序阀   图 4 - 27　直动式外控顺序阀

图 4 - 28 所示为先导式顺序阀的工作原理和图形符号,其工作原理可仿前述先导式溢流阀推演,在此不再重复。

4.3.4 压力继电器

压力继电器是一种将油液的压力信号转换成电信号的电液控制元件,当油液压力达到压力继电器的调定压力时,即发出电信号,以控制电磁铁、电磁离合器、继电器等元件动作,使油路卸压、换向、执行元件实现顺序动作,或关闭电动机,使系统停止工作,起安全保护作用等。图4-29所示为常用柱塞式压力继电器的结构和图形符号。当从压力继电器下端进油口通入的油液压力达到调定压力值时,推动柱塞1上移,此位移通过杠杆2放大后推动开关4动作。改变弹簧3的压缩量即可以调节压力继电器的动作压力。

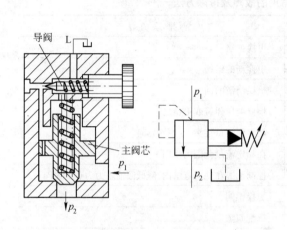

图4-28 先导式顺序阀

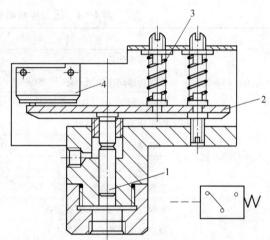

图4-29 压力继电器
1—柱塞;2—杠杆;3—弹簧;4—开关

4.3.5 压力控制阀使用与维护

4.3.5.1 使用与维护

(1)压力阀使用工作油液黏度为$(1.7 \sim 3.8) \times 10^7 \mathrm{m}^2/\mathrm{s}$,推荐使用50号液压油,正常工作油温在$10 \sim 60 \, ^{\circ}\mathrm{C}$范围内。在使用油温较低时,应选择黏度较低的油。当使用磷酸酯液时,需在型号前加"F3",以得到带有特殊密封件的元件。

(2)压力阀要求系统过滤精度不得低于$25 \, \mu\mathrm{m}$。要经常注意油液的清洁度,定期检查油液的性能,并适时更换。

(3)管式元件有两个进油口,板式元件有一个进油口。油口安装应正确,以免空气渗入油路中。顶盖上的"A"、"B"口应根据需要拆下装运堵塞,接以相应的油管。

(4)本元件是螺纹或板式连接,安装位置应便于操作和维修。根据操作需要,调节手轮可在不同位置上安装。

(5)电磁换向控制阀的使用电压、电线形式必须正确。

(6)顺时针转动手轮时压力升高,逆时针转动手轮时压力降低。在调节所需的压力值时,应使锁紧螺母将调节手轮固定。

(7)回油压力(背压)不得超过0.7MPa。

(8)板式元件的安装底板和安装螺钉,不随阀一起提供,如需要订货时写明安装底板和安装螺钉的型号。

（9）顺序阀远程压力调节：3、4 型阀上的压力遥控口须与外部先导压力源接通以使阀在所需的流量下工作，使用 P 型辅助压力遥控口可使阀在较低的控制压力下工作。

（10）回油连接：1、2 型阀出口及 3、4 型阀的泄油口必须用管道直接接回油箱。泄油口背压不应超过 0.17MPa，否则会使元件不能正常工作。

（11）用户购回元件后如不及时使用，须向内部灌入防锈油，并在外露加工表面涂防锈脂，妥善保存。

4.3.5.2　常见的故障及排除方法

压力控制阀的常见故障及其排除方法见表 4-4。

表 4-4　压力控制阀常见的故障及排除方法

故　障	产　生　原　因	排　除　方　法
压力波动不稳定	弹簧弯曲变形	更换弹簧
	锥阀与锥阀座接触不好，或磨损	更换新的锥阀
	油液不清洁，阻尼孔不通畅	更换清洁的油
振动和噪声显著	调压弹簧变形不复原	检修调压弹簧或更换之
	回油路有空气渗入	调整回油口接头
	流量超过允许值	在额定流量范围内使用
	油温过高，回油阻力过高	控制油温在使用范围内，降低回油阻力为 0.17MPa
显著漏油	锥阀与阀座接触不好或磨损	更换锥阀
	滑阀与阀盖配合间隙过大	重配间隙
不上压	滑阀阻尼孔堵塞	清洗阻尼孔使之通畅
	滑阀卡住	拆修使之动作灵活
	电磁控制换向阀不换向	检修电器接线、电磁铁、电磁阀
不卸荷	锥阀座小孔堵塞	清洗小孔使之通畅
	电磁控制换向阀不换向	检修电器接线、电磁铁、电磁阀

4.4　流量控制阀

液压系统中执行元件运动速度的大小，由输入执行元件的油液流量的大小来确定。流量控制阀就是依靠改变阀口通流面积（节流口局部阻力）的大小或通流通道的长短来控制流量的液压阀类。常用的流量控制阀有普通节流阀、压力补偿和温度补偿调速阀、溢流节流阀和分流集流阀等。

4.4.1　流量控制原理及节流口形式

节流阀的节流口通常有三种基本形式：薄壁小孔、细长小孔和厚壁小孔，但无论节流口采用何种形式，通过节流口的流量 q 及其前后压力差 Δp 的关系均为

$$q = KA\Delta p^m$$

式中　K——由孔的形状、尺寸和液体性质决定的系数；

$\quad\quad A$——小孔的过流断面面积；

$\quad\quad \Delta p$——小孔两端的压力差；

$\quad\quad m$——由孔的长径比决定的指数，薄壁孔 $m = 0.5$，细长孔 $m = 1$。

三种节流口的流量特性曲线如图4-30所示,由图可知:

(1)压差对流量的影响。节流阀两端压差 Δp 变化时,通过它的流量要发生变化。三种结构形式的节流口,通过薄壁小孔的流量受到压差改变的影响最小。

(2)温度对流量的影响。油温影响到油液黏度,对于细长小孔,油温变化时,流量也会随之改变,对于薄壁小孔,黏度对流量几乎没有影响,故油温变化时,流量基本不变。

(3)节流口的堵塞。节流阀的节流口可能因油液中的杂质或由于油液氧化后析出的胶质、沥青等而局部堵塞,这就改变了原来节流口通流面积的大小,使流量发生变化,尤其是当开口较小时,这一影

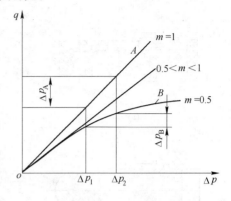

图4-30 节流阀特性曲线

响更为突出,严重时会完全堵塞而出现断流现象。因此节流口的抗堵塞性能也是影响流量稳定性的重要因素,尤其会影响流量阀的最小稳定流量。一般节流口通流面积越大、节流通道越短和水力直径越大,越不容易堵塞,当然油液的清洁度也对堵塞产生影响。一般流量控制阀的最小稳定流量为 0.05L/min。

综上所述,为保证流量稳定,节流口的形式以薄壁小孔较为理想。图4-31所示为几种常用的节流口形式。图4-31(a)所示为针阀式节流口,它通道长,湿周大,易堵塞,流量受油温影响较大,一般用于对性能要求不高的场合。图4-31(b)所示为偏心槽式节流口,其性能与针阀式节流口相同,但容易制造,其缺点是阀芯上的径向力不平衡,旋转阀芯时较费力,一般用于压力较低、流量较大和流量稳定性要求不高的场合。图4-31(c)所示为轴向三角槽式节流口,其结构简单,水力直径中等,可得到较小的稳定流量,且调节范围较大;但节流通道有一定的长度,油温变化对流量有一定的影响,目前被广泛应用。图4-31(d)所示为周向缝隙式节流口,沿阀芯周向开有一条宽度不等的狭槽,转动阀芯就可改变开口大小。阀口做成薄刃形,通道短,水力直径大,不易堵塞,油温变化对流量影响小,因此其性能接近于薄壁小孔,适用于低压小流量场合。图4-31(e)所示为轴向缝隙式节流口,在阀孔的衬套上加工出图示薄壁阀口,阀芯做轴向移动即可改变开口大小,其性能与图4-31(d)所示节流口相似。

在液压传动系统中节流元件与溢流阀并联于液压泵的出口,构成恒压油源,使泵出口的压力恒定。如图4-32(a)所示,此时节流阀和溢流阀相当于两个并联的液阻,液压泵输出流量 q 不变,流经节流阀进入液压缸的流量 q_1 和流经溢流阀的流量 Δq 的大小,由节流阀和溢流阀液阻的力相对大小来决定。若节流阀的液阻大于溢流阀的液阻,则 $q_1 < \Delta q$;反之则 $q_1 > \Delta q$。节流阀是一种可以在较大范围内以改变液阻来调节流量的元件。因此可以通过调节节流阀的液阻,来改变进入液压缸的流量,从而调节液压缸的运动速度;但若在回路中仅有节流阀而没有与之并联的溢流阀,如图4-32(b)所示,则节流阀就起不到调节流量的作用。液压泵输出的液压油全部经节流阀进入液压缸。改变节流阀节流口的大小,只是改变液流流经节流阀的压力降。节流口小,流速快,节流口大,流速慢,但总的流量是不变的,因此液压缸的运动速度不变。所以,节流元件用来调节流量是有条件的,即要求有一个接受节流元件压力信号的环节(与之并联的溢流阀或恒压变量泵),通过这一环节来补偿节流元件的流量变化。

液压传动系统对流量控制阀的主要要求有:

(1)较大的流量调节范围,且流量调节要均匀。

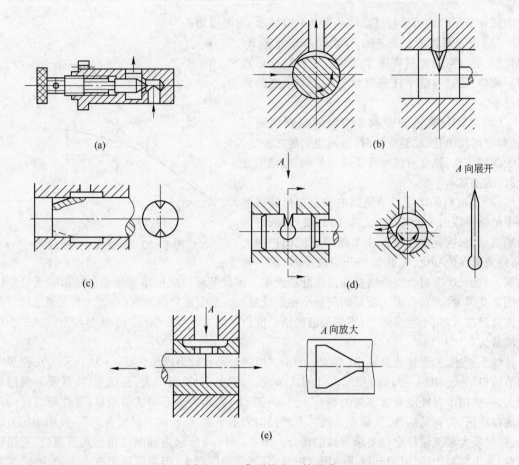

图 4 – 31 典型节流口的形式

(a)针阀式节流口;(b)偏心槽式节流口;(c)轴向三角槽式节流口;(d)周向缝隙式节流口;(e)轴向缝隙式节流口

　(2)当阀前、后压力差发生变化时,通过阀的流量变化要小,以保证负载运动的稳定。

　(3)油温变化对通过阀的流量影响要小。

　(4)液流通过全开阀时的压力损失要小。

　(5)当阀口关闭时,阀的泄漏量要小。

4.4.2 普通节流阀

4.4.2.1 工作原理

　图 4 – 33 所示为一种普通节流阀的结构和图形符号。这种节流阀的节流通道呈轴向三角槽式。压力油从进油口 P_1 流入孔道 a 和阀芯 1 左端的三角槽进入孔道 b,再从出油口 P_2 流出。调节手柄 3,可通过推杆 2 使阀芯做轴向移动,改变节流口的通流截面积可调节流量。阀芯在弹簧的作用下始终贴紧在推杆上。这种节流阀的进出油口可互换。

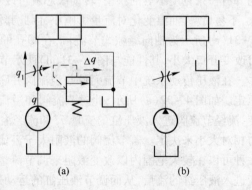

图 4 – 32 节流元件的作用

4.4.2.2 节流阀的刚性

　节流阀的刚性表示它抵抗负载变化的干扰,保持流量稳定的能力,即当节流阀开口量不变

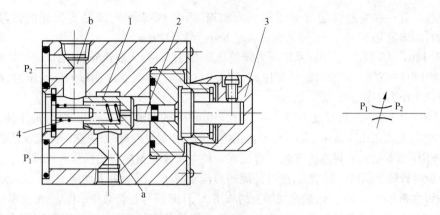

图4-33　普通节流阀

1—阀芯;2—推杆;3—手柄;4—弹簧

时,由于阀前后压力差 Δp 的变化,引起通过节流阀的流量发生变化的情况。流量变化越小,节流阀的刚性越大;反之,其刚性则小。如果以 T 表示节流阀的刚度,则有

$$T = \frac{\mathrm{d}\Delta p}{\mathrm{d}q}$$

将 $q = KA\Delta p^m$ 代入,可得

$$T = \frac{\Delta p^{1-m}}{KAm} \tag{4-6}$$

从节流阀特性曲线图4-30可以发现,节流阀的刚度 T 相当于流量曲线上某点的切线和横坐标夹角 β 的余切,即

$$T = \cot\beta$$

式中　β——流量曲线上某点的切线和横坐标的夹角。

由图4-30和式(4-6)可以得出如下结论:

(1)同一节流阀,阀前后压力差 Δp 相同,节流开口小时,刚度大。

(2)同一节流阀,在节流开口一定时,阀前后压力差 Δp 越小,刚度越低。为了保证节流阀具有足够的刚度,节流阀只能在某一最低压力差 Δp 的条件下,才能正常工作,但提高 Δp 将引起压力损失的增加。

(3)取小的指数 m 可以提高节流阀的刚度,因此在实际使用中多希望采用薄壁小孔式节流口,即 $m = 0.5$ 的节流口。

4.4.3　流量控制阀的使用与维护

4.4.3.1　使用与维护

(1)FCG-01型阀为了获得良好的压力补偿,即获得满意的调节流量,最小压差不应小于0.5MPa。

(2)FCG-01型阀要求系统的过滤精度不低于25μm,如果高速流量在2L/min以下时,一定要在阀的入口前装上过滤精度10μm以下的管路过滤器。

(3)要经常注意油液的清洁度,定期检查油液的性能,并进行更换。

(4)对FCG-03型,为了确保获得满意的调节流量,入口压力应不小于0.1MPa。

(5)对FRG-03型为了获得满意的流量调节,在节流口两端一般保持0.9MPa的压差,就能保持恒定的流量,而不受工作负载的影响。要求出口压力不得低于0.6MPa。

本阀总是有一些油经常通过旁通阀流入油箱,因此,要求泵的流量要比阀的流量大 19L/min。例如,阀流量是 106L/min,那么泵的流量最小为 125L/min。

(6)对 FRG - 03 型,除必须要系统压力降低及泵出油循环排入油箱外,泄油口通常是堵住的。

(7)对 FRG - 03 型,回油口的任何压力,最大 0.1MPa。要注意这油口的任何压力,都要附加到本阀的调定压力上去。

(8)FRG - 03 型阀宜用黏度为 $(1.7 \sim 3.8) \times 10^7 m^2/s$ 的油液,推荐使用 30 号液压油。环境温度 $-20 \sim 40℃$,正常工作油温在 $-20 \sim 65℃$ 范围内。当工作温度较低时,应选用黏度较低的油。

(9) FRG - 03 型流量阀连接方式仅有板式一种。安装位置应便于操作和维修。

(10)顺时针转手柄时流量增大,逆时针旋转时流量减小。流量由手动调节,从零到最大,约转 4 圈;转数可在指示孔内示出(流量控制阀上的 A、B、C、D、E 符号是转数指示标志,A 为零位)。

(11)刻度盘边缘标有等间距的分度线,借助详细的分度线,可选择刻度盘标记来确定任何流量位置;可使两个以上的阀,选择一个共同的速度。

(12)当流量调定后,若发现流量不稳定,应取出压力补偿阀,清洗阀孔、阀杆,对于 FCG - 03 型还要检查阻尼孔是否堵塞,单向阀是否关闭不严。

(13)如有外部泄漏,可将固定螺钉拧紧或检查 O 形密封圈是否损坏。

4.4.3.2 常见的故障及排除方法

流量控制阀的常见故障及排除方法见表 4 - 5。

表 4 - 5 流量控制阀常见的故障及排除方法

故　　障	产 生 原 因	排 除 方 法
压力补偿	主阀被脏物堵塞	拆开后清洗
	阀芯的小孔被污物堵塞	拆开后清洗
	进口与出口间的压差太小	使进出口压差在 1MPa 以上
压力不稳定	球阀与阀座接触不好	更换球阀
	滑阀不灵活	清洗或更换
	弹簧变形	更换弹簧
	流量超过允许值	适当降低流量
	回油阻力太大	减小回油阻力
流量控制手动转动不灵	控制轴的螺纹被脏物堵住	拆开后清洗
	节流套进口压力太高	降低压力,重新调整
执行机构运动速度不稳定,如逐渐减慢,突然增快及跳动等现象	节流口处积有污物,使通流截面减小,因而减慢	更换新油,清洗过滤器,拆洗元件
	由于内外泄漏大,使其不稳定,造成速度不均匀	检查零件的精度和配合间隙,达不到要求时更换新的,并采取防止外汇措施
	单向阀密封不好	研合单向阀
	油温过高	降低油温
	系统中充有大量空气	改进系统,设排气装置

4.5 液压阀的连接

一个能完成一定功能的液压系统是由若干液压阀有机地组合在一起的,各液压阀间的连接方式有管式连接、板式连接、集成式连接等。其中集成式连接又可分为集成块式连接、叠加阀式连接和插装锥阀式连接。

4.5.1　管式连接

管式连接即将各管式液压阀用管道互相连接起来。管道与阀一般用螺纹管接头连接起来，流量大的则用法兰连接。管式连接不需要其他专门的连接元件，系统中各阀间油液的运行路线一目了然，但是结构较分散，特别是对于较复杂的液压系统，所占空间较大，管路交错，接头繁多，既不便于装卸维修，在管接头处也容易造成漏油和渗入空气，而且有时会产生振动和噪声，因此目前使用的场合已不太多。

4.5.2　板式连接

为了解决管式连接中存在的问题，出现了板式液压元件，板式连接就是将系统中所需要的板式标准液压元件统一安装在连接板上。连接板有以下几种形式：

（1）单层连接板。阀装在竖立的连接板的前面，阀间油路在板后用油管连接。这种连接板较简单，检查油路较方便，但板上油管多，装配极为麻烦，占空间也大。

（2）双层连接板。在两块板间加工出油槽以连接阀间油路，两块板再用粘结剂或螺钉固定在一起。这种方法工艺较简单、结构紧凑，但当系统中压力过高或产生液压冲击时，容易在两块板间形成缝隙，出现漏油窜腔问题，以致使液压系统无法正常工作，而且不易检查故障。

（3）整体连接板。在整体板中间钻孔或铸孔以连接阀间油路，这样工作可靠，但钻孔工作量大，工艺较复杂，如用铸孔则清砂又较困难。

需要注意，整体连接板和双层连接板都是根据一定的液压回路和系统设计的，不能随意更改系统，如系统有所改变，需重新设计和制造。

4.5.3　集成块式连接

由于前述几种连接方式中存在一些问题，在生产中发展了液压装置的集成化。集成块式是集成化中的一种方式，即借助于集成块把标准化的板式液压元件连接在一起，组成液压系统。

集成块式液压装置如图 4-34 所示。图中 2 为集成块，它是一种代替管路把元件连接起来的六面连接体，在连接体内根据各控制油路设计加工出所需要的油路通道，阀 3 等装在集成块的周围，通常三面各装一个阀，有时在阀与集成块间还可以用垫板安装一个简单的阀，如单向阀、节流阀等。另有一面则安装油管连接到液压执行元件。集成块的上下面是块与块的接合面，在接合面上加工有相同位置的压力油孔、回油孔、泄漏油孔以及安装螺栓孔，有时还有测压油孔。集成块与装在其周围的阀类元件构成一个集成块组，可以完成一定典型回路的功能，将所需的几种集成块组叠加在一起，就可构成整个集成块式的液压传动系统。图 4-34 中 1 为底板，上面有进油口、回油口、泄漏油口等。4 为盖板，在盖板上可以装压力表开关，以便测量系统的压力。

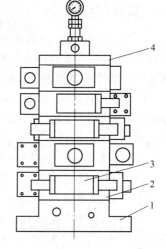

图 4-34　集成块式液压装置
1—底板；2—集成块；3—阀；4—盖板

这种集成方式的优点是结构紧凑，占地面积小，便于装卸和维修，且具有标准化、系列化产品，可以选用组合。因而被广泛应用于各种中高压和中低压的液压系统中，但其也有设计工作量大，加工工艺复杂，不能随意修改系统等缺点。

5 液压辅助元件

5.1 管路和管接头

5.1.1 管路

在液压传动系统中,吸油管路和回油管路一般用低压的水煤气有缝钢管,也可使用橡胶和塑料软管。控制油路中流量小,多用小直径铜管(超高压时应改用无缝钢管)。考虑配管和工艺的方便,在中、低压油路中也常常使用铜管,高压油路一般使用冷拔无缝钢管,必要时也采用价格较贵的高压软管。高压软管是由橡胶管中间加一层或几层钢丝编织网(层数越多耐压越高)制成。目前,国内已经生产可以承受40MPa压力的高压软管。高压软管比硬管路安装方便,可以吸收振动,尤其是通过挠性软管可以向在移动或摆动的液压执行元件输送动力,实现机械传动完成不了的动作。

管路内径的选择是以降低流动造成的压力损失为前提的。液压管路中液体的流动多为层流,压力损失正比于液体在管道中的平均流速,因此根据流速确定管径是常用的简便方法。对于高压管路,通常流速在3~4m/s,对于吸油管路,考虑泵的吸入和防止气穴应降低流速,通常为0.5~0.6m/s。由于流速相同条件下层流流动阻力和管路直径的2次方成反比,所以小直径管路要采用低一些的流速。高压钢管的壁厚根据工作压力选定。

在装配液压系统时,油管的弯曲半径不能太小,一般应为管道半径的3~5倍。应尽量避免小于90°的弯管,弯曲处的内侧不应有明显的皱纹、扭伤,其椭圆度不应超过管径的10%,平行或交叉的油管之间应有适当的间隔并用管夹固定,以防振动和碰撞。

5.1.2 管接头

液压系统中油液的泄漏多发生在管路的连接处,所以管接头的重要性不容忽视。管接头必须在强度足够的条件下能在振动、压力冲击下保持管路的密封性。在高压处不能向外泄漏,在有负压的吸油管路上不允许空气向内渗入。常用的管接头有以下几种:

(1)焊接管接头。如图5-1所示为高压管路中应用较多的一种管接头——焊接管接头。这种管接头工作可靠、制造简单。管接头的接管1焊接在管子的一端,螺母2将接管1和接头体4连接在一起。在接触面上,图5-1(a)中的球面依靠球面和锥面的环形接触线实现密封,图5-1(b)中的平面接头用O形密封圈3来实现密封。接头体4和本体5(泵、马达、阀及其他元件)是用螺纹连接的。如果是采用圆柱螺纹,其本身密封性能不好,常常用组合密封圈6或其他密封圈加以密封;若采用锥螺纹连接,在螺纹表面包一层聚四氟乙烯的

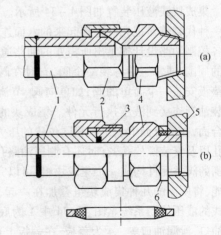

图5-1 焊接管接头
1—接管;2—螺母;3—O形密封圈;
4—接头体;5—本体;6—组合密封圈

密封带旋入,则在锥螺纹连接面上就可以形成牢固的密封层。

(2)卡套管接头。如图 5 - 2 所示的卡套管接头是由接头体 1、卡套 4 和螺母 3 组成的。卡套是带有尖锐内刃的金属环,当螺母 3 旋转时卡套的刃口嵌入管路 2 的表面,形成密封。与此同时,卡套受压而中部略凸,在 a 处和接头体 1 的内锥面接触,形成密封。这种管接头不用焊接,不用另外的密封件,尺寸小,装拆方便,在高压系统中被广泛采用。但卡套式管接头要求管道表面有较高的尺寸精度,适用于冷拔无缝钢管而不适用于热轧管。

(3)扩口管接头。如图 5 - 3 所示的扩口管接头由接头体 1、管套 2 和接头螺母 3 组成。它只适用于薄壁铜管、工作压力不大于 8MPa 的场合。拧紧接头螺母,通过管套就使带有扩口的管子压紧密封。

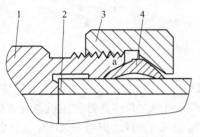 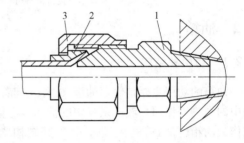

图 5 - 2　卡套管接头　　　　　　　　　　图 5 - 3　扩口管接头
1—接头体;2—管路;3—螺母;4—卡套　　　　1—接头体;2—管套;3—螺母

以上介绍的焊接管接头、卡套管接头和扩口管接头均为硬管直通管接头,此外还有二通、三通、四通、铰接等多种形式,使用中可查阅有关手册。

(4)胶管接头。胶管接头有可拆式和扣压式两种,二者又各有 A、B、C 三种形式。随管径不同胶管接头可用于工作压力为 6~40MPa 的液压系统中。图 5 - 4 所示为扣压式胶管接头,这种管接头的连接和密封部分与普通的管接头是相同的,只是要把接管加长,成为芯管 1,并和接头外套 2 一起将软管夹住(需在专用设备上扣压而成),使管接头和胶管连成一体。

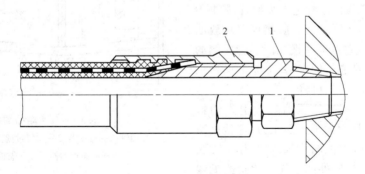

图 5 - 4　扣压式胶管接头
1—芯管;2—接头外套

(5)快速接头。快速接头全称快速装拆管接头,无需装拆工具就可方便地装拆,适用于经常装拆处。图 5 - 5 所示为油路接通的工作位置,需要断开油路时,可用力把外套 4 向左推,再拉出接头体 5,钢球 3(有 6~12 颗)即从接头体槽中退出;与此同时,单向阀的锥形阀芯 2 和 6 分别在弹簧 1 和 7 的作用下将两个阀口关闭,油路即断开。这种管接头结构复杂,压力损失大。

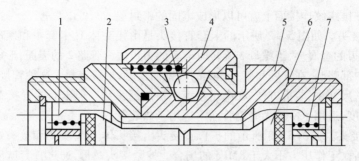

图 5-5 快速接头

1,7—弹簧;2,6—阀芯;3—钢球;4—外套;5—接头体

5.2 油箱

5.2.1 功用和结构

油箱的功用主要是储存油液,此外还起着散发油液中的热量、逸出混在油液中的气体、沉淀油中的污物等作用。液压系统中的油箱有总体式和分离式两种。总体式是利用机器设备机身内腔作为油箱(如压铸机、注塑机等),其结构紧凑,各处漏油易于回收,但维修不便,散热条件不好。分离式是设置一个单独油箱,与主机分开,减少了油箱发热和液压源振动对工作精度的影响,因此得到了普遍的应用,特别是在组合机床、自动线和精密机械设备上大多采用分离式油箱。

油箱通常用钢板焊接而成,其中采用不锈钢板为最好,但成本高,大多数情况下采用镀锌钢板或普通钢板内涂防锈的耐油涂料。图 5-6 所示是一个油箱的简图,图中 1 为吸油管,4 为回油管,中间有两个隔板 7 和 9。隔板 7 用作阻挡沉淀杂物进入吸油管,隔板 9 用作阻挡泡沫进入吸油管。脏物可以从放油阀 8 放出。空气过滤器 3 设在回油管一侧的上部,兼有加油和通气的作用。6 是油面指示器。彻底清洗油箱时,可将上盖 5 卸开。

如果将压力不高的压缩空气引入油箱中,使油箱中的压力大于外部压力,这就是所谓压力油箱。压力油箱中通气压力一般为0.05MPa 左右。这时外部空气和灰尘绝无渗入的可能,对提高液压系统的抗污染能力,改善吸入条件都是有益的。

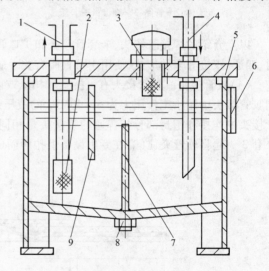

图 5-6 油箱简图

1—吸油管;2—过滤器;3—空气过滤器;4—回油管;
5—上盖;6—油面指示器;7,9—隔板;8—放油阀

5.2.2 设计时的注意事项

在进行油箱的结构设计时应注意以下几个问题:

(1)油箱应有足够的刚度和强度。油箱一般用 2.5~4mm 的钢板焊接而成,尺寸高大的油箱要加焊角板、加强肋以增加刚度。油箱上盖板若安装电动机传动装置、液压泵和其他液压元件时,盖板不仅要适当加厚,而且还要采取措施局部加强。液压泵和电动机直立安装时,振动情况

一般比水平安装要好些,但散热较差。

(2)油箱要有足够的有效容积。油箱的有效容积(油面高度为油箱高度80%时的容积)应根据液压系统发热、散热平衡的原则来计算,但这只是在系统负载较大、长期连续工作时才有必要进行,其他条件下一般只需按液压泵的额定流量 q_p 估计即可。一般低压系统油箱的有效容积为液压泵每分钟排油量的2~4倍即可,中压系统为5~7倍,高压系统为10~12倍。

(3)吸油管和回油管应尽量相距远些。吸油管和回油管之间要用隔板隔开,以增加油液循环距离,使油液有足够的时间分离气泡、沉淀杂质。隔板高度最好为箱内油面高度的3/4。吸油管入口处要装粗过滤器,过滤器和回油管管端在油面最低时应没入油中,防止吸油时吸入空气和回油时回油冲入油箱时搅动油面,混入气泡。吸油管和回油管管端宜斜切45°,以增大通流面积,降低流速,回油管斜切口应面向箱壁。吸油管和回油管的管端与箱底、箱壁间距离均应大于管径的3倍。过滤器距箱底不应小于20mm。泄油管管端亦可斜切,面壁,但不可没入油中。

(4)防止油液污染。为了防止油液污染,油箱上各盖板、管口处都要妥善密封。注油器上要加过滤网。防止油箱出现负压而设置的通气孔上须装空气滤清器。

(5)易于散热和维护保养。箱底离地应有一定距离且适当倾斜,以增大散热面积。在油箱最低部位处设置放油阀或放油塞,以利于排放污油。箱体侧壁应设置油位计。过滤器的安装位置应便于装拆。箱内各处应便于清洗。

(6)油箱要进行油温控制。油箱正常工作的温度应在15~65℃之间,在环境温度变化较大的场合要安装热交换器,但必须考虑它的安放位置以及测温、控制等措施。

(7)油箱内壁要加工。新油箱经喷丸、酸洗和表面清洗后,内壁可涂一层与工作液相容的塑料薄膜或耐油清漆。

5.3 过滤器

5.3.1 过滤器的基本要求

液压系统中75%以上的故障和液压油的污染有关。油液中的污染能加速液压元件的磨损,卡死阀芯,堵塞工作间隔和小孔,使元件失效,导致液压系统不能正常工作,因而必须对油液进行过滤。过滤器的功用在于过滤混在液压油中的杂质,使进入到液压系统中的油液的污染度降低,保证系统正常地工作。一般对过滤器的基本要求是:

(1)有足够的过滤精度。过滤精度是指过滤器滤芯滤去杂质的粒度大小,以其直径 d 的公称尺寸(μm)表示。粒度越小,精度越高。精度分粗($d \geq 100\mu m$)、普通($d \geq 10 \sim 100\mu m$)、精($d \geq 5 \sim 10\mu m$)和特精($d \geq 1 \sim 5\mu m$)四个等级。

(2)有足够的过滤能力。过滤能力即一定压力降下允许通过过滤器的最大流量,一般用滤器的有效过滤面积(滤芯上能通过油液的总面积)来表示。对过滤器过滤能力的要求,要结合过滤器在液压系统中的安装位置来考虑,如过滤器安装在吸油管路上时,其过滤能力为泵流量的两倍以上。

(3)过滤器应有一定的机械强度,不因液压力的作用而破坏。

(4)滤芯抗腐蚀性能好,并能在规定的温度下持久地工作。

(5)滤芯要利于清洗和更换,便于拆装和维护。

5.3.2 过滤器的型式

过滤器按过滤精度来分可分为粗过滤器和精过滤器两大类;按滤芯的结构可分为网式、线隙式、磁性、烧结式和纸质等;按过滤的方式可分为表面型、深度型和中间型过滤器。下面分别叙述之。

(1)表面型过滤器。表面型过滤器的滤芯表面与液压介质接触,这种过滤器的滤芯像筛网一样把杂质颗粒阻留在其表面上,最常见的是金属网制成的网式过滤器,如图 5 - 7(a)所示。这是一种粗过滤器,过滤精度低,约为 0.08 ~ 0.18mm,但是阻力小,其压力损失不超过 0.01MPa,可以放在液压泵的进口处,保护液压泵不受大粒度机械杂质的损坏,又不影响泵的吸入。另外一种常见的表面型过滤器是如图 5 -7(b)所示的线隙式过滤器。它是由细金属丝($d = 0.4$mm)绕成的圆筒,依靠金属丝螺旋线间的间隙阻留油液中的杂质,它也属粗过滤器。当其安装在液压泵的进油口时,阻力损失约为 0.02MPa,过滤精度约为 0.01 ~ 0.08mm;装在回油低压管路上的线隙式过滤器阻力损失稍大于前者,约为 0.007 ~ 0.35MPa,过滤精度也较好,约为 0.03 ~ 0.05mm,在实际选用过程中要注意它的适用位置。这两种过滤器的优点是可以限定被清除杂质的颗粒度,滤芯可以清洗后重新使用,所以它们被广泛用于液压系统的进油和回油粗过滤中。图 5 -7(c)所示为过滤器的图形符号。

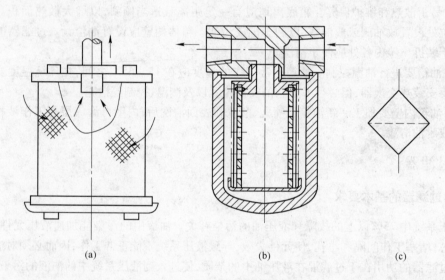

(a)　　　　　　　　　　　　(b)　　　　　　　　　　　　(c)

图 5 - 7　表面型过滤器

(2)深度型过滤器。在深度型过滤器中,油液要流经有复杂缝隙的路程达到过滤的目的。这种过滤器的滤芯材料可以是毛毡、人造丝纤维、不锈钢纤维、粉末冶金等,图 5 - 8 所示为烧结式过滤器,为深度型过滤器的一种。烧结式过滤器油液从左侧油孔进入,经滤芯过滤后,从下部的油孔流出,这种过滤器的优点是过滤精度高,可达 0.01 ~ 0.06mm,但阻力损失较大,一般为 0.03 ~ 0.2MPa,所以不能直接安放在泵的进油口,多安装在排油或回油路上。

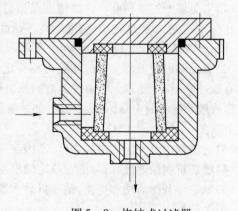

图 5 - 8　烧结式过滤器

(3)中间型过滤器。中间型过滤器的过滤方式介于上述两者之间。如采用有一定厚度(0.35 ~ 0.75mm)的微孔滤纸制成的滤芯(见图 5 - 9)

的纸质过滤器,它的过滤精度比较高,一般约为 10 ~ 20μm,高精度的可达 1μm 左右。这种过滤器的过滤精度适用于一般的高压液压系统,它是当前在中高压液压系统中使用最为普遍的精过滤器。为了扩大过滤面积,纸滤芯做成 W 形。当纸滤芯被杂质堵塞后不能清洗,要更换滤芯。由于这种过滤器阻力损失较大,一般在 0.08 ~ 0.35MPa 之间,所以只能安在排油管路和回油管路上,不能放在液压泵的进油口。

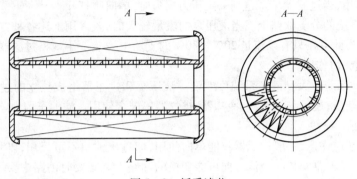

图 5 - 9　纸质滤芯

5.3.3　过滤器的选用和安装

根据所设计的液压系统的技术要求,按过滤精度、通油能力(流量)、工作压力、油液的黏度和工作温度等来选用不同类型的过滤器及其型号。过滤器在液压系统中的安装位置,通常有下列几种。

(1)安装在泵的吸油口。泵的吸油路上一般都安装表面型过滤器,如图 5 - 10 中 1 所示,目的是滤去较大的杂质微粒以保护液压泵,为不影响泵的吸油性能,防止气穴现象,过滤器的过滤能力应为泵流量的两倍以上,压力损失不得超过 0.02MPa。必要时,泵的吸入口应置于油箱液面以下。

(2)安装在泵的出口油路上。过滤器安装在泵的出口油上其目的是用来滤除可能侵入阀

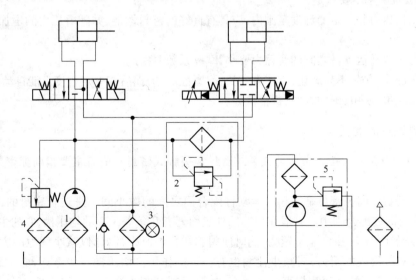

图 5 - 10　过滤器在液压系统中的安装位置

类等元件的污染物,如图5-10中2所示。一般采用10~15μm过滤精度的过滤器。它应能承受油路上的工作压力和冲击压力,其压力降应小于0.35MPa,并应有安全阀和堵塞状态发讯装置,以防泵过载和滤芯损坏。

(3)安装在系统的回油路上。这种安装方式只能间接地过滤。由于回油路压力低,可采用强度低的过滤器,其压力降对系统也影响不大。一般都与过滤器并联一单向阀,如图5-10中的3所示,起旁通作用,当过滤器堵塞达到一定压力损失时,单向阀打开。

(4)安装在系统的分支油路上。当液压泵的流量较大时,若采用上述各种方式过滤,过滤器结构可能很大。为此可在只有泵流量20%~30%的支路上安装一小规格过滤器,如图5-10中4所示,对油液起滤清作用。

(5)单独过滤系统。大型液压系统可专设一液压泵和过滤器组成独立的过滤回路,专门用来清除系统中的杂质,还可与加热器、冷却器、排气器等配合使用。滤油车即为单独过滤系统,如图5-10中5所示。

安装过滤器还应注意,一般过滤器只能单向使用,即进出油口不可反用,以利于滤芯清洗和安全。因此,过滤器不要安装在液流方向可能变换的油路上。必要时油路中要增设单向阀和过滤器,以保证双向过滤。作为过滤器的新进展,目前双向过滤器也已问世。

5.4　密封装置

5.4.1　对密封装置的作用及基本要求

密封是解决液压系统泄漏问题最重要、最有效的手段。液压系统如果密封不良,可能出现不允许的外泄漏,外漏的油液将会污染环境;可能使空气进入吸油腔,影响液压泵的工作性能和液压执行元件运动的平稳性(爬行);泄漏严重时,系统容积效率过低,甚至工作压力达不到要求值。若密封过度,虽可防止泄漏,但会造成密封部分的剧烈磨损,缩短密封件的使用寿命,增大液压元件内的运动摩擦阻力,降低系统的机械效率。因此,合理地选用和设计密封装置,在液压系统设计中是很重要的。

对密封装置的基本要求是:

(1)在工作压力和一定的温度范围内,应具有良好的密封性能,并随着压力的增加能自动提高密封性能。

(2)密封装置和运动件之间的摩擦力要小,摩擦系数要稳定。

(3)抗腐蚀能力强,不易老化,工作寿命长,耐磨性好,磨损后在一定程度上能自动补偿。

(4)结构简单,使用、维护方便,价格低廉。

5.4.2　密封装置的类型

密封按其工作原理来分可分为非接触式密封和接触式密封。前者主要指间隙密封,后者指密封件密封。

(1)间隙密封。间隙密封是靠相对运动件配合面之间的微小间隙来进行密封的,常用于柱塞、活塞或阀的圆柱配合副中。一般在阀芯的外表面开有几条等距离的均压槽,它的主要作用是使径向压力分布均匀,减少液压卡紧力,同时使阀芯在孔中对中性好,以减小间隙的方法来减少泄漏。同时,槽所形成的阻力,对减少泄漏也有一定的作用。均压槽一般宽0.3~0.5mm,深为0.5~1.0mm。圆柱面配合间隙与直径大小有关,对于阀芯与阀孔一般取0.005~0.017mm。这种密封的优点是摩擦力小,缺点是磨损后不能自动补偿,主要用于直径较小的圆柱面之间,如液压泵内的柱塞与缸体之间,滑阀的阀芯与阀孔之间的配合。

(2)O 形密封圈。O 形密封圈一般用耐油橡胶制成,其横截面呈圆形。它具有良好的密封性能,内外侧和端面都能起密封作用,结构紧凑,运动件的摩擦阻力小,制造容易,装拆方便,成本低,在液压系统中得到广泛的应用。

图 5-11 所示为 O 形密封圈的结构和工作情况。图 5-11(a)为其外形图;图 5-11(b)为装入密封沟槽的情况,δ_1、δ_2 为 O 形密封圈装配后的预压缩量,通常用压缩率 W 表示,即 $W = [(d_0 - h)/d_0] \times 100\%$,对于固定密封、往复运动密封和回转运动密封,$W$ 应分别达到 15% ~ 20%、10% ~ 20% 和 5% ~ 10%,才能取得满意的密封效果。当油液工作压力超过 10MPa 时,O 形密封圈在往复运动中容易被油液压力挤入间隙而提早损坏(见图 5-11c),为此要在它的侧面安放 1.2 ~ 1.5mm 厚的聚四氟乙烯挡圈。即单向受力时在受力侧的对面安放一个挡圈(见图 5-11d),双向受力时则在两侧各放一个(见图 5-11e)。

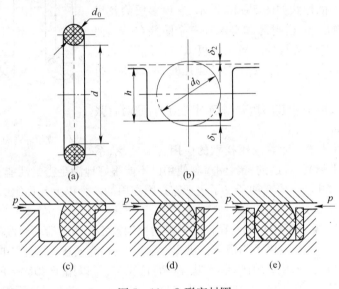

图 5-11　O 形密封圈

O 形密封圈的安装沟槽,除矩形外,还有 V 形、燕尾形、半圆形、三角形等,实际应用中可查阅有关手册及国家标准。

(3)唇形密封圈。唇形密封圈根据截面的形状可分为 Y 形、V 形、U 形、L 形等。其工作原理如图 5-12 所示。液压力将密封圈的两唇边 h_1 压向形成间隙的两个零件的表面。这种密封作用的特点是能随着工作压力的变化自动调整密封性能,压力越高则唇边被压得越紧,密封性越好;当压力降低时唇边压紧程度也随之降低,从而减少了摩擦阻力和功率消耗。除此之外,这样密封还能自动补偿唇边的磨损,保持密封性能不降低。

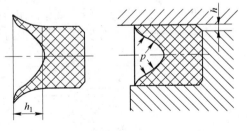

图 5-12　唇形密封圈的工作原理

目前,液压缸中普遍使用如图 5-13 所示的所谓小 Y 形密封圈作为活塞和活塞杆的密封。其中图 5-13(a)为轴用密封圈,图 5-13(b)所示为孔用密封圈。这种小 Y 形密封圈的特点是

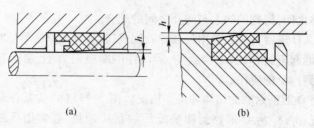

图 5 - 13 小 Y 形密封圈

断面宽度和高度的比值大,增加了底部支承宽度,可以避免摩擦力造成的密封圈的翻转和扭曲。

在高压和超高压情况下(压力大于 25MPa),V 形密封圈也有应用。V 形密封圈的形状如图 5 - 14 所示,它由多层涂胶织物压制而成,通常由压环、密封环和支承环三个圈叠在一起使用,此时已能保证良好的密封性。当压力更高时,可以增加中间密封环的数量。这种密封圈在安装时要预压紧,所以摩擦阻力较大。

唇形密封圈安装时应使其唇边开口面对压力油,使两唇张开,分别贴紧在机件的表面上。

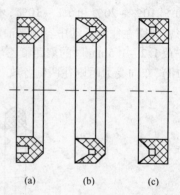

图 5 - 14 V 形密封圈
(a)支承环;(b)密封环;(c)压环

(4)组合式密封装置。随着液压技术的应用日益广泛,系统对密封的要求越来越高,普通的密封圈单独使用已不能很好地满足密封性能,特别是使用寿命和可靠性方面的要求,因此,研究和开发了包括密封圈在内的两个以上元件组成的组合式密封装置。

图 5 - 15(a)所示为 O 形密封圈与截面为矩形的聚四氟乙烯塑料滑环组成的组合密封装置。其中,滑环 2 紧贴密封面,O 形圈 1 为滑环提供弹性预压力,在介质压力等于零时构成密封,由于密封间隙靠滑环,而不是 O 形圈,因此摩擦阻力小而且稳定,可以用于 40MPa 的高压;往复运动密封时,速度可达 15m/s;往复摆动与螺旋运动密封时,速度可达 5m/s。矩形滑环组合密封的缺点是抗侧倾能力稍差,在高低压交变的场合下工作容易漏油。图 5 - 15(b)所示为由滑环(支持环)2 和 O 形圈 1 组成的轴用组合密封。由于支持环与被密封件 3 之间为线密封,其工作原理类似唇边密封。支持环采用一种经特别处理的化合物,具有极佳的耐磨性、低摩擦和保形性,不存在橡胶密封低速时易产生的“爬行”现象。组合密封装置工作压力可达 80MPa。

组合式密封装置由于充分发挥了橡胶密封圈和滑环的长处,因此不仅工作可靠,摩擦力低

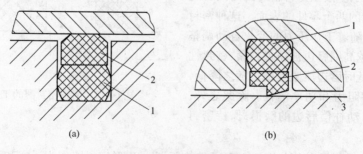

图 5 - 15 组合式密封装置
1—O 形圈;2—滑环;3—被密封件

且稳定,而且使用寿命比普通橡胶密封提高近百倍,在工程上的应用日益广泛。

(5)回转轴的密封装置。回转轴的密封装置型式很多,图 5－16 所示是一种耐油橡胶制成的回转轴用密封圈,它的内部由直角形圆环铁骨架支撑着,密封圈的内边围着一条螺旋弹簧,把内边收紧在轴上来进行密封。这种密封圈主要用作液压泵、液压马达和回转式液压缸的伸出轴的密封,以防止油液漏到壳体外部。它的工作压力一般不超过 0.1MPa,最大允许线速度为 4～8m/s,须在有润滑情况下工作。

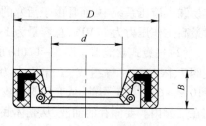

图 5－16 回转轴用密封圈

5.5 蓄能器

蓄能器是液压系统中的储能元件,它储存多余的压力油液,并在需要时释放出来供给系统。

5.5.1 蓄能器的类型与结构

蓄能器有重力式、弹簧式和充气式三类,常用的是充气式,它又可分为活塞式、气囊式和隔膜式三种。在此主要介绍活塞式及气囊式两种蓄能器。

(1)活塞式蓄能器。图 5－17(a)所示为活塞式蓄能器,它是利用在缸筒 2 中浮动的活塞 1 把缸中液压油和气体隔开。这种蓄能器的活塞上装有密封圈,活塞的凹部面向气体,以增加气体

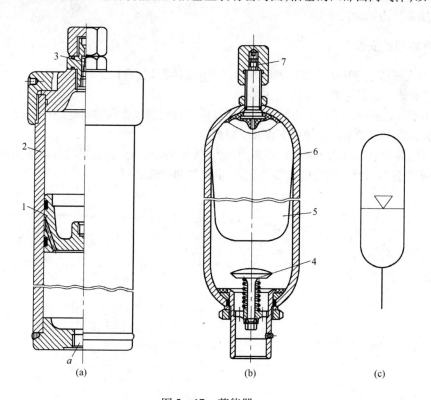

(a)　　　　　　　(b)　　　　　　　(c)

图 5－17 蓄能器

(a)活塞式蓄能器;(b)气囊式蓄能器;(c)充气式蓄能器符号

1—活塞;2—缸筒;3—螺母;4—限位阀;5—皮囊;6—壳体;7—充气阀

室的容积。这种蓄能器结构简单,易安装,维修方便;但活塞的密封问题不能完全解决,有压气体容易漏入液压系统中,而且由于活塞的惯性和密封件的摩擦力,活塞动作不够灵敏。活塞式蓄能器最高工作压力为17MPa,总容量为1～39L,温度适用范围为 -4～80℃。

(2)气囊式蓄能器。图5-17(b)所示为NXQ型皮囊折合式蓄能器。它由壳体6、皮囊5、充气阀7、限位阀4等组成,工作压力为3.5～35MPa,容量范围为0.6～200L,温度适用范围为 -10～+65℃。工作前,从充气阀向皮囊内充进一定压力的气体,然后将充气阀关闭,使气体封闭在皮囊内。要储存的油液,从壳体底部限位阀处引到皮囊外腔,使皮囊受压缩而储存液压能。其优点是惯性小,反应灵敏,结构小,重量轻,一次充气后能长时间的保存气体,充气也较方便,故在液压系统中得到广泛的应用。图5-17(c)为充气式蓄能器的图形符号。

5.5.2 蓄能器的功用

(1)作辅助动力源。当液压系统工作循环中所需的流量变化较大时,可采用一个蓄能器与一个较小流量(整个工作循环的平均流量)的泵。在短期大流量时,由蓄能器与泵同时供油,所需流量较小时,泵将多余的油液向蓄能器充油,这样,可节省能源,降低温升。另一方面,在有些特殊的场合为防止停电或驱动液压泵的原动力发生故障时,蓄能器可作应急能源短期使用。

(2)保压和补充泄漏。当液压系统要求较长时间内保压时,可采用蓄能器,补充其泄漏,使系统压力保持在一定范围内。

(3)缓和冲击、吸收压力脉动。当阀门突然关闭或换向时,系统中产生的冲击压力,可由安装在产生冲击处的蓄能器来吸收,使液压冲击的峰值降低。若将蓄能器安装在液压泵的出口处,可降低液压泵压力脉动的峰值。

5.5.3 蓄能器的安装

蓄能器在液压系统中的安装位置随其功用而定,主要应注意以下几点:

(1)气囊式蓄能器应垂直安装,油口向下。

(2)用于吸收液压冲击和压力脉动的蓄能器应尽可能安装在振源附近。

(3)装在管路上的蓄能器须用支板或支架固定。

(4)蓄能器与液压泵之间应安装单向阀,防止液压泵停止时,蓄能器贮存的压力油倒流而使泵反转。蓄能器与管路之间也应安装截止阀,供充气和检修之用。

6 液压系统基本回路

6.1 压力控制回路

压力控制回路是利用压力控制阀来控制系统整体或某一部分的压力,以满足液压执行元件对力或转矩要求的回路。这类回路包括调压、减压、增压、卸荷和平衡等多种回路。

6.1.1 调压回路

调压回路的功用是使液压系统整体或部分的压力保持恒定或不超过某个数值。在定量泵系统中,可以通过溢流阀来调节液压泵的供油压力。在变量泵系统中,可以用安全阀来限定系统的最高压力,防止系统过载。若系统中需要两种以上的压力,则可采用多级调压回路。

(1)单级调压回路。在液压泵出口处设置并联的溢流阀,即可组成单级调压回路,从而控制了液压系统的最高压力值。

(2)二级调压回路。图6-1(a)所示为二级调压回路,可实现两种不同的系统压力控制。由先导型溢流阀2和直动式溢流阀4各调一级。当二位二通电磁阀3处于图示位置时,系统压力由阀2调定。当阀3得电后处于右位时,系统压力由阀4调定。但要注意:阀4的调定压力一定要小于阀2的调定压力,否则不能实现。当系统压力由阀4调定时,先导型溢流阀2的先导阀口关闭,但主阀开启,液压泵的溢流流量经主阀回油箱。

(3)多级调压回路。图6-1(b)所示的回路由溢流阀1、2、3分别控制系统的压力,从而组成了三级调压回路。当换向阀两电磁铁均不带电时,系统压力由阀1调定;当1YA得电时,系统压力由阀2调定;当2YA带电时,系统压力由阀3调定。但在这种调压回路中,阀2和阀3的调定压力要小于阀1的调定压力,而阀2和阀3的调定压力之间没有什么一定的关系。

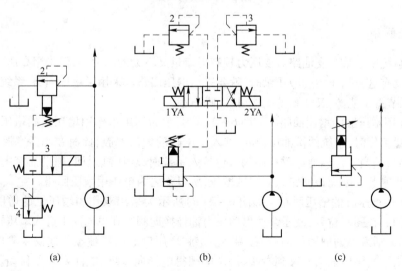

图6-1 调压回路

(a)二级调压回路;(b)多级调压回路;(c)连续、按比例进行压力调节回路

（4）连续、按比例进行压力调节的回路。如图 6-1(c)所示，调节先导型比例电磁溢流阀 1 的输入电流，即可实现系统压力的无级调节。这样不但回路结构简单，压力切换平稳，而且更容易使系统实现远距离控制或程控。

6.1.2　减压回路

减压回路的功用是使系统中的某一部分油路具有较低的稳定压力。最常见的减压回路通过定值减压阀与主油路相连，如图 6-2(a)所示。回路中的单向阀供主油路压力降低(低于减压阀调整压力)时防止油液倒流，起短时保压之用。减压回路中也可以采用类似两级或多级调压的方法获得两级或多级减压。如图 6-2(b)所示，利用先导型减压阀 1 的远控口接一远控溢流阀 2，则可由阀 1、阀 2 各调得一种低压，但要注意，阀 2 的调定压力值一定要低于阀 1 的调定压力值。

为了使减压回路工作可靠，减压阀的最低调整压力不应小于 0.5MPa，最高调整压力至少应比系统压力小 0.5MPa。当减压回路中的执行元件需要调速时，调速元件应放在减压阀的后面，以避免减压阀泄漏(指由减压阀泄油口流回油箱的油液)对执行元件的速度发生影响。

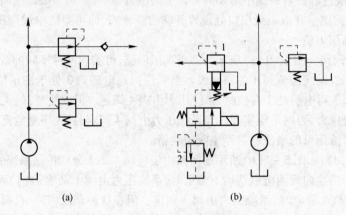

图 6-2　减压回路

6.1.3　增压回路

当液压系统中的某一支油路需要压力较高但流量又不大的压力油，但采用高压泵又不经济，或者根本就没有这样高压力的液压泵时，就要采用增压回路。采用了增压回路，系统的工作压力仍然较低，既节省了能源，又使系统工作可靠，噪声小。

（1）单作用增压缸的增压回路。如图 6-3(a)所示为利用单作用增压缸的增压回路。当系统在图示位置工作时，系统的供油压力 p_1 进入增压缸的大活塞腔，此时在小活塞腔即可得到所需的较高压力 p_2；当二位四通电磁换向阀右位接入系统时，增压缸返回，辅助油箱中的油液经单向阀补入小活塞腔。因而该回路只能间歇增压，所以称之为单作用增压回路。

（2）双作用增压缸的增压回路。如图 6-3(b)所示为采用双作用增压缸的增压回路，能连续输出高压油。在图示位置，液压泵输出的压力油经换向阀 5 和单向阀 1 进入增压缸左端大、小活塞腔，右端大活塞腔的回油通油箱，右端小活塞腔增压后的高压油经单向阀 4 输出，此时单向阀 2、3 被关闭。当增压缸活塞移到右端时，换向阀得电换向，增压缸活塞向左移动。同理，左端小活塞腔输出的高压油经单向阀 3 输出，这样，增压缸的活塞不断往复运动，两端便交替输出高压油，从而实现了连续增压。

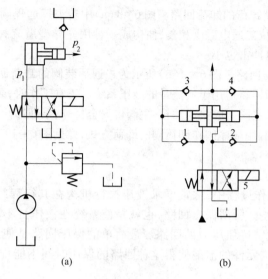

图 6 - 3　增压回路

(a)单作用增压缸的增压回路;(b)双作用增压缸的增压回路

6.1.4　卸荷回路

卸荷回路的功用是在液压泵驱动电动机不频繁启闭的情况下,使液压泵在功率损耗接近于零的情况下运转,以减少功率损耗,降低系统发热,延长泵和电动机的寿命。由于液压泵的输出功率为其流量和压力的乘积,因而,两者任一近似为零,功率损耗即近似为零,因此液压泵的卸荷有流量卸荷和压力卸荷两种。前者主要是使用变量泵,使泵仅为补偿泄漏而以最小流量运转。此方法比较简单,但泵仍处在高压状态下运行,磨损比较严重。压力卸荷的方法是使泵在接近零压下运转,常见的压力卸荷方式有以下几种:

(1)换向阀卸荷回路　M、H 和 K 型中位机能的三位换向阀处于中位时,泵即卸荷。图 6 - 4 (a)所示为采用 M 型中位机能的电液换向阀的卸荷回路。这种回路切换时压力冲击小,但回路中必须设置单向阀,以使系统能保持 0.3MPa 左右的压力,供操纵控制油路之用。

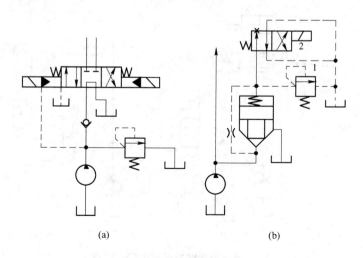

(a)　　　　　　　(b)

图 6 - 4　卸荷回路

（2）用先导型溢流阀卸荷的卸荷回路。图 6 - 1(a) 中若去掉远程调压阀 4，使先导型溢流阀的远程控制口直接与二位二通电磁阀相连，便构成一种用先导型溢流阀的卸荷回路。这种卸荷回路卸荷压力小，切换时冲击也小。

（3）二通插装阀卸荷回路。图 6 - 4(b) 所示为二通插装阀的卸荷回路。由于二通插装阀通流能力大，因而这种卸荷回路适用于大流量的液压系统。正常工作时，泵压力由阀 1 调定。当二位四通电磁阀 2 通电后，主阀上腔接通油箱，主阀口安全打开，泵即卸荷。

在双泵供油回路中利用顺序阀作卸荷阀的卸荷方式，详见图 6 - 19。

6.1.5　保压回路

有的机械设备在工作过程中，常常要求液压执行机构在其行程终止时，保持压力一段时间，这时需采用保压回路。所谓保压回路，也就是使系统在液压缸不动或仅有工件变形所产生的微小位移下稳定地维持住压力的回路。最简单的保压回路是使用密封性能较好的液控单向阀的回路，但是阀类元件的泄漏使得这种回路的保压时间不能维持太久。常用的保压回路有以下几种：

（1）利用液压泵保压的保压回路。利用液压泵的保压回路也就是在保压过程中，液压泵以较高的压力（保压所需压力）工作。此时，若采用定量泵则压力油几乎全经溢流阀流回油箱，系统功率损失大，易发热，故定量泵只在小功率的系统且保压时间较短的场合下才使用。若采用变量泵，在保压时泵的压力较高，但输出流量几乎等于零，因而，液压系统的功率损失小，这种保压方法且能随泄漏量的变化而自动调整输出流量，因而其效率也较高。

（2）利用蓄能器保压的保压回路。如图 6 - 5(a) 所示的回路，当主换向阀在左位工作时，液压缸向前运动且压紧工件，进油路压力升高至调定值，压力继电器发信使二通阀通电，泵即卸荷，单向阀自动关闭，液压缸则由蓄能器保压。缸压不足时，压力继电器复位使泵重新工作。液压缸保压时间的长短取决于蓄能器容量，调节压力继电器的工作区间即可调节缸中压力的最大值和最小值。图 6 - 5(b) 所示为多缸系统中的一缸保压回路，这种回路当主油路压力降低时，单向阀关闭，支路由蓄能器保压并补偿泄漏，压力继电器的作用是当支路中压力达到预定值时发出信号，使主油路开始动作。

（3）自动补油保压回路。图 6 - 6 所示为采用液控单向阀和电接触式压力表的自动补油式

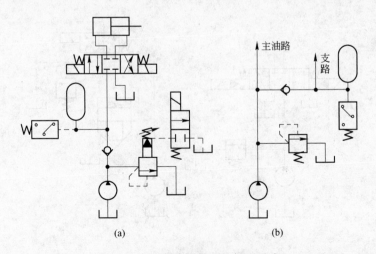

(a)　　　　　　　　　　(b)

图 6 - 5　用蓄能器保压的保压回路

保压回路,其工作原理为:当1YA得电,换向阀右位接入回路,液压缸上腔压力上升至电接触式压力表的上限值时,上触点接电,使电磁铁1YA失电,换向阀处于中位,液压泵卸荷,液压缸由液控单向阀保压。当液压缸上腔压力下降到预定下限值时,电接触式压力表又发出信号,使1YA得电,液压泵再次向系统供油,使压力上升,当压力达到上限值时,上触点又发出信号,使1YA失电。因此,这一回路能自动地使液压缸补充压力油,使其压力能长期保持在一定范围内。

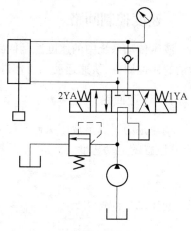

图6-6　自动补油的保压回路

6.1.6　平衡回路

　　平衡回路的功用在于防止垂直或倾斜放置的液压缸和与之相连的工作部件因自重而自由下落。图6-7(a)所示为采用单向顺序阀的平衡回路,当1YA得电后活塞下行时,回油路上就存在着一定的背压;只要将这个背压调得能支承住活塞和与之相连的工作部件自重,活塞就可以平稳地下落。当换向阀处于中位时,活塞就停止运动,不再继续下移。这种回路当活塞向下快速运动时,功率损失大,锁住时活塞和与之相连的工作部件会因单向顺序阀和换向阀的泄漏而缓慢下落,因此它只适用于工作部件重量不大、活塞锁住时定位要求不高的场合。图6-7(b)为采用液控顺序阀的平衡回路。当活塞下行时,控制压力油打开液控顺序阀,背压消失,因而回路效率较高,当停止工作时,液控顺序阀关闭以防止活塞和工作部件因自重而下降。这种平衡回路的优点是只有上腔进油时活塞才下行,比较安全可靠。其缺点是活塞下行时平稳性较差。这是因为活塞下行时,液压缸上腔油压降低,使液控顺序阀关闭。当顺序阀关闭时,因活塞停止下行,使液压缸上腔油压升高,又打开液控顺序阀。因此液控顺序阀始终工作于定闭的过渡状态,因而影响工作的平稳性。这种回路适用于运动部件重量不很大、停留时间较短的液压系统中。

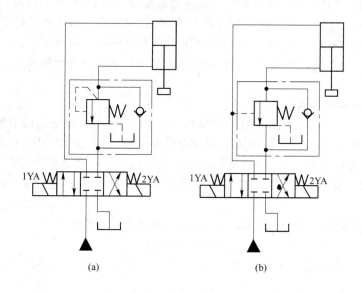

(a)　　　　　　　　　　(b)

图6-7　用顺序阀的平衡回路

6.2　速度控制回路

液压传动系统中的速度控制回路包括调节液压执行元件的速度的调速回路、使之获得快速运动的快速回路、快速运动和工作进给速度以及工作进给速度之间的速度换接回路。

6.2.1　调速回路

调速是为了满足液压执行元件对工作速度的要求。在不考虑液压油的压缩性和泄漏的情况下,液压缸的运动速度为

$$v = \frac{q}{A} \tag{6-1}$$

液压马达的转速为

$$n = \frac{q}{V_{\mathrm{M}}} \tag{6-2}$$

式中　q——输入液压执行元件的流量;

　　　A——液压缸的有效面积;

　　　V_{M}——液压马达的排量。

由式(6-1)和式(6-2)两式可知,改变输入液压执行元件的流量 q 或改变液压缸的有效面 A(或液压马达的排量 V_{M})均可以达到改变速度的目的。但改变液压缸工作面积的方法在实际中是不能现实的,因此,只能用改变进入液压执行元件的流量或用改变变量液压马达排量的方法来调速。为了改变进入液压执行元件的流量,可采用变量液压泵来供油,也可采用定量泵和流量控制阀改变通过流量阀流量的方法。用定量泵和流量阀来调速时,称为节流调速;用改变变量泵或变量液压马达的排量调速时,称为容积调速;用变量泵和流量阀来达到调速目的时,则称为容积节流调速。

6.2.1.1　节流调速回路

节流调速回路的工作原理是通过改变回路中流量控制元件(节流阀和调速阀)通流截面积的大小来控制流入执行元件或自执行元件流出的流量,以调节其运动速度。根据流量阀在回路中的位置不同,节流调速回路分为进油节流调速、回油节流调速和旁路节流调速三种回路。前两种调速回路由于在工作中回路的供油压力不随负载变化而变化又被称为定压式节流调速回路,而旁路节流调速回路由于回路的供油压力随负载的变化而变化又被称为变压式节流调速回路。

A　进油节流调速回路

如图6-8(a)所示,节流阀串联在液压泵和液压缸之间。液压泵输出的油液一部分经节流阀进入液压缸工作腔,推动活塞运动,液压泵多余的油液经溢流阀排回油箱,这是这种调速回路能够正常工作的必要条件。由于溢流阀有溢流,泵的出口压力 p_{p} 就是溢流阀的调整压力并基本保持恒定(定压)。调节节流阀的通流面积,即可调节通过节流阀的流量,从而调节液压缸的运动速度。

(1)速度负载特性。缸在稳定工作时,其受力平衡方程式为

$$p_1 A_1 = F + p_2 A_2$$

式中　p_1, p_2——液压缸进油腔和回油腔的压力,由于回油腔通油箱,$p_2 \approx 0$;

　　　　F——液压缸的负载;

　　　A_1, A_2——液压缸无杆腔和有杆腔的有效面积。

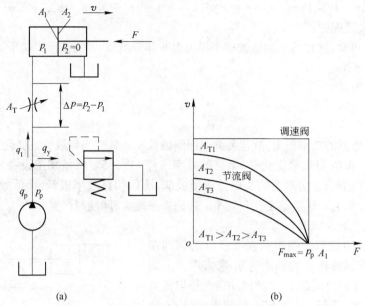

图 6-8 进油节流调速回路

所以

$$p_1 = \frac{F}{A_1}$$

因为液压泵的供油压力 p_p 为定值,则节流阀两端的压力差为

$$\Delta p = p_p - p_1 = p_p - \frac{F}{A_1}$$

由于经节流阀进入液压缸的流量为

$$q_1 = KA_T \Delta p^m = KA_T \left(p_p - \frac{F}{A_1} \right)^m$$

故液压缸的运动速度为

$$v = \frac{q}{A_1} = K \frac{A_T}{A_1} \left(p_p - \frac{F}{A_1} \right)^m \qquad (6-3)$$

式(6-3)即为进油路节流调速回路的负载特性方程,由该式可知,液压缸的运动速度 v 和节流阀通流面积 A_T 成正比。调节 A_T 可实现无级调速,这种回路的调速范围较大(速比最高可达100)。当 A_T 调定后,速度随负载的增大而减小,故这种调速回路的速度负载特性较"软"。

若按式(6-3)选用不同的 A_T 值作 $v-F$ 坐标曲线图,可得一组曲线,即为该回路的速度负载特性曲线,如图 6-8(b)所示。速度负载特性曲线表明液压缸运动速度随负载变化的规律,曲线越陡,说明负载变化对速度的影响较大,即速度刚性差。由式(6-3)和图 6-8(b)还可看出,当节流阀通流面积 A_T 一定时,重载区域比轻载区域的速度刚性差;在相同负载条件下,节流阀通流面积大的比小的速度刚性差,即速度高时速度刚性差。这种调速回路适用于低速轻载的场合。

(2)最大承载能力。由式(6-3)可知,无论节流阀的通流面积 A_T 为何值,当 $F = p_p A_1$ 时,节流阀两端压差 Δp 为零,活塞运动也就停止,此时液压泵输出的流量全部经溢流阀流回油箱。所以该点的 F 值即为该回路的最大承载值即 $F_{max} = p_p A_1$。

(3)功率和效率。在节流阀进油节流调速回路中液压泵的输出功率为 $P_p = p_p q_p = $ 常量;而液压缸的输出功率为 $P_1 = Fv = F\frac{q_1}{A_1} = p_1 q_1$,所以该回路的功率损失为

$$\Delta P = P_p - P_1 = p_p q_p - p_1 q_1 = p_p(q_1 + q_y) - (p_p - \Delta p)q_1 = p_p q_y + \Delta p q_1 \qquad (6-4)$$

式中，q_y 为通过溢流阀的溢流量，$q_y = q_p - q_1$。

由式(6-4)可知，这种调速回路的功率损失由两部分组成，即溢流损失功率 $\Delta P_y = p_p q_y$ 和节流损失功率 $\Delta P_T = \Delta p q_1$。

回路的效率为

$$\eta_c = \frac{P_1}{P_p} = \frac{Fv}{p_p q_p} = \frac{p_1 q_1}{p_p q_p} \qquad (6-5)$$

由于存在两部分的功率损失，故这种调速回路的效率较低。当负载恒定变化或很小时，回路的效率可达 $0.2 \sim 0.6$；当负载变化时，回路的效率 $\eta_{max} = 0.385$。机械加工设备常有"快进—工进—快退"的工作循环，工进时泵的大部分流量溢流，所以回路效率极低，而低效率导致温升和泄漏增加，进一步影响了速度稳定性和效率。回路功率越大，问题越严重。

B　回油节流调速回路

图6-9所示的把节流阀串联在液压缸的回油路上，借助节流阀控制液压缸的排油量 q_2 来实现速度调节。由于进入液压缸的流量 q_1 受到回油路上排出流量 q_2 的限制，因此用节流阀来调节液压缸的排油量 q_2，也就调节了进油量 q_1，定量泵多余的油液仍经溢流阀流回油箱，溢流阀调整压力 p_p 基本稳定(定压)。

(1)速度负载特性。类似于式(6-3)的推导过程，由液压缸的力平衡方程($p_2 \neq 0$)，流量阀的流量方程($\Delta p = p_2$)，进而可得液压缸的速度负载特性为

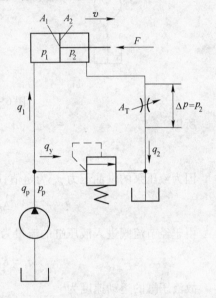

$$v = \frac{q_2}{A_2} = \frac{K A_T \left(p_p \dfrac{A_1}{A_2} - \dfrac{F}{A_2} \right)^m}{A_2} \qquad (6-6)$$

式中　A_1, A_2——液压缸无杆腔和有杆腔的有效面积；

　　　F——液压缸的负载；

　　　p_p——溢流阀调定压力；

　　　A_T——节流阀通流面积。

图6-9　回油节流调速回路

比较式(6-6)和式(6-3)可以发现，回油路节流调速和进油路节流调速的速度负载特性以及速度刚性基本相同，若液压缸两腔有效面积相同(双出杆液压缸)，那么两种节流调速回路的速度负载特性和速度刚度就完全一样。因此对进油路节流调速回路的一些分析对回油路节流调速回路完全适用。

(2)最大承载能力。回油路节流调速的最大承载能力与进油路节流调速相同，即 $F_{max} = p_p A_1$。

(3)功率和效率。液压泵的输出功率与进油路节流调速相同，即 $P_p = p_p q_p$，且等于常数，液压缸的输出功率为 $P_1 = Fv = (p_p A_1 - p_2 A_2)v = p_p q_1 - p_2 q_2$，则该回路的功率损失为

$$\Delta P = P_p - P_1 = p_p q_p - p_p q_1 + p_2 q_2 = p_p(q_p - q_1) + p_2 q_2 = p_p q_y + \Delta p q_2$$

式中　$p_p q_y$——溢流损失功率；

　　　$\Delta p q_2$——节流损失功率。

所以出油路节流调速回路的功率损失与进油路节流调速回路的功率损失相同。

回路的效率为

$$\eta_c = \frac{Fv}{p_p q_p} = \frac{p_p q_1 - p_2 q_2}{p_p q_p} = \frac{\left(p_p - p_2 \dfrac{A_2}{A_1}\right) q_1}{p_p q_p} \tag{6-7}$$

当使用同一个液压缸和同一个节流阀，负载 F 和活塞运动速度相同时，式（6-7）和式（6-5）是相同的，因此可以认为进油节流调速回路的效率和回油节流调速回路的效率相同。但是，应当指出，在回油节流调速回路中，液压缸工作腔和回油腔的压力都比进油节流调速回路高，特别是在负载变化大，尤其是当 $F=0$ 时，回油腔的背压有可能比液压泵的供油压力还要高，这样会使节流功率损失大大提高，且泄漏也加大，因而其效率实际上比进油调速回路要低。

从以上分析可知，进油路节流调速回路与回油路节流调速回路有许多相同之处，但是，它们也有不同之处：

（1）承受负值负载的能力。回油节流调速回路的节流阀使液压缸回油腔形成一定的背压，在负值负载时，背压能阻止工作部件的前冲，即能在负值负载下工作，而进油节流调速由于回油腔没有背压力，因而不能在负值负载下工作。

（2）停车后的启动性能。长期停车后液压缸油腔内的油液会流回油箱，当液压泵重新向液压缸供油时，在回油节流调速回路中，由于进油路上没有节流阀控制流量，会使活塞前冲；而在进油节流调速回路中，由于进油路上有节流阀控制流量，故活塞前冲很小，甚至没有前冲。

（3）实现压力控制的方便性。进油节流调速回路中，进油腔的压力随负载变化，当工作部件碰到止挡块而停止后，其压力将升到溢流阀的调定压力，利用这一压力变化来实现压力控制是很方便的；但在回油节流调速回路中，只有回油腔的压力才会随负载而变化，当工作部件碰到止挡块后，其压力将降至零，虽然也可以利用这一压力变化来实现压力控制，但其可靠性差，一般均不采用。

（4）发热及泄漏的影响。在进油节流调速回路中，经过节流阀发热后的液压油直接进入液压缸的进油腔；而在回油节流调速回路中，经过节流阀发热后的液压油直接流回油箱冷却。因此，发热和泄漏对进油节流调速的影响均大于对回油节流调速的影响。

（5）运动平稳性。在回油节流调速回路中，由于有背压力存在，它可以起到阻尼作用，同时空气也不易渗入，而在进油节流调速回路中则没有背压力存在，因此，可以认为回油节流调速回路的运动平稳性好一些；但是，从另一个方面讲，在使用单出杆液压缸的场合，无杆腔的进油量大于有杆腔的回油量。故在缸径、缸速均相同的情况下，进油节流调速回路的节流阀通流面积较大，低速时不易堵塞。因此，进油节流调速回路能获得更低的稳定速度。

为了提高回路的综合性能，一般常采用进油节流调速，并在回油路上加背压阀的回路，使其兼具两者的优点。

C　旁油路节流调速回路

图 6-10（a）所示为采用节流阀的旁路节流调速回路。节流阀调节了液压泵溢回油箱的流量，从而控制了进入液压缸的流量，调节节流阀的通流面积，即可实现调速。由于溢流已由节流阀承担，故溢流阀实际上是安全阀，常态时关闭，过载时打开，其调定压力为最大工作压力的 1.1～1.2 倍，故液压泵工作过程中的压力完全取决于负载而不恒定，所以这种调速方式又称变压式节流调速。

（1）速度负载特性。按照式（6-3）的推导过程，可得到旁油路节流调速的速度负载特性方程。与前述不同之处主要是进入液压缸的流量 q_1 为泵流量 q_p 与节流阀溢走流量 q_T 之差。由于在回路中泵的工作压力随负载而变化，泄漏正比于压力，也是变量（前两回路中为常量），对速度产生了附加影响，因而泵的流量中要计入泵的泄漏流量 Δq_p。所以有

$$q_1 = q_p - q_T = (q_t - \Delta q_p) - KA_T\Delta p^m = q_t - k_1\left(\frac{F}{A_1}\right) - KA_T\left(\frac{F}{A_1}\right)^m$$

式中　q_t——泵的理论流量；

　　　k_1——泵的泄漏系数；

　　　其他符号意义同前。

所以液压缸的速度负载特性为

$$v = \frac{q_1}{A_1} = \frac{q_t - k_1\left(\dfrac{F}{A_1}\right) - KA_T\left(\dfrac{F}{A_1}\right)^m}{A_1} \tag{6-8}$$

根据式(6-8)，选取不同的 A_T 值可作出一组速度负载特性曲线，如图6-10(b)所示。由曲线可见，当节流阀通流面积一定而负载增加时，速度显著下降，即特性很软；但当节流阀通流面积一定时，负载越大，速度刚度越大；当负载一定时，节流阀通流面积 A_T 越小(即活塞运动速度高)，速度刚度越大。因而该回路适用于高速重载的场合。

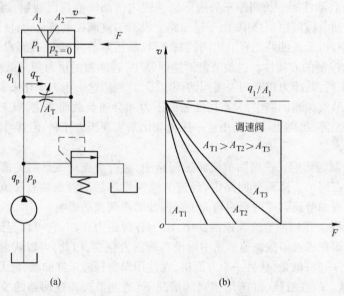

图6-10　旁路节流调速回路

(2)最大承载能力。由图6-10(b)可知，速度负载特性曲线在横坐标上并不交汇，其最大承载能力随节流阀通流面积 A_T 的增加而减小，即旁路节流调速回路的低速承载能力很差，调速范围也小。

(3)功率与效率。旁路节流调速回路只有节流损失而无溢流损失，泵的输出压力随负载而变化，即节流损失和输入功率随负载而变化，所以比前两种调速回路效率高。

这种旁油路节流调速回路负载特性很软，低速承载能力又差，故其应用比前两种回路少，只用于高速、重载，对速度平稳性要求不高的较大功率系统中，如牛头刨床主运动系统、输送机械液压系统等。

D　采用调速阀的节流调速回路

使用节流阀的节流调速回路，速度负载特性都比较"软"，变载荷下的运动平稳性都比较差。为了克服这个缺点，回路中的节流阀可用调速阀来代替。由于调速阀本身能在负载变化的条件下保证节流阀进出油口间的压差基本不变，因而使用调速阀后，节流调速回路的速度-负载特性将得到改善,如图6-8(b)和图6-10(b)所示。旁路节流调速回路的承载能力亦不因活塞速度降低而减小,但所有性能上的改进都是以加大整个流量控制阀的工作压差为代价的,调速阀的工作压差一般最小需0.5MPa,高压调速阀需1.0MPa。

6.2.1.2 容积调速回路

容积调速回路是用改变泵或马达的排量来实现调速的。其主要优点是没有节流损失和溢流损失,因而效率高,油液温升小,适用于高速、大功率调速系统。其缺点是变量泵和变量马达的结构较复杂,成本较高。

根据油路的循环方式,容积调速回路可以分为开式回路或闭式回路。在开式回路中液压泵从油箱吸油,液压执行元件的回油直接回油箱,这种回路结构简单,油液在油箱中能得到充分冷却,但油箱体积较大,空气和脏物易进入回路。在闭式回路中,执行元件的回油直接与泵的吸油腔相连,结构紧凑,只需很小的补油箱,空气和脏物不易进入回路,但油液的冷却条件差,需附设辅助泵补油、冷却和换油。补油泵的流量一般为主泵流量的10%~15%,压力通常为0.3~1.0MPa。

容积调速回路通常有三种基本形式:变量泵和定量液压执行元件组成的容积调速回路、定量泵和变量马达组成的容积调速回路、变量泵和变量马达组成的容积调速回路。

A 变量泵和定量液压执行元件的容积调速回路

图6-11所示为变量泵和定量液压执行元件组成的容积调速回路,其中图6-11(a)的执行

元件为液压缸,图6-11(b)中的执行元件为液压马达。图6-11(b)所示回路是闭式回路,溢流阀2起安全作用,用以防止系统过载,为了补充泵和液压马达的泄漏,增加了补油泵1和溢流阀3,溢流阀3用来调节补油泵的补油压力,同时置换部分已发热的油液,降低系统的温升。

在图6-11(a)中,改变变量泵的排量即可调节活塞的运动速度v,1为安全阀,限制回路中的最大压力。若不考虑液压泵以外的元件和管道的泄漏时,这种回路的活塞运动速度为

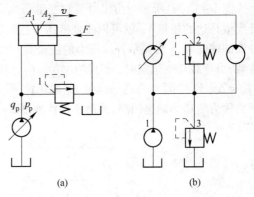

图6-11 变量泵定量执行元件容积调速回路

$$v = \frac{q_p}{A_1} = \frac{q_t - k_1 \dfrac{F}{A_1}}{A_1} \qquad (6-9)$$

式中 q_t——变量泵的理论流量;

k_1——变量泵的泄漏系数;

其余符号意义同前。

将式(6-9)按不同的q_t值作图,可得一组平行直线,如图6-12(a)所示。由于变量泵有泄漏,活塞运动速度会随负载的加大而减小。负载增大至某值时,在低速下会出现活塞停止运动的现象(见图6-12a中F'点),这时变量泵的理论流量等于泄漏量,可见这种回路在低速下的承载能力是很差的。

在图6-11(b)所示的变量泵定量液压马达的调速回路中,若不计损失,马达的转速$n_M = q_p/V_M$。因液压马达排量为定值,故调节变量泵的流量q_p,即可对马达的转速n_M进行调节,同样当负载转矩恒定时,马达的输出转矩$T = \Delta p_M V_M/2\pi$和回路工作压力p都恒定不变,所以马达的输

出功率 $P = \Delta p_M V_M n_M$ 与转速 n_M 成正比关系变化,故本回路的调速方式又称为恒转矩调速。回路的调速特性如图 6 – 12(b)所示。

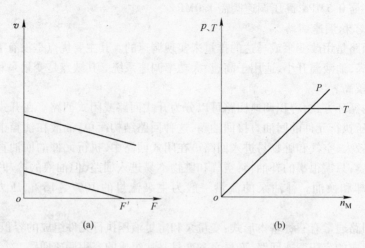

图 6 – 12　变量泵定量执行元件调速特性

B　定量泵和变量马达的容积调速回路

图 6 – 13(a)所示为由定量泵和变量马达组成的容积调速回路。定量泵 1 输出流量不变,改变变量马达的排量 V_M 就可以改变液压马达的转速。2 是安全阀,3 是变量马达,4 是用以向系统补油的辅助泵,5 为调节补油压力的溢流阀。在这种调速回路中,由于液压泵的转速和排量均为常数,当负载功率恒定时,马达输出功率 P_M 和回路工作压力 p 都恒定不变,因为马达的输出转矩($T_M = \Delta p_M V_M / 2\pi$)与马达的排量 V_M 成正比,马达的转速($n_M = q_p / V_M$)则与 V_M 成反比。所以这种回路称为恒功率调速回路,其调速特性如图 6 – 13(b)所示。

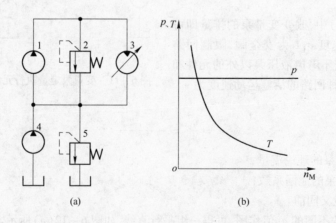

图 6 – 13　定量泵变量马达容积调速回路

这种回路调速范围很小,且不能用来使马达实现平稳的反向。因为反向时,双向液压马达的偏心量(或倾角)必然要经历一个“变小→为零→反向增大”的过程,也就是马达的排量“变小→为零→变大”的过程,输出转矩就要经历“转速变高→输出转矩太小”而不能带动负载转矩,甚至不能克服摩擦转矩而使“转速为零→反向高速”的过程,调节很不方便,所以这种回路目前已很少单独使用。

C 变量泵和变量马达的容积调速回路

图 6–14(a)所示为采用双向变量泵和双向变量马达的容积调速回路。变量泵 1 正向或反向供油,马达 2 即正向或反向旋转。单向阀 5 和 7 用于使辅助泵 4 能双向补油,单向阀 6 和 8 使安全阀 3 在两个方向都能起过载保护作用。这种调速回路是上述两种调速回路的组合,由于泵和马达的排量均可改变,故扩大了调速范围,并扩大了液压马达转矩和功率输出的选择余地。其调速特性曲线如图 6–14(b)所示。

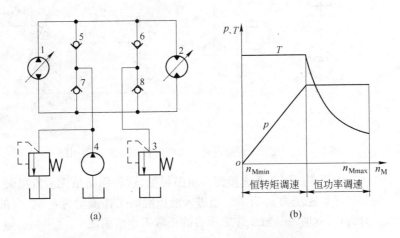

(a)　　　　　　　　　　　(b)

图 6–14　变量泵变量马达容积调速回路

一般工作部件都在低速时要求有较大的转矩,因此,这种系统在低速范围内调速时,先将液压马达的排量调为最大(使马达能获得最大输出转矩),然后改变泵的输油量,当变量泵的排量由小变大,直至达到最大输油量时,液压马达转速亦随之升高,输出功率随之线性增加,此时液压马达处于恒转矩状态;若要进一步加大液压马达转速,则可将变量马达的排量由大调小,此时输出转矩随之降低,而泵则处于最大功率输出状态不变,故液压马达亦处于恒功率输出状态。

6.2.1.3 容积节流调速回路

容积节流调速回路的工作原理是采用压力补偿型变量泵供油,用流量控制阀调定后进入液压缸或由液压缸流出的流量来调节液压缸的运动速度,并使变量泵的输油量自动地与液压缸所需的流量相适应。这种调速回路没有溢流损失,效率较高,速度稳定性也比单纯的容积调速回路好,常用在速度范围大、中小功率的场合,如组合机床的进给系统等。

A 限压式变量泵和调速阀的容积节流调速回路

图 6–15(a)所示为由限压式变量泵和调速阀组成的容积节流联合调速回路。该系统由限压式变量泵 1 供油,压力油经调速阀 3 进入液压缸工作腔,回油经背压阀 4 返回油箱,液压缸运动速度由调速阀中的节流阀的通流面积 A_T 来控制。设泵的流量为 q_p,则稳态工作时 $q_p = q_1$。可是在关小调速阀的一瞬间,q_1 减小,而此时液压泵的输油量还未来得及改变,于是出现了 $q_p > q_1$,因回路中没有溢流(阀 2 为安全阀),多余的油液使泵和调速阀间的油路压力升高,也就是泵的出口压力升高,从而使限压式变量泵输出流量减小,直至 $q_p = q_1$;反之,开大调速阀的瞬间,将出现 $q_p < q_1$,从而会使限压式变量泵出口压力降低,输出流量自动增加,直至 $q_p = q_1$。由此可见调速阀不仅能保证进入液压缸的流量稳定,而且可以使泵的供油流量自动地和液压缸所需的流量相适应,因而也可使泵的供油压力基本恒定,因此该调速回路也称定压式容积节流调速回路。这种回路中的调速阀也可装在回油路上,它的承载能力、运动平稳性、速度刚性等与对应的节流调速回路相同。

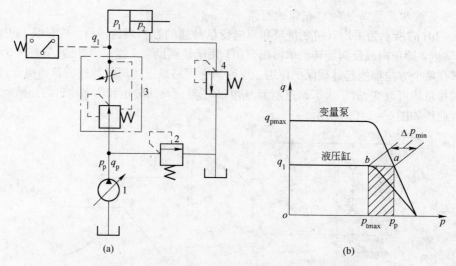

(a)　　　　　　　　　　(b)

图 6 – 15　限压式变量泵和调速阀的容积节流调速回路

图 6 – 15(b)所示为调速回路的调速特性。由图可见,这种回路虽无溢流损失,但仍有节流损失,其大小与液压缸工作腔压力 p_1 有关。当进入液压缸的工作流量为 q_1 时,泵的供油流量应为 $q_p = q_1$,供油压力为 p_p,此时液压缸工作腔压力的正常工作范围是

$$p_2 \frac{A_2}{A_1} \leqslant p_1 \leqslant (p_p - \Delta p)$$

式中,Δp 为保持调速阀正常工作所需的压差,一般应在 0.5MPa 以上,其他符号意义同前。

当 $p_1 = p_{tmax}$ 时,回路中的节流损失为最小(见图 6 – 15b)此时液压泵工作点为 a,液压缸的工作点为 b;若 p_1 减小(b 点向左移动),节流损失加大。这种调速回路的效率为

$$\eta_c = \frac{\left(p_1 - p_2 \dfrac{A_2}{A_1}\right) q_1}{p_p q_p} = \frac{p_1 - p_2 \dfrac{A_2}{A_1}}{p_p} \tag{6 – 10}$$

式中没有考虑泵的泄漏损失。当限压式变量叶片泵达到最高压力时,其泄漏量为 8% 左右。泵的输出流量愈小,泵的压力就愈高;负载愈小,则式(6 – 10)中的压力 p_1 便愈小。因而在速度小(q_p 小)、负载小(p_1 小)的场合下,这种调速回路效率就很低。

B　差压式变量泵和节流阀的容积节流调速回路

图 6 – 16 所示为差压式变量泵和节流阀组成的容积节流调速回路,该回路的工作原理与上述回路基本相似:节流阀控制进入液压缸的流量 q_1,并使变量泵输出流量 q_p 自动和 q_1 相适应。当 $q_p > q_1$ 时,泵的供油压力上升,泵内左、右两个控制柱塞便进一步压缩弹簧,推动定子向右移动,减小泵的偏心距,使泵的供油量下降到 $q_p =$

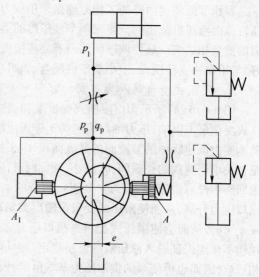

图 6 – 16　差压式变量泵和节流阀组成的
容积节流调速回路

q_1。反之,当 $q_p < q_1$ 时,泵的供油压力下降,弹簧推动定子和左、右柱塞向左,加大泵的偏心距,使泵的供油量增大到 $q_p = q_1$。

在这种调速回路中,作用在液压泵定子上的力的平衡方程为

$$p_p A_1 + p_p(A - A_1) = p_1 A + F_s$$

即
$$p_p - p_1 = \frac{F_s}{A} \qquad (6-11)$$

式中 A, A_1——控制缸无柱塞腔的面积和柱塞的面积;

p_p, p_1——液压泵供油压力和液压缸工作腔压力;

F_s——控制缸中的弹簧力。

由式(6-11)可知,节流阀前后压差 $\Delta p = p_p - p_1$ 基本上由作用在泵控制柱塞上的弹簧力来确定,由于弹簧刚度小,工作中伸缩量也很小,所以 F_s 基本恒定,则 Δp 也近似为常数,所以通过节流阀的流量就不会随负载而变化,这和调速阀的工作原理相似。因此,这种调速回路的性能和上述回路相比不相上下,它的调速范围也是只受节流阀调节范围的限制。此外,这种回路因能补偿由负载变化引起的泵的泄漏变化,因此它在低速小流量的场合使用性能尤佳。在这种调速回路中,不但没有溢流损失,而且泵的供油压力随负载而变化,回路中的功率损失也只有节流处压降 Δp 所造成的节流损失一项,因而它的效率较限压式变量泵和调速阀的调速回路要高,且发热少。这种回路的效率表达式为

$$\eta_c = \frac{p_1 q_1}{p_p q_p} = \frac{p_1}{p_1 + \Delta p} \qquad (6-12)$$

由式(6-12)可知,只要适当控制 Δp(一般 $\Delta p \approx 0.3\,\text{MPa}$),就可以获得较高的效率。这种回路宜用在负载变化大,速度较低的中、小功率场合,如某些组合机床的进给系统中。

6.2.2 快速(运动)回路

快速(运动)回路又称增速回路,其功用在于使液压执行元件获得所需的高速,以提高系统的工作效率或充分利用功率。实现快速运动视方法不同有多种结构方案,下面介绍几种常用的快速运动回路。

6.2.2.1 液压缸差动连接回路

图 6-17(a)所示的回路是利用二位三通换向阀实现的液压缸差动连接回路。在这种回路中,当阀 1 和阀 2 在左位工作时,液压缸差动连接作快进运动,当阀 2 通电,差动连接即被切除,液压缸回油经过调速阀,实现工进,阀 1 切换至右位后,缸快退。这种连接方式,可在不增加液压泵流量的情况下提高液压执行元件的运动速度,但是,泵的流量和有杆腔排出的流量合在一起流过的阀和管路应按合成流量来选择,否则会使压力损失过大,泵的供油压力过大,致使泵的部分压力油从溢流阀溢回油箱而达不到差动快进的目的。

若设液压缸无杆腔的面积为 A_1,有杆腔的面积为 A_2,液压泵的出口至差动后合成管路前的压力损失为 Δp_i,液压缸出口至合成管路前的压力损失为 Δp_o,合成管路的压力损失为 Δp_c,如图 6-17(b)所示,则液压泵差动快进时的供油压力 p_p 可由力平衡方程求得,即

$$(p_p - \Delta p_i - \Delta p_c) A_1 = F + (p_p - \Delta p_i - \Delta p_o) A_2$$

所以

$$p_p = \frac{F}{A_1 - A_2} + \frac{A_2}{A_1 - A_2}\Delta p_o + \frac{A_1}{A_1 - A_2}\Delta p_c + \Delta p_i$$

若 $A_1 = 2A_2$,则有

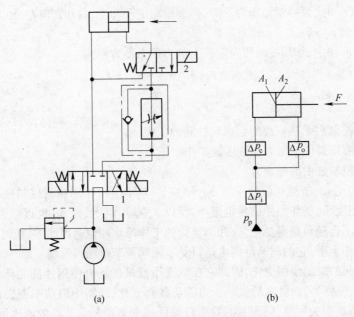

(a)　　　　　　　　　　　(b)

图 6 – 17　液压缸差动连接回路

$$p_{\mathrm{p}} = \frac{F}{A_2} + \Delta p_{\mathrm{o}} + 2\Delta p_{\mathrm{c}} + \Delta p_{\mathrm{i}}$$

式中,F 为差动快进时的负载。由该式可知,液压缸差动连接时其供油压力 p_{p} 的计算与一般回路中压力损失的计算是不同的。

液压缸的差动连接也可用 P 型中位机能的三位换向阀来实现。

6.2.2.2　采用蓄能器的快速运动回路

图 6 – 18 所示为采用蓄能器的快速运动回路。采用蓄能器的目的是可以用流量较小的液压泵。当系统中短期需要大流量时,这时换向阀 5 的阀芯是处于左端或右端位置,就由泵 1 和蓄能器 4 共同向缸 6 供油。当系统停止工作时,换向阀 5 处在中间位置,这时泵便经单向阀 3 向蓄能器供油,蓄能器压力升高后,控制卸荷阀 2,打开阀口,使液压泵卸荷。

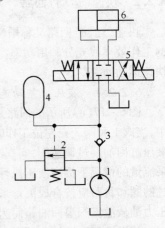

6.2.2.3　双泵供油回路

图 6 – 19 所示为双泵供油快速运动回路,图中 1 为大流量泵,用以实现快速运动;2 为小流量泵,用以实现工作进给。在快速运动时,泵 1 输出的油液经单向阀 4 与泵 2 输出的油液共同向系统供油。工作行程时,系统压力升高,打开卸荷阀 3 使大流量泵 1 卸荷,由泵 2 向系统单独供油。这种系统的压力由溢流阀 5 调整,单向阀 4 在系统压力油作用下关闭,这种双泵供油回路的优点是功率损耗小,系统效率高,应用较为普遍,但系统也稍复杂一些。

图 6 – 18　采用蓄能器的
快速运动回路

6.2.2.4　用增速缸的快速运动回路

图 6 – 20 所示为采用增速缸的快速运动回路。在这个回路中,当三位四通换向阀左位得电而工作时,压力油经增速缸中的柱塞 1 的孔进入 B 腔,使活塞 2 伸出,获得快速($v = 4q_{\mathrm{p}}/\pi d^2$),A 腔中所需油液经液控单向阀 3 从辅助油箱吸入,活塞 2 伸出到工作位置时由于负载加大,压力升

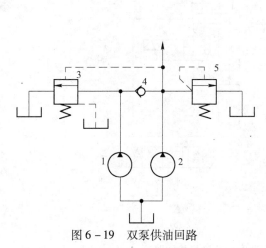

图 6-19 双泵供油回路

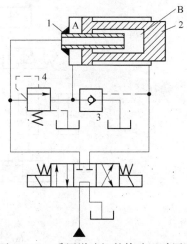

图 6-20 采用增速缸的快速运动回路

高,打开顺序阀4,高压油进入A腔,同时关闭单向阀。此时活塞杆2在压力油作用下继续外伸,但因有效面积加大,速度变慢而使推力加大,这种回路常被用于液压机的系统中。

6.2.3 速度换接回路

速度换接回路的功能是使液压执行机构在一个工作循环中从一种运动速度变换到另一种运动速度,因而这个转换不仅包括液压执行元件快速与慢速的换接,而且也包括两个慢速之间的换接。实现这些功能的回路应该具有较高的速度换接平稳性。

6.2.3.1 快速与慢速的换接回路

能够实现快速与慢速换接的方法很多,图6-17和图6-20所示的快速运动回路都可以使液压缸的运动由快速转换为慢速。下面再介绍一种在组合机床液压系统中常用的行程阀的快慢速换接回路。

图6-21所示为用行程阀来实现快慢速换接的回路。在图示状态下,液压缸快进,当活塞所连接的挡块压下行程阀3时,行程阀关闭,液压缸右腔的油液必须通过节流阀2才能流回油箱,活塞运动速度转变为慢速工进;当换向阀左位接入回路时,压力油经单向阀1进入液压缸右腔,活塞快速向右返回。这种回路的快慢速换接过程比较平稳,换接点的位置比较准确。其缺点是行程阀的安装位置不能任意布置,管路连接较为复杂。若将行程阀改为电磁阀,安装连接比较方便,但速度换接的平稳性、可靠性以及换向精度都较差。

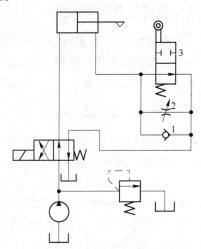

图 6-21 采用行程阀来实现
快慢换接的回路

6.2.3.2 两种慢速的换接回路

图6-22所示为用两个调速阀来实现不同工进速度的换接回路。图6-22(a)中的两个调速阀并联,由换向阀实现换接。两个调速阀可以独立地调节各自的流量,互不影响,但是,一个调速阀工作时另一个调速阀内无油通过,它的减压阀处于最大开口位置,因而速度换接时大量油液通过该处将使机床工作部件产生突然前冲现象。因此这种方式不宜用于在工作过程中的速度换接,只可用在速度预选的场合。

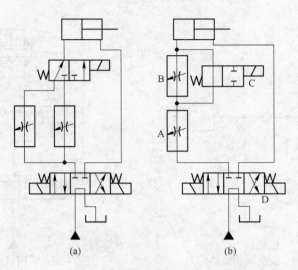

图 6 – 22   用两个调速阀的速度换接回路

图 6 – 22(b)所示为两调速阀串联的速度换接回路。当主换向阀 D 左位接入系统时,调速阀 B 被换向阀 C 短接;输入液压缸的流量由调速阀 A 控制。当阀 C 右位接入回路时,由于通过调速阀 B 的流量调得比 A 小,所以输入液压缸的流量由调速阀 B 控制。在这种回路中的调速阀 A 一直处于工作状态,它在速度换接时限制着进入调速阀 B 的流量,因此它的速度换接平稳性较好。但由于油液经过两个调速阀,所以能量损失较大。

6.3   多缸工作控制回路

在液压系统中,如果由一个油源给多个液压缸输送压力油,这些液压缸会因压力和流量的彼此影响而在动作上相互牵制,因此必须使用一些特殊的回路才能实现预定的动作要求,常见的这类回路主要有以下两种。

6.3.1   顺序动作回路

顺序动作回路的功用是使多缸液压系统中的各个液压缸严格地按规定的顺序动作。按控制方式不同,顺序动作回路可分为行程控制和压力控制两大类。

6.3.1.1   行程控制的顺序动作回路

图 6 – 23 所示为两个行程控制的顺序动作回路。其中图 6 – 23(a)所示为行程阀控制的顺序动作回路,在图示状态下,A、B 两液压缸活塞均在右端。当推动手柄,使阀 C 左位工作,缸 A 左行,完成动作①;挡块压下行程阀 D 后,缸 B 左行,完成动作②;手动换向阀复位后,缸 A 先复位,实现动作③;随着挡块后移,阀 D 复位,缸 B 退回实现动作④。至此,顺序动作全部完成。这种回路工作可靠,但动作顺序一经确定,再改变就比较困难,同时该回路的管路长,布置较麻烦。

图 6 – 23(b)所示为由行程开关控制的顺序动作回路,当阀 E 得电换向时,缸 A 左行完成动作①后,触动行程开关 S_1 使阀 F 得电换向,控制缸 B 左行完成动作②,当缸 B 左行至触动行程开关 S_2 使阀 E 失电,缸 A 返回,实现动作③后,触动 S_3 使 F 断电,缸 B 返回,完成动作④,最后触动 S_4 使泵卸荷或引起其他动作,完成一个工作循环。这种回路的优点是控制灵活方便,但其可靠程度主要取决于电气元件的质量。

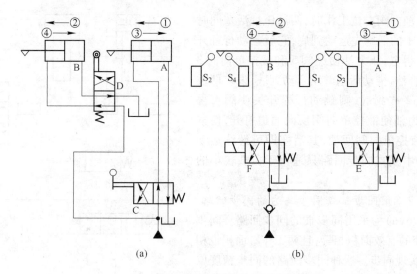

图 6 - 23 行程控制顺序动作回路

6.3.1.2 压力控制的顺序动作回路

图 6 - 24 所示为一使用顺序阀的压力控制顺序
动作回路。当换向阀左位接入回路且顺序阀 D 的调
定压力大于液压缸 A 的最大前进工作压力时,压力油
先进入液压缸 A 的左腔,实现动作①;当液压缸行至
终点后,压力上升,压力油打开顺序阀 D 进入液压缸
B 的左腔,实现动作②;同样的,当换向阀右位接入回
路且顺序阀 C 的调定压力大于液压缸 B 的最大返回
工作压力时,两液压缸则按③和④的顺序返回。显然
这种回路动作的可靠性取决于顺序阀的性能及其压
力调定值,即它的调定压力应比前一个动作的压力高
出 0.8 ~ 1.0MPa,否则顺序阀易在系统压力脉动中造
成误动作。由此可见,这种回路适用于液压缸数目不
多、负载变化不大的场合。其优点是动作灵敏,安装
连接较方便;缺点是可靠性不高,位置精度低。

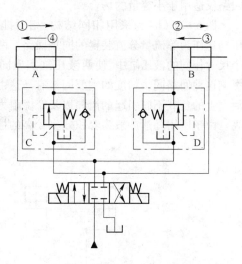

图 6 - 24 顺序阀控制顺序动作回路

6.3.2 同步回路

同步回路的功用是保证系统中的两个或多个液压缸在运动中的位移量相同或以相同的
速度运动。从理论上讲,对两个工作面积相同的液压缸输入等量的油液即可使两液压缸同
步,但泄漏、摩擦阻力、制造精度、外负载、结构弹性变形以及油液中的含气量等因素都会使同
步难以保证,为此,同步回路要尽量克服或减少这些因素的影响,有时要采取补偿措施,消除
累积误差。

6.3.2.1 带补偿措施的串联液压缸同步回路

图 6 - 25 所示为两液压缸串联同步回路,在这个回路中,液压缸 1 的有杆腔 A 的有效面积与
液压缸 2 的无杆腔 B 的面积相等,因而从 A 腔排出的油液进入 B 腔后,两液压缸的升降便得到
同步。补偿措施使同步误差在每一次下行运动中都可消除,以避免误差的积累。其补偿原理为:

当三位四通换向阀右位工作时,两液压缸活塞同时下行。若缸1的活塞先运动到底,它就触动行程开关a使阀5得电,压力油便经阀5和液控单向阀3向缸2B腔补油,推动活塞继续运动到底,误差即被消除。若缸2先到底,则触动行程开关使阀4得电,控制压力油使液控单向阀反向通道打开,使缸1A腔通过液控单向阀回油,其活塞即可继续运动到底。这种串联式同步回路只适用于负载较小的液压系统。

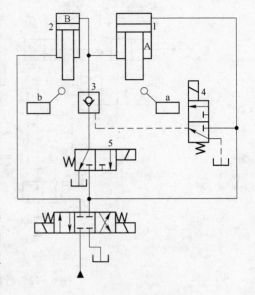

图6-25　带补偿措施的串联
液压缸同步回路

6.3.2.2　用同步缸或同步马达的同步回路

图6-26(a)为采用同步缸的同步回路。同步缸A、B两腔的有效面积相等,且两工作缸面积也相同,因此能实现同步。这种同步回路的同步精度取决于液压缸的加工精度和密封性,一般精度可达到98%～99%。同步缸一般不宜做得过大,所以这种回路仅适用于小容量的场合。

图6-26(b)为采用相同结构、相同排量的液压马达作为等流量分流装置的同步回路。两个液压马达轴刚性连接,把等量的油液分别输入两个尺寸相同的液压缸中,使两液压缸实现同步。图中与马达并联的节流阀用于修正同步误差。影响这种回路同步精度的主要因素有马达由于制造上的误差而引起排量的差别、作用于液压缸活塞上的负载不同引起的泄漏以及摩擦阻力不同等。这种同步回路的同步精度比节流控制的要高。由于所用马达一般为容积效率较高的柱塞式马达,所以费用较高。

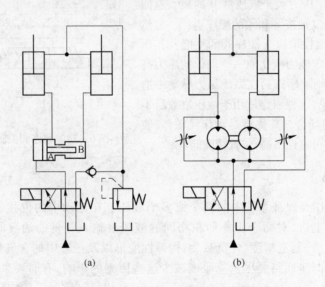

(a)　　　　　　　　　(b)

图6-26　同步缸和同步马达的同步回路

同步控制回路也可采用分流阀(同步阀)控制同步。对于同步精度要求较高的场合,可以采用由比例调速阀和电液伺服阀组成的同步回路。

6.4 其他回路

6.4.1 锁紧回路

锁紧回路的功用是使液压缸能在任意位置上停留,且停留后不会因外力作用而移动位置。图 6-27 所示的即为使用液控单向阀(又称双向液压锁)的锁紧回路。当换向阀处于左位时,压力油经单向阀 1 进入液压缸左腔,同时压力油亦进入单向阀 2 的控制油口 K,打开阀 2,使液压缸右腔的回油可经阀 2 及换向阀流回油箱,活塞向右运动。反之,活塞向左运动,到了需要停留的位置,只要使换向阀处于中位。因阀的中位为 H 型机能(Y 型也行),所以阀 1 和阀 2 均关闭,使活塞双向锁紧。在这个回路中,由于液控单向阀的阀座一般为锥阀式结构,所以密封性好,泄漏极少,锁紧的精度主要取决于液压缸的泄漏。这种回路被广泛用于工程机械、起重运输机械等有锁紧要求的场合。

6.4.2 节能回路

节能的目的是提高能量的利用率,因而节能回路的功用就是要用最小的输入能量来完成一定的输出。前面所讲述的回路中,如旁路节流调速回路(见图 6-10)、差动回路(见图 6-17),用蓄能器的快速运动回路(见图 6-18)和双泵供油回路(见图 6-19)等均具有一定的节能效果。下面再介绍两种节能回路。

6.4.2.1 负载串联节能回路

如图 6-28 所示为两负载串联的节能回路。在该回路中,当各执行元件单独工作时,工作压力由各自的溢流阀调定。若同时工作,由于前一个回路的溢流阀受后一个回路的压力信号控制,泵转入叠加负载下工作,这时泵的流量只要满足流量大的那个执行元件即可,工作压力提高到接近泵的额定压力,提高了泵的运行效率。这种节能回路结构简单,且采用定量泵供油,因而比较经济。由于负载叠加的缘故,两个执行元件的负载不能太大。

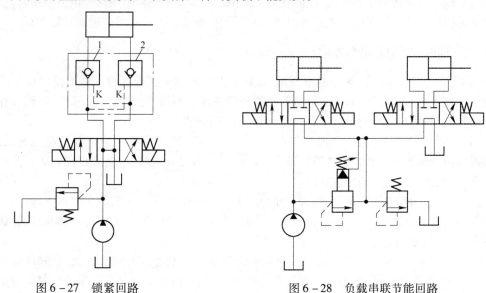

图 6-27 锁紧回路   图 6-28 负载串联节能回路

6.4.2.2 二次调节系统

图 6-29 所示为二次调节(亦称次级调节)节能回路。这种调节回路打破了常规的液压驱动系统——通过流量联系,即马达的输出转速、输出转矩、回转方向等性能参数决定于泵的能量

供应、阀类的控制等状况,也就是通过直接或间接调节一次能量转换元件——液压泵来实现变换和控制,使一次和二次能量转换器件之间通过压力来联系,液动机从集中液压能源系统中获取运转需要的相应能量。其输出性能的改变,主要是通过二次元件的调节来实现。

如图 6 – 29 所示,带蓄能器的管路表示集中式液压源附有变量调节缸 3 的变量液压马达 2 就是被驱动的二次能量转换元件。与马达同轴安装的计量泵 1 和液压缸 3 并联构成闭路,以便向变量机构反馈转速信号。马达的旋转方向由换向阀 4 切换变量机构来实现;进口节流阀 6 和背压阀 5 配合,实现马达速度的预选。当换向阀接通时,通过节流阀的液流同时进入计量泵和变量液压缸。当进入的流量与计量泵吸入和排出的流量不相适应时,这一流量差值使液压缸产生变量调节运动,直到节流阀设定的流量完全与计量泵的需要相适应,变量动作才会终止,使马达保持在与节流阀调定流量相适应的转速下工作。

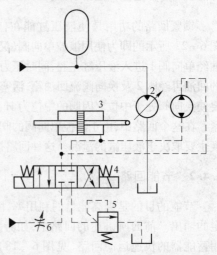

图 6 – 29　二次调节节能回路

一旦有某种原因使液压马达转速产生偏离时,同轴驱动的计量泵就会感受到此速差,并将其转换成流量信号馈入液压缸,使二次元件马达的排量增大或减小,直到使实际输出的转速恢复到正常值。如果把二次元件的摆角偏转到负方向,还可借助能源系统的阻抗起制动作用,外载动能或位能就可回馈到能源系统中去,并贮存在蓄能器中。

二次调节回路是按照需要从能源系统中获取能量的原则进行工作的,动力源无需通过控制环节而直接作用在二次调节元件上,在不需输出扭矩时,二次元件的变量摆角及所吸收的流量都会被自动地调节到近似于零的值,故能获得最大限度的节能效果。采用这种调节回路时,多个彼此并联的执行元件能够在同一供压的回路中互不干扰地按自己需要的速度和转矩运行。

6.5　控制回路的使用与维护

(1)必须选用国家标准牌号的液压油,最好不要用机油或其他代替。虽然使用较薄的清洁机油也能使液压系统运行,但普通机械油脱蜡和精制程度不够,也未添加抗氧化、防锈蚀和抗磨损等添加剂,氧化稳定性和润滑性都较差,因此不宜作液动传动用油。

(2)油液必须保持清洁。一般半年或一年换油一次。还应定期清洁机器油箱滤网,否则过一段时间由于液压元件磨损或油液污染,油泵、油马达运行噪声增大,温升提高。如不及时清洗滤网和换油,会使油泵和油马达磨损。

(3)必须经常保持液压元件、管路的清洁。每天下班应该用干净的纱头擦拭各液压元件、管路接头等,否则维修时拆卸工作元件以及接头时,容易在入口处带入污物,污染油液或造成工作元件的"卡死"或磨损。

(4)维修时必须保持现场的清洁。例如拆的液压元件经清洁的柴油清洗,最好放在干净的纸上,安装时要保持清洁,因为液压元件光洁度较高,比较精密。如发现磨损的密封圈要坚决换掉,以防装上后漏油。

(5)维修结束,各种元件安装完毕,必须清理工作现场。维修后调试设备时要先拧松排气螺钉,排出空气,以防执行元件出现"爬行"现象。在平时工作时如出现执行元件"爬行"也可采取这种方式解决。

7 矿山设备液压系统

7.1 液压凿岩机

7.1.1 液压凿岩机发展概况

由于液压凿岩机在技术、经济以及社会效益方面具有极大的优越性,引起了各国有关公司的重视,并组织力量竞相研制,投入大量人力研制全液压凿岩设备。目前国外有20多个国家的几十家公司相继研制并生产的各种型号液压凿岩机已有上百种,而且大都自成系列。总体来看,液压凿岩机的发展有以下几个特点:

(1)品种规格齐全,使用范围广泛。无论是井下或露天,掘进或采矿,都有相应的液压凿岩机供选用。

(2)产品改进和更新换代快。液压凿岩机的外壳等多采用精密铸造,从而使机器的结构紧凑,布局合理,外形也较美观。液压系统的供油泵有两个的,也有三个的,但有向由一个泵集中供油的发展趋势,工作介质采用不燃液(如磷酸酯、水二醇和油水乳化液等)的日益增多。高、低压回路均装有蓄能器;还设有液压缓冲器,可防止应力反射波的破坏作用。

(3)凿岩机向大功率和自动化发展,最新推出的COP4050型重型液压凿岩机,冲击功率高达40kW,与之配套的全液压台车,用于井下深孔采矿凿岩,钻凿孔径为89～127mm,这是传统的潜孔冲击器的工作范围。COP4050能在两倍于潜孔凿岩速度的情况下,得到几乎全直的孔,并能使用通常的钻管、钎杆或二者的组合。

液压凿岩机由于无可比拟的优点,在我国矿山、铁道和水电等部门得到推广应用。山东三山岛金矿引进6台液压凿岩机,并与其他无轨设备配套,在水平分层充填法采场使用,全部取代了风动凿岩设备,是我国规模最大、机械化装备水平和劳动生产率最高的黄金矿山。金川公司二矿区二期工程,引进了全液压凿岩机、天井牙轮钻机、铲运机等无轨机械化配套设备,基本实现全液压凿岩、机械化装药、无轨运输,使矿山生产能力达到了 $2.2 \times 10^6 \text{t/a}$。

7.1.2 液压凿岩机的分类

液压凿岩机按其支承方式可分为手持式、支腿式与导轨式3类。与气动凿岩机不同的是,手持式与支腿式液压凿岩机的应用很少,实际使用的液压凿岩机绝大多数是导轨式的。液压凿岩机按其配油方式可分为有阀型和无阀型两大类。前者按阀的结构又可分为套阀式和芯阀式(或称外阀式)。液压凿岩机按回油方式分为单面回油和双面回油两种。在单面回油中又分前腔回油和后腔回油两种。液压凿岩机的分类及相应型号见表7-1,实际只有双面回油与后腔回油是最常用的两种类型。

7.1.3 液压凿岩机的工作原理及结构特征

7.1.3.1 液压凿岩机工作原理

液压凿岩机主要由冲击机构与回转机构两大部分组成。液压凿岩机的回转机构的工作原理都是一样的,都是采用液压马达驱动齿轮,经过减速,将扭矩与转速传递给钎杆。冲击机构的工作原理按照配流方式则可以分为 4 种。

表 7 - 1　液压凿岩机分类表

配流方式	有 阀 型					无阀型
	单面回油				双面回油	双面回油
	后腔回油		前腔回油			
配流阀类型	三通阀,差动活塞		三通阀,差动活塞		四通阀,两腔交替回油	活塞自配油,两腔交替回油
阀结构	套阀	芯阀	套阀	芯阀	芯阀	无
主要参考型号	Tamrock 公司液压凿岩机、Montabert 公司的 HC 系列,古河公司的 HD 系列	Secoma 公司的 Hydrau-star 系列	Alimak 公司的 AD 系列已停产	Secoma 公司的 RPH35 凿岩机已停产	Atlas Copco 公司的液压凿岩机	市场无产品,未见使用报道

　　A　后腔回油、前腔常压油型液压凿岩机工作原理

此类液压凿岩机的活塞前腔常通高压油,通过改变后腔油液的压力状态,来实现活塞的冲击往复运动。图 7 - 1 所示为套阀式液压凿岩机的工作原理。其配流阀(换向阀)采用与活塞作同轴运动的三通套阀结构。当套阀 4 处于右端位置时,缸体后腔与回油 O 相通,于是活塞 2 在缸体前腔压力油 P 的作用下向右做回程运动(见图 7 - 1a)。当活塞 2 超过信号孔位 A 时,套阀 4 右端推阀面 5 与压力油相通,因该面积大于阀左端的面积,故阀 4 向左运动,进行回程换向,压力油通过机体内部孔道与活塞后腔相通,活塞向右作减速运动,后腔的油一部分进入蓄能器 3,一部分从机体内部通道流入前腔,直至回程终点(见图 7 - 1b)。由于活塞台肩后端面大于活塞台肩前端面,因此活塞后端面作用力远大于前端面作用力,活塞向左作冲程运动(见图 7 - 1c)。当活塞越过冲程信号孔位 B 时,阀 4 右端推阀面 5 与回油相通,阀 4 进行冲程换向(见图 7 - 1d),为活塞回程做好准备,与此同时活塞冲击钎尾做功。如此循环工作。

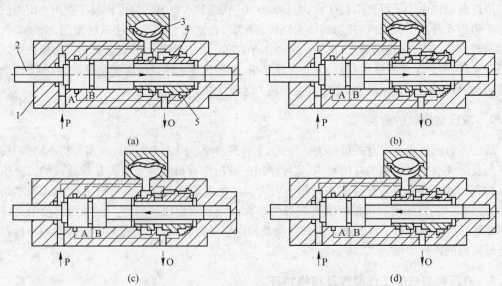

图 7 - 1　后腔回油套阀式液压凿岩机工作原理

(a)回程;(b)回程换向;(c)冲程;(d)冲程换向(冲击钎尾)

1—缸体;2—活塞;3—蓄能器;4—套阀;5—右推阀面;

A—回程换向信号孔位;B—冲程换向信号孔位;P—压力油;O—回油

后腔回油芯阀式液压凿岩机冲击工作原理与上述相同,只是阀不套在活塞上,而是独立在外面,故又称外阀式,见图7-2。

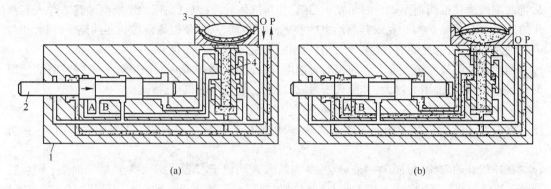

图7-2 后腔回油芯阀式凿岩机工作原理

(a)回程;(b)冲程

1—缸体;2—活塞;3—蓄能器;4—阀芯;

A—回程换向信号孔位;B—冲程换向信号孔位

B 前腔回油、后腔常压型液压凿岩机工作原理

此类机器是通过改变前腔的供油和回油来实现活塞的往复冲程运动的,也有套阀和芯阀两种。图7-3所示为套阀式的工作原理。当套阀B处于下端位置时,高压油经高压油路1进入缸体前腔,由于活塞前端受压面积大于后端受压面积,故推动活塞A克服其后端常压面上的压力向上做回程运动(见图7-3a)。当活塞A退至预定位置时,活塞后部的细颈槽将推阀油路2和回油腔3连通,使套阀B的后油室4中的高压油排回油箱,套阀B向上运动切断缸体前腔的进压

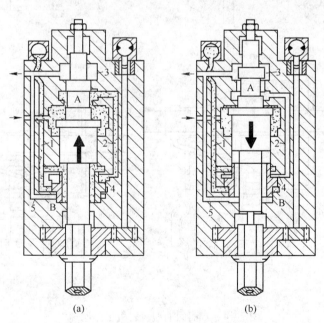

图7-3 前腔回油套阀式液压凿岩机工作原理

(a)回程;(b)冲程

1—高压油路;2—推阀油路;3—回油腔;4—套阀后油室;5—回油路;

A—活塞;B—套阀

油路,并使前腔与回油路 5 接通,活塞受到后端(上端)常压油的阻力而制动,直到回程终点。然后活塞在后腔高压油的作用下,向下做冲程运动(见图 7 - 3b)。当向下运动到预定位置时,活塞后部的细颈槽使推阀油路 2 与回油腔 3 切断,并与缸体后腔接通;高压油经推阀油路 2 进入套阀 B 的后油室 4,推动套阀 B 克服其前油室的常压向下运动,从而使缸体前腔与回油路 5 切断,并与高压油路 1 接通;与此同时,活塞 A 打击钎尾做功,完成一个冲击循环。

　　因活塞冲程最大速度远大于回程最大速度,故此型机器的瞬时回油量远大于后腔回油的瞬时流量,既造成回油阻力过大,又使其压力波动过大,缺点显著,早已被淘汰。

　　C　双面回油型液压凿岩机工作原理

　　此类液压凿岩机都为四通芯阀式结构,采用前后腔交替回油。冲击工作原理如图 7 - 4 所示。

　　在冲程开始阶段(见图 7 - 4a),阀芯 B 与活塞 A 均位于右端,高压油 P 经高压油路 1 到后腔通道 3 进入缸体后腔,推动活塞 A 向左(前)做加速运动。活塞 A 向前至预定位置,打开右推阀

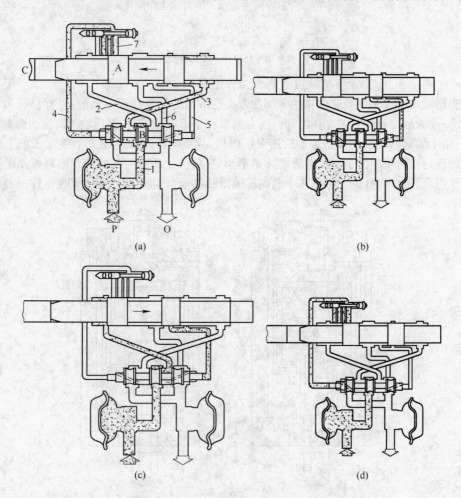

图 7 - 4　双面回油型凿岩机工作原理
(a)冲程;(b)冲程换向;(c)回程;(d)回程换向
1—高压进油路;2—前腔通道;3—后腔通道;4—前推阀通道;5—后推阀通道;6—回油通道;7—信号孔通道;
A—活塞;B—阀芯;C—钎尾

通道口(信号孔),高压油经后推阀通道5,作用在阀芯B的右端面,推动阀芯B换向(图7-4b),阀左端腔室中的油经前推阀通道4、信号孔通道7及回油通道6返回油箱,为回程运动做好准备。与此同时,活塞A打击钎尾C,接着进入回程阶段(见图7-4c);高压油从进油路1到前腔通道2进入缸体前腔,推动活塞A向后(右)运动:活塞A向后运动打开前推阀通道4时(图中缸体上有3个通口称为信号孔,为调换活塞行程用的),高压油经前推阀通道4,作用在阀芯B左端面上,推动阀芯B换向(见图7-4d),阀右端腔室中的油经后推阀通道5和回油通道6返回油箱,阀芯B移到右端,为下一工作循环做好准备。

    D   无阀型液压凿岩机工作原理

该类型液压凿岩机没有专门的配流阀,利用活塞运动位置的变化自行配油。其特点是利用油的微量可压缩性,在容积较大的工作腔(缸体的前、后腔)及压油腔中形成液体弹簧作用,使活塞在往复运动中压缩储能和膨胀做功。其冲击工作过程如图7-5所示。

图7-5(a)为回程开始情况,这时缸体前(左)腔与压油相通,后(右)腔与回油相通,于是活塞向右做回程运动。当活塞运行到图7-5(b)的位置时,缸体的前腔和后腔均处于封闭状态,形成液体弹簧。由于活塞的惯性与前腔高压油的膨胀,活塞继续做回程运动。这时缸体后腔的油液被压缩储能,压力逐渐升高,直到活塞使前腔与回油相通,后腔与压油相通,如图7-5(c)的位置,活塞开始向左做冲程运动。活塞运动到一定位置,缸体前后腔又处于封闭状态,形成液体弹簧,活塞冲击钎尾做功。同时缸体的前腔与压油相通,后腔与回油相通,又为回程运动做好准备,如此不断往复循环。

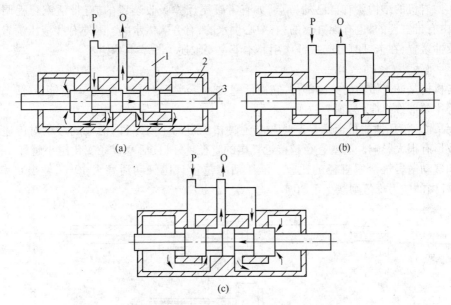

(a)   (b)

(c)

图7-5 无阀型液压凿岩机冲击工作原理
(a)回程;(b)前腔膨胀,后腔压缩储能;(c)冲程
1—压油腔;2—工作腔;3—活塞;
P—压力油;O—回油

无阀液压凿岩机的优点是只有一个运动件,结构简单,但它的致命缺点是冲击能太小,不适合凿岩钻孔作业。

7.1.3.2   液压凿岩机基本结构

以COP1238型液压凿岩机为例,它由钎尾装置A(内含供水装置与防尘系统等部分)、转钎机构 B、钎尾反弹吸收装置 C 与冲击机构 D 四个部分组成,见图 7 - 6。

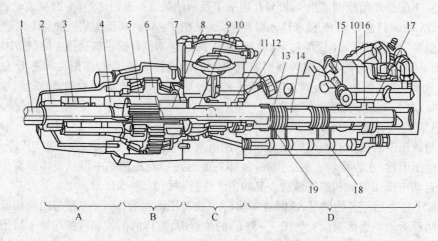

图 7 - 6　COP1238 型液压凿岩机结构

1—钎尾;2—耐磨衬套;3—供水装置;4—止动环;5—传动套;6—齿轮套;7—单向阀;8—转钎套筒衬套;
9—缓冲活塞;10—蓄能器;11,17—密封套;12—活塞前导向套;13—缸体;14—活塞;
15—阀芯;16—活塞后导向套;18—行程调节柱塞;19—制孔道;
A—钎尾装置;B—转钎机构;C—钎尾反弹吸收装置;D—冲击机构

　　液压凿岩机的结构各有自己的特点,如有带钎尾反弹吸收装置的,有带活塞行程调节装置的;缸体内有带缸套的,也有无缸套的;有中心供水的,有旁侧供水的。国外有些液压凿岩机还设有液压反冲装置,在卡钎时可起拔钎作用。本节主要叙述一些基本结构。

　　A　冲击机构

　　冲击机构是冲击做功的关键部件,它由活塞、缸体、活塞导向套、配流阀、蓄能器、活塞行程调节装置等主要部件组成(见图 7 - 6)。

　　(1)活塞。液压凿岩机活塞是产生与传递冲击能量的主要零件,活塞的形状对传递能量的应力波波形有很大影响。活塞直径越接近钎尾的直径越好,且活塞直径变化越小越好。图 7 - 7 为液压和气动凿岩机活塞直径的比较。液压活塞重量只比气动活塞大 19%,输出功率却大 1 倍,而钎杆内的应力峰值则减少了 20%。

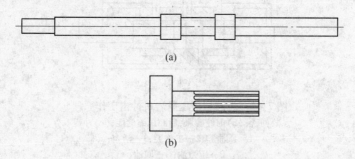

图 7 - 7　两种活塞直径效果比较

(a)液压活塞;(b)气动活塞

　　不同的液压凿岩机活塞,只有双面回油的活塞断面直径变化最小,且细长,是最理想的活塞形状。图 7 - 8 是 3 种活塞的结构简图。

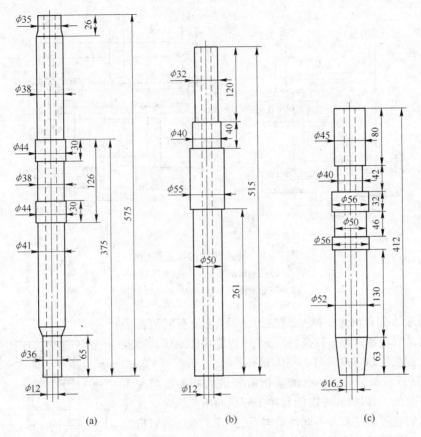

图 7 - 8　活塞的结构简图

(a)双面回油型(COP系列);(b)前腔常压油Ⅰ型;(c)前腔常压油Ⅱ型

(2)缸体。缸体(参见图7-6中的13)是液压凿岩机的主要零件,它的体积和重量都较大,结构复杂,孔道和油槽多,要求加工精度高。有的厂家为了简化缸体工艺,加工2~3个缸套,而每个缸套较短,加工精度容易保证。也有的厂家把缸体分为两段,以保证加工精度。

(3)活塞导向套。COP1238型液压凿岩机活塞前后两端都有导向套(也称支承套)支承(参见图7-6中的12和16)。导向套的材料有单一材料和复合材料两种。前者制造简单,后者性能优良。COP1238型液压凿岩机活塞导向套是由耐磨复合材料制成的。

(4)配流阀。液压凿岩机的配流阀有多种多样的形式,概括起来有三通阀与四通阀两大类。前腔常压油型液压凿岩机是利用差动活塞的原理,故只需用三通滑阀,而双面回油型液压凿岩机则必须采用四通滑阀。三通滑阀的典型结构是三槽二台肩(见图7-9a),即阀体上有三个槽,阀芯上有两个台肩。四通滑阀的典型结构是五槽三台肩(见图7-9b)。三通滑阀阀芯比四通滑阀阀芯少一个台肩,因而可以做得比较短,从而减轻阀芯重量。这可提高冲击机构的效率。另外三通滑阀只有三个关键尺寸和一条通向油缸的孔道,结构简单,工艺性好;而四通滑阀则有五个关键尺寸和两个通向油缸的孔道,结构复杂,工艺性差,加工难度大。

(5)蓄能器。冲击机构的活塞只在冲程时才对钎尾做功,而回程时不对外做功。为了充分利用回程能量,需配置高压蓄能器储存回程能量,并利用它提供冲程时所需的峰值流量,以减小泵的排量。此外,蓄能器还可以吸收由于活塞与阀高频换向引起的系统压力冲击和流量脉动,可提高机器工作的可靠性与各部件的寿命。目前国内外各种液压凿岩机都配有一个或两个高压蓄

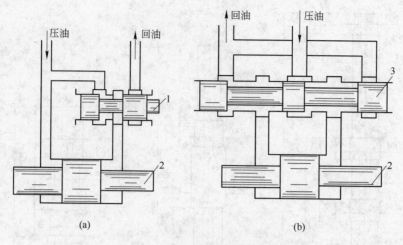

图 7-9　冲击机构的配流阀结构
(a)三通滑阀型;(b)四通滑阀型
1—三通滑阀;2—活塞;3—四通滑阀

能器。有的液压凿岩机为了减少回油的脉动,还设有回油蓄能器。因液压凿岩机冲击频率较高,故都采用速度快的隔膜式蓄能器。隔膜式蓄能器的结构如图 7-10 所示。

(6)活塞行程调节装置。有的液压凿岩机的冲击能与冲击频率是可调节的,可以得到冲击能和冲击频率的不同组合。这样一台液压凿岩机可适应多种不同性质岩石,提高了液压凿岩机的钻孔效率。各种型号的液压凿岩机的行程调节装置的具体结构是不同的,但原理基本上是一样的,都是利用活塞行程调节装置来改变活塞的行程。

现以 COP1238 型液压凿岩机的行程调节装置为例加以说明。图 7-11 为其行程调节装置的工作原理图。在行程调节杆 1 上沿轴向铣有 3 个长度不等的油槽,沿圆周它们互差 120°。

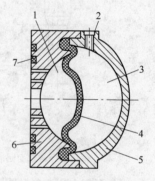

图 7-10　隔膜式蓄能器结构
1—蓄油腔;2—充气口;
3—氮气腔;4—隔膜;
5—上盖;6—底座;
7—密封圈

当调节杆处于图 7-11(b)所示位置时,反馈孔 A 通过油道与配流阀阀芯 4 的左端面相通,一旦活塞回程左凸肩越过反馈孔 A,活塞 3 的前腔高压油就通到阀芯的左端面(见图 7-11d)。同时活塞右侧封油面也刚好封闭了阀芯右端面与高压油相通的油道,并使其与系统的回油相通。这样阀芯在左端面高压油的作用下,迅速由左位移到右位,于是活塞前腔与回油相通,而后腔与高压油相通,活塞由回程加速转为回程制动。由于反馈孔 A 是 3 个反馈孔最左端的一个,所以这种情况下活塞运动的行程最短,输出冲击能最小而冲击频率最高。

当调节杆处于图 7-11(c)所示位置时,反馈孔 A 被封闭,活塞行程越过反馈孔 A 并不能将系统的高压油引到阀芯左端面,因而不会引起配流阀换向。只有当活塞越过反馈孔 B 时,阀芯左端面才与高压油相通,使阀芯换向,动作同前。此时活塞行程较前者为长,因此冲击能较高而冲击频率较低。

当调节杆处于图 7-11(d)所示的位置时,反馈孔 A 和 B 都被封闭,只有当活塞回程越过反馈孔 C 时才能引起阀芯换向。在这种情况下,活塞行程最长,冲击能最大,冲击频率最低。

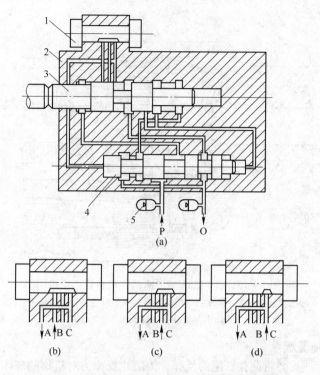

图 7-11 COP1238 型液压凿岩机行程调节原理
1—行程调节杆;2—缸体;3—活塞;4—阀芯;5—蓄能器

COP1238 型液压凿岩机的行程调节是有级的机械调节,分为三挡,装置结构简单,调节作用很可靠,缺点是调节动作很麻烦,不能在钻孔过程中随时进行调节。

HPR1 型液压凿岩机将调节杆改为控制阀 1(见图 7-12)。该阀右侧与一弹簧相接,左侧则经减压阀后与系统高压油相通。控制阀的阀芯位置由左侧的液压力与右侧的弹簧力相互平衡关系来确定。减压阀输出压力越高,阀芯位置越靠右侧,活塞回程加速行程越长,冲击能越大。此种行程调节有一定的连续性,有多种冲击能与频率的组合,可以由司机在钻孔过程中随时进行。但是,这种连续调节作用的可靠性较差,实际应用极少。

B 转钎机构

转钎机构主要用于转动钎具和接卸钎杆。液压凿岩机的输出扭矩较大,一般都采

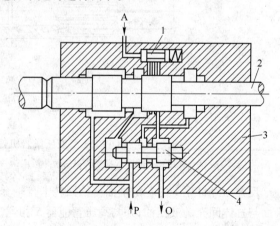

图 7-12 HPR1 型液压凿岩机行程调节原理
1—控制阀;2—活塞;3—缸体;4—配流阀

用外回转机构,用液压马达驱动一套齿轮装置,带动钎具回转。液压凿岩机转钎机构中普遍采用摆线液压马达驱动,这种马达体积小、扭矩大、效率高。转钎齿轮一般采用直齿轮。COP1238 型液压凿岩机转钎齿轮机构见图 7-13。它的液压马达是放在液压凿岩机的尾部,通过长轴 3 传动回转机构的,也有的液压凿岩机不用长轴,而是把液压马达的输出轴直接插入小齿轮内。

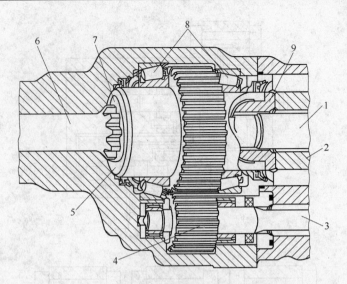

图 7 - 13　COP1238 型液压凿岩机转钎齿轮机构

1—冲击活塞;2—缓冲活塞;3—传动长轴;4—小齿轮;5—大齿轮;6—钎尾;

7—三边形花键套;8—轴承;9—缓冲套筒

C　钎尾反弹能量吸收装置

在冲击凿岩过程中,必然存在钎尾的反弹。为防止反弹力对机构的破坏,COP1238 型液压凿岩机设有反弹能量吸收装置,其工作原理如图 7 - 14 所示,其位置与结构见图 7 - 15 中的 6。

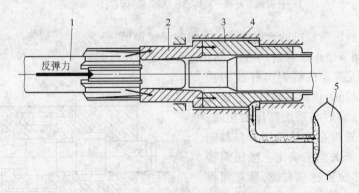

图 7 - 14　COP1238 型液压凿岩机钎尾反弹能量吸收装置原理图

1—钎尾;2—回转卡盘轴套;3—缓冲活塞;4—液压油;5—高压蓄能器;→ —反弹力

反弹力经钎尾 1 的花键端面传给回转卡盘轴套 2,再由轴套 2 传给缓冲活塞 3。缓冲活塞的锥面与缸体间充满液压油,并与高压蓄能器 5 相通。这样,高压油可起到吸能和缓冲作用,避免了反弹力直接撞击金属件,从而延长了凿岩机和钎杆的寿命。

D　供水装置

井下用液压凿岩机都用压力水作为冲洗介质。供水装置分为中心供水与旁侧供水两大类。

(1)中心供水。压力水从凿岩机后部的注水孔通过水针从活塞中间孔穿过,进入前部钎用来冲洗钻孔。这与一般的气动凿岩机中心供水方式是相同的。这种供水方式的优点是结构紧凑,机头部分体积小,但密封比较困难,容易漏水,冲走润滑油,造成机内零件严重磨损。而且由于水针和钎尾中心孔的偏心,使水针密封圈的寿命降低。导轨式液压凿岩机很少采用中心供水

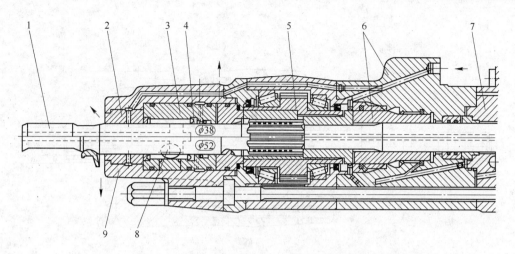

图 7 - 15　COP1238 型液压凿岩机供水、转钎、反弹能量吸收装置结构图

1—钎尾;2—耐磨支承套;3—不锈钢供水套;4—密封;5—转钎机构机头;6—反弹能量吸收装置;

7—冲击机构缸体;8—注水套进水口;9—钎尾套

方式。

（2）旁侧供水。旁侧供水装置是液压凿岩机广泛采用的结构。冲洗水通过凿岩机前部的注水套进入钎尾的进水孔去冲洗钻孔,其结构如图 7 - 15 的左侧所示。

旁侧供水由于水路短,易实现密封,冲洗水压可达 1MPa 以上,而且即使发生漏水也不会影响凿岩机内部的正常润滑。其缺点是增加了钎尾装置的长度。

E　润滑与防尘系统

冲击机构运动零件都是浸在液压油中,无需再加入润滑油。转钎机构的齿轮与轴承一般采用油脂润滑,COP3038 型、HYD200 型、HYD300 型液压凿岩机则是采用液压系统的回油进行润滑。

钎尾装置的花键与支承套一般采用油气雾进行润滑。由台车上的一个小气泵产生 0.2MPa 的压气,经注油器后,将具有一定压力的油雾供给钎尾装置润滑,然后从钎尾装置向外喷出,以防止岩粉和污物进入机器内部。COP 系列液压凿岩机的润滑与防尘系统示意见图 7 - 16,其结构见图 7 - 15 中的箭头与通道。

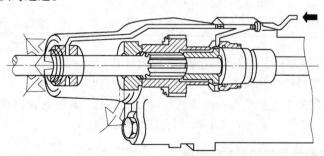

图 7 - 16　COP1238 型液压凿岩机润滑与防尘系统

F　反向冲击装置

有的重型液压凿岩机上,在供水装置前面加一反冲装置,用于拔钎,其结构如图 7 - 17 所示。当钎杆卡在岩孔内拔不出来时,反向冲击,拔出钎杆。

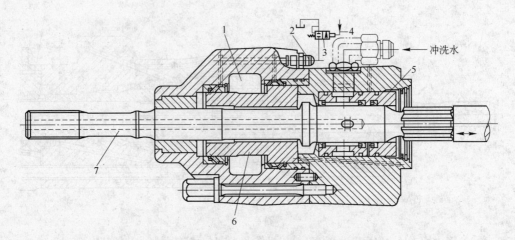

图 7 – 17　COP1838MEX 型液压凿岩机的反冲装置

1—油腔;2—回油接头;3—液控二位二通阀;4—阀 3 的液控油路;5—供水套;6—反冲活塞;7—钎尾

油腔 1 经可调节流阀始终与高压油相通,回油接头 2 经管路与液控二位二通阀 3 相连。当钎杆卡在炮孔内时,系统通过阀 3 的液控油路 4,使液控二位二通阀 3 换向,关闭回油路,油腔 1 内形成高压油,推动反冲活塞 6 向右运动,反冲活塞 6 则作用于钎尾 7 的台肩,施加一个拔钎力,使钎杆从钻孔中退出。正常凿岩作业时,油腔 1 内的油压力较低,允许钎尾自由移动。

7.1.4　液压凿岩机的优点

液压凿岩机是以循环的高压油作为动力,而气动凿岩机是以压缩空气推动活塞运动的冲击凿岩工具,正是两者之间上述最本质的区别,使得液压凿岩机克服了气动凿岩机存在的一系列问题。相比之下液压凿岩机具有以下优点:

(1)能量利用率高,可达40%以上,动力消耗少,仅为气动凿岩机的 1/4 ~ 1/3。

(2)机械性能好、凿岩速度高,由于油压比气压高 20 ~ 40 倍,使得液压凿岩机的冲击功大为提高,进而导致凿岩速度高出气动凿岩机 1 倍以上。

(3)液压作为动力,便于根据岩石情况调整冲击频率和旋转速度,使机器在最佳工况下工作。

(4)便于和柴油驱动的液压凿岩台车配套,实现能源单一化,提高设备机动性和台班工效。

(5)无排气,从而消除了排气噪声和油雾,工作面环境大为改善。

(6)活塞等运动部件均在油液中工作,润滑条件好,寿命长。

(7)液压凿岩机的效率不会受海拔高度的影响。气动凿岩设备在高海拔地区,不但自身效率会下降,而且空压机工作效率也大幅下降,综合能耗增加很多。

7.1.5　液压凿岩机的使用维护和故障排除

7.1.5.1　使用维护

(1)先培训,后上岗。因液压凿岩机的技术含量较高,必须加强对操作与维修人员的技术培训,培训合格人员才能上岗。操作维修人员要有高度的工作责任心,应充分了解液压凿岩机的结构与工作原理,熟悉凿岩机液压系统的工作原理。

（2）按矿岩条件调整液压凿岩机工作参数。根据不同矿岩条件调整工作参数,是充分发挥液压凿岩机的高效作用的重要一环。钻凿硬岩时,冲击压力可高一些,推进力应大一些,而回转压力不必过高。钻凿松软岩石时,冲击压力可低一些,推进力小些,而回转压力则应大些。有些液压凿岩机具有行程的调整机构,可根据岩石情况及时调整。一般,软岩宜采用短行程、低冲击能、高频率,硬岩宜采用长行程、高冲击能、低频率,此时推进力与回转压力也应作相应调整。

（3）钎具配套。注意选择配套钎具,特别注意波形螺纹连接零件,保证螺纹部分不受冲击力。还应注意钎尾受冲表面硬度不能高于活塞的表面硬度。

（4）备件充足。备件供应是保证液压凿岩机良好运转的基本条件,一般来说,液压凿岩机必须备有蓄能器隔膜、钎尾、密封件修理包、冲击活塞、驱动套和管接头等。

（5）无压维修。液压凿岩机及其液压系统的维修,一定要保证在无压状态下进行。蓄能器是高压容器,蓄能器解体之前,必须把氮气彻底排放干净。在蓄能器报废之前,也必须把氮气彻底排放干净。

（6）注意清洁。在现场维修凿岩机,更换钎尾,检查或更换机头零件、蓄能器、螺栓、连接件或回转马达时,应保证清洁,其他修理工作也应在清洁的车间内进行。

（7）检查与调整。应按照说明书规定的技术参数,经常进行检查与调整。发现系统压力、温度、噪声等出现异常,要及时停机检查,不能使机器带病作业。

7.1.5.2 故障排除

液压凿岩机的使用说明书中都列有常见故障及其排除方法。同时,各矿使用条件不同,也有各自的经验。这里介绍一个矿山的经验,并就一些共性故障,说明原因和处理方法。液压凿岩机液压系统压力不高或完全无压力的故障诊断及排除见表7-2;流量不足或没有流量的故障诊断及排除方法见表7-3;油温过高的故障诊断及排除方法见表7-4;噪声和振动过大的故障原因及排除方法见表7-5;其他常见故障及排除方法见表7-6。

表7-2　压力不高或没有压力的故障原因及排除

故障部位	故障诊断	故障排除
液压泵	相对运动面磨损、间隙过大,泄漏严重	更换磨损件
	零件损坏	更换零件
	泵体本身质量不好(泵体有砂眼),引起内部窜油	更换泵
	进油吸气,排油泄漏	拧紧接合处,保证密封,若问题仍未解决,可更换密封圈或有关零件
溢流阀	阀在开口位置被卡住,无法建立压力	修研,使阀在阀体内移动灵活
	阻尼孔堵塞	清洗阻尼孔道
	阀中钢球与阀座密封不严	更换钢球或研配阀座
	弹簧变形或折断	更换弹簧
油缸	因间隙过大或密封圈损坏,使高低压互通	修配活塞,更换密封圈,如果磨损严重并拉毛起刺时,可进行修理甚至更换
管道	泄漏	拧紧各接合处,排除泄漏
压力表	失灵、损坏,不能反映系统中的实际压力	更换压力表

表7-3　流量不足或没有流量的故障原因及排除

故障部位	故障诊断	故障排除
液压泵	旋转方向不对(电气接线有误)	改正接线
	内部零件磨损严重或损坏	修理内部零件或更换
	泵轴不转动(轴上忘记装键,联轴器打滑)	重新安装键
	联轴器(零件磨损)松动	更换磨损件
	油泵吸空:(1)吸油管或吸油滤网堵塞;(2)吸油管密封不好;(3)油箱内油面过低	相应采取如下措施:(1)清除堵塞;(2)检查管道连接部分,更换密封衬垫;(3)加油至吸油管完全浸没在油中
	油的黏度不符合要求	更换黏度适当的油
液压阀	溢流阀调压不当(太高会使泵闷油,太低会造成流量不足)	按要求调整正确
	换向阀开不足或卡滞	检修换向阀
油管	压力油管炸裂,漏油	更换油管
执行机器	装配不良,内泄漏大	重新调整
	密封破坏,造成内泄漏大	更换密封件

表7-4　油温过高的故障原因及排除

故障部位	故障诊断	故障排除
液压泵	泵零件磨损严重,运动副间油膜破坏,内泄漏过大,造成容积损失而发热	更换磨损件
液压阀	溢流阀、卸荷阀调压过高	正确调定所需值
执行机器	滑阀与阀体、活塞杆与油封配合过紧,使相对运动零件间的机械摩擦生热	修复时注意提高各相对运动零件间的加工精度(如滑阀)和各液压件的装配精度(油缸)等
油管	油管过细,油道太长,弯曲太多,造成压力损失而发热	将油管,特别是总回油管适当加粗,保证回油通畅,尽量减少弯曲,缩短管道
油箱	容积小,储量不足,散热差	加大容积,改善散热条件
油冷却器	冷却面积不够	加大冷却面积,提高冷却效果

表7-5　噪声和振动过大的故障原因及排除

故障部位	故障诊断	故障排除
液压泵	泵的质量不好,制造精度低引起压力与流量脉动大,或者轴承精度差,运动部件拖壳发出响声	更换泵
	泵油密封不好,进入空气	更换密封
	油泵与电动机联轴器不同心或松动	重新安装,使联轴器同轴度在0.1mm内
空气进入液压系统	吸油管道密封不严,引起空气吸入	拧紧接合处螺帽,保证密封良好
	油箱中的油液压不足	加油于油标线上
	吸油管进入油箱中的油面太少	将吸油管浸入油面以下至足够深度
	回油管口在油箱的油面以上,使回油飞溅,造成大量泡沫	将回油管浸入油面以下至一定深度

续表 7-5

故障部位	故障诊断	故障排除
溢流阀	作用失灵,引起系统压力波动和噪声,其原因:(1)阀座损坏;(2)油中杂质较多,将阻尼孔堵塞;(3)阀与阀体孔配合间隙过大;(4)弹簧疲劳损坏,使阀芯移动不灵活;(5)因拉毛或脏物等使阀芯在阀体孔内移动不灵活	相应采取如下措施:(1)修复或更换阀座;(2)疏通阻尼孔;(3)研磨阀孔,更换新阀,重配间隙;(4)更换弹簧;(5)去毛刺,清除阀体内脏物,使阀芯移动灵活无阻滞现象
管道布置	油管较长又未加管夹固定,当油流通过时,容易引起管子抖动	较长的油管应彼此分开,适当增设支承管夹

表7-6 液压凿岩机常见故障及其排除

故障现象	原因	排除方法
冲击机构不冲击	无液压油压	检查操作的控制机构和控制系统
	拉紧螺杆紧固不均衡或弯曲	卸下拉紧螺杆以解除张力,以规定的力矩轮流紧固螺杆
	活塞被刮伤	更换钻进装置上的凿岩机,并将坏机器送修理间修理;卸下机尾,察看用手推拉活塞时移动是否自如,如果活塞移动困难,则表示活塞、套筒已被刮伤,需要更换套筒,可能还要更换活塞
	配流阀被刮伤	如果用上述方法试验活塞能移动,而阀不能活动,则应卸下配流阀进行检查
冲击进油软管振动异常	蓄能器有故障	检查蓄能器中的气压,必要时重新充气,如果蓄能器无法保持所要求的压力,可能气嘴处漏气或隔膜损坏,应更换
冲击机构的工作效率降低	油量不足或压力不够	检查压力表上的油压,检查操作控制机构及其系统,如果后者无问题,则冲击机构一定有故障,参看故障"冲击机构不冲击"
	蓄能器有故障	参看故障"冲击进油软管振动异常"
	钎尾反弹吸收装置的密封磨损	更换钻进装置上的凿岩机,将坏机器送至修理间修理,更换密封件,如机头出现漏油,即为故障预报
机头处严重漏油	活塞密封失效	更换凿岩机,坏机送至修理间,并更换活塞密封
	钎尾反弹吸收装置的密封失效	更换凿岩机,坏机送至修理间,并更换其上的密封
旋转不均匀	润滑系统失效	检查润滑介质的压力表
不旋转	旋转马达失效	检查旋转马达压力是否正确,如正确,则换下此凿岩机,将坏机送至修理间更换马达;如果马达无压力,则需检查钻进装置的液压系统是否有故障
旋转马达功用正常,但钎尾不旋转	驱动器磨损	更换驱动器
漏水	供水装置密封失效	更换密封圈
凿岩机出现异常高温(超过80℃)	润滑不充分	检查润滑器油面,检查剂量是否正确,检查油流动是否正常,检查齿轮箱中是否注满油脂

7.2 井下液压凿岩台车

7.2.1 井下液压凿岩台车的结构特征及工作原理

7.2.1.1 掘进台车的结构特征与工作原理

A 推进器机构

目前有多种凿岩台车,其推进器的结构形式和工作原理各有不同,较为常用的有以下3种:

(1)油(气)缸－钢丝绳式推进器。这种推进器如图7－18(a)所示,它主要由导轨1、滑轮2、推进缸3、调节螺杆4、钢丝绳5等组成。其钢丝绳的缠绕方法如图7－18(b)所示,两根钢丝绳的端头分别固定在导轨的两侧,绕过滑轮牵引滑板9,从而带动凿岩机运动。钢丝绳的松紧程度可用调节螺杆4进行调节,以满足工作牵引要求。

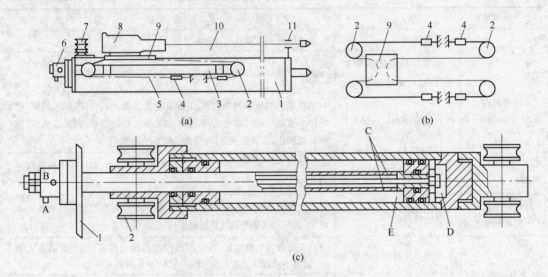

图 7 – 18　油(气)缸 – 钢丝绳式推进器

(a)推进器组成;(b)钢丝绳缠绕方式;(c)推进缸结构

1—导轨;2—滑轮;3—推进缸;4—调节螺杆;5—钢丝绳;6—油管接头;7—绕管器;

8—凿岩机;9—滑轮牵引板;10—钎杆;11—托钎器

图7－18(c)为推进缸的基本结构。它由缸体、活塞、活塞杆、端盖、滑轮等组成。活塞杆为中空双层套管结构,它的左端固定在导轨上。缸体和左右两对滑轮可以运动。当压力油从A孔进入活塞的右腔D时,左腔E的液压油从B孔排出,缸体向右运动,实现推进动作;反之,当压力油从B孔进入活塞的左腔E时,右腔D的低压油从A孔排出,缸体向左运动,凿岩机退回。这种推进器的特点是推进缸的活塞杆固定,缸体运动。由推进缸产生的推力经钢丝绳滑轮组传给凿岩机。据传动原理可知:作用在凿岩机上的推力等于推进缸推力的1/2;而凿岩机的推进速度和移动距离是推进缸推进速度和行程的两倍。这种推进器的优点是结构简单、工作平稳可靠、外形尺寸小、维修容易,因而获得广泛的应用。其缺点是推进缸的加工较困难。

推进动力也可使用压气。但由于气体压力较低、推力较小,而气缸尺寸又不允许过大,因此气缸推进仅限于使用在需要推力不大的气动凿岩机上。

(2)气马达－丝杠式推进器。这是一种传统型结构的推进器(见图7－19)。输入压缩空气,则气马达通过减速器、丝杠、螺母、滑板,带动凿岩机前进或后退。这种推进器的优点是结构紧

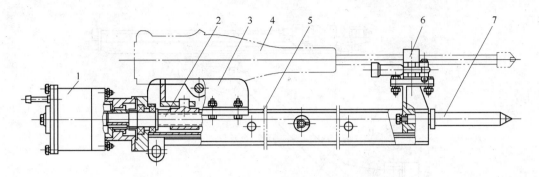

图 7 - 19　气马达 - 丝杠式推进器

1—气马达;2—丝杠;3—滑板;4—凿岩机;5—导轨;6—托钎器;7—顶尖

凑、外形尺寸小、动作平稳可靠。其缺点是长丝杠的制造和热处理较困难、传动效率低,在井下的恶劣环境下凿岩时,水和岩粉对丝杠、螺母的磨损快,同时气马达的噪声也大,所以目前的使用量日趋减少。

(3)气(液)马达 - 链条式推进器。这也是一种传统型推进器(见图 7 - 20),在国外一些长行程推进器上应用较多。气马达的正转、反转和调速,可由操纵阀进行控制。其优点是工作可靠,调速方便,行程不受限制。但一般气马达和减速器都设在前方,尺寸较大,工作不太方便;另外,链条传动是刚性的,在振动和泥沙等恶劣环境下工作时,容易损坏。

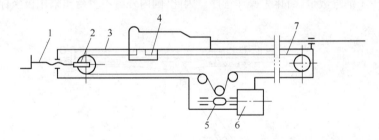

图 7 - 20　气(液)马达 - 链条式推进器

1—链条张紧装置;2—导向链轮;3—导轨;4—滑板;5—减速器;6—气马达;7—链条

B　钻臂机构

钻臂是支撑凿岩机进行凿岩作业的工作臂。钻臂的长短决定了凿岩作业的范围,其托架摆动的角度决定了所钻炮孔的角度。因此,钻臂的结构尺寸、钻臂动作的灵活性、可靠性对台车的生产率和使用性能影响都很大。

钻臂通常按其动作原理分为直角坐标钻臂、极坐标钻臂和复合坐标钻臂。另外按凿岩作业范围钻臂可分为轻型、中型、重型钻臂。按结构钻臂分为定长式、折叠式、伸缩式钻臂。按系列标准钻臂分为基本型、变型钻臂等。

(1)直角坐标钻臂。如图 7 - 21 所示,这种钻臂在凿岩作业中具有以下动作:A 为钻臂升降,B 为钻臂水平摆动,C 为托架仰俯角,D 为托架水平摆角,E 为推进器补偿运动。这 5 种动作是直角坐标钻臂的基本运动。

这种形式的钻臂是传统型钻臂,其优点是结构简单、定位直观、操作容易,适合钻凿直线和各种形式的倾斜掏槽孔以及不同排列方式并带有各种角度的炮孔,能满足凿岩爆破的工艺要求,因此应用很广,国内外许多台车都采用这种形式的钻臂;其缺点是使用的油缸较多,操作程序比较

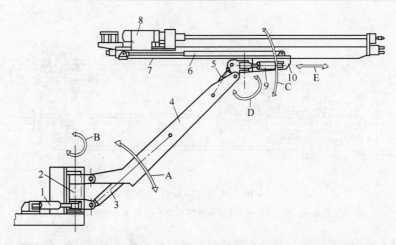

图 7 - 21　直角坐标钻臂

1—摆臂缸;2—转柱;3—支臂缸;4—钻臂;5—仰俯角缸;6—补偿缸;

7—推进器;8—凿岩机;9—摆角缸;10—托架

复杂,对一个钻臂而言,存在着较大的凿岩盲区。

(2)极坐标钻臂。如果不用转柱,而以齿条齿轮式回转机构代替,则钻臂运动的功能具有极坐标性质,组成极坐标形式的台车。极坐标钻臂如图 7 - 22 所示。这种钻臂在结构与动作原理方面都大有改进,减少了油缸数量,简化了操作程序。因此,国内外有不少台车采用极坐标形式的钻臂。

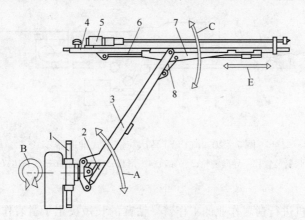

图 7 - 22　极坐标钻臂

1—齿条齿轮式回转机构;2—支臂缸;3—钻臂;4—推进器;5—凿岩机;

6—补偿缸;7—托架;8—仰俯角缸

这种钻臂在调定炮孔位置时,只需做以下动作:A 钻臂升降,B 钻臂回转,C 托架仰俯角,E 推进器补偿运动。钻臂可升降并可回转 360°,构成了极坐标运动。这种钻臂对顶板、侧壁和底板的炮孔,都可以贴近岩壁钻进,减少超挖量。钻臂的弯曲形状有利于减小凿岩盲区。

这种钻臂也存在一些问题,如不能适应打楔形、锥形等倾斜形式的掏槽炮孔;操作调位直观性差;对于布置在回转中心线以下的炮孔,司机需要将推进器翻转,使钎杆在下面凿岩,这样对卡钎故障不能及时发现与处理,另外也存在一定的凿岩盲区等。

(3)复合坐标钻臂。掘进凿岩,除钻凿正面的爆破孔外,还需要钻凿其他一些用途的孔,如照明灯悬挂孔、电动机车架线孔、风水管固定孔等。在地质条件不稳固的地方,还需要钻些锚杆孔。有些矿山要求使用掘进与采矿通用的凿岩台车,因而设计了复合坐标钻臂。复合钻臂也有许多结构形式。如图 7 - 23 所示的瑞典 BUT10 型钻臂是一种复合坐标钻臂。它有一个主臂 4 和一个副臂 6,主副臂的油缸布置与直角坐标钻臂相同,另外还有齿条齿轮式回转机构 1,所以它具有直角坐标和极坐标两种钻臂的特点,不但能钻正面的炮孔,还能钻两侧任意方向的炮孔,也能钻垂直向上的采矿炮孔或锚杆孔,性能更加完善,并且克服了凿岩盲区。但这种形式的钻臂结构复杂、笨重。这种钻臂和伸缩式钻臂均适用于大型台车。

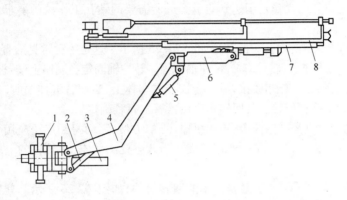

图 7 - 23　复合坐标钻臂

1—齿条齿轮式回转机构;2—支臂缸;3—摆臂缸;4—主臂;5—仰俯角缸;6—副臂;7—托架;8—伸缩式推进器

　(4)其他形式的钻臂。BUT30 型钻臂见图 7 - 24。这是一种新型的具有复合坐标性质的钻臂,是由一对支臂缸 1 和一对仰俯角缸 3 组成钻臂的变幅机构和平移机构。钻臂的前、后铰点都是十字铰接,十字铰的结构如图 7 - 24 中放大图 d 所示。支臂缸和仰俯角缸的协调工作,不但可使钻臂做垂直面的升降和水平面的摆臂运动,而且可使钻臂做倾斜运动(如 45°角等),这时推进

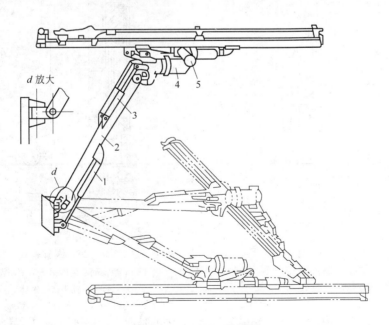

图 7 - 24　BUT30 型钻臂

1—支臂缸;2—钻臂;3—仰俯角缸;4—推进器翻转机构;5—托架回转机构

(图中点划线表示机构到达的位置)

器可随之平移。推进器还可以单独做仰俯角和水平摆角运动。钻臂前方装有推进器翻转机构4和托架回转机构5。这样的钻臂具有万能性质,它不但可向正面钻平行孔和倾斜孔,也可以钻垂直侧壁、垂直向上以及带各种倾斜角度的炮孔。其特点是调位简单、动作迅速、具有空间平移性能、操作运转平稳,定位准确可靠、凿岩无盲区,性能十分完善;但结构复杂、笨重,控制系统复杂。

C　回转机构

回转机构是安装和支持钻臂、使钻臂沿水平轴或垂直轴旋转、使推进器翻转的机构。通过回转运动,使钻臂和推进器的动作范围达到巷道掘进所需的钻孔工作区的要求。常见的回转机构有以下几种结构形式。

(1)转柱。PYT 2C 型凿岩台车的转柱如图 7-25 所示。这是一种常见的直角坐标钻臂的回转机构,主要组成有摆臂缸1、转柱套2、转柱轴3 等。转柱轴固定在底座上,转柱套可以转动,摆臂缸一端与转柱套的偏心耳环相铰接,另一端铰接在车体上,当摆臂缸伸缩时,由于偏心耳的关系,便可带动转柱套及钻臂回转。其回转角度由摆臂缸行程确定。

这种回转机构的优点是结构简单、工作可靠、维修方便,因而得到广泛应用。其缺点是转柱只有下端固定,上端成为悬臂梁,承受弯矩较大。为改善受力状态,在转柱的上端也设有固定支承。

螺旋副式转柱是国产 CGJ 2 型凿岩台车的回转机构,如图 7-26 所示。其特点是外表无外露油缸,结构紧凑,但加工难度较大。螺旋棒2 用固定销与缸体5 固装成一体,轴头4 用螺栓固定在车架1 上。活塞3 上带有花键和螺旋母。当向 A 腔或 B 腔供油时,活塞3 做直线运动,螺旋母迫使与其相啮合的螺旋棒2 做回转运动,随之带动缸体5 和钻臂等也做回转运动。

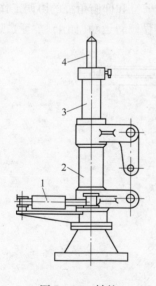

图 7-25　转柱
1—摆臂缸;2—转柱套;
3—转柱轴;4—稳车顶杆

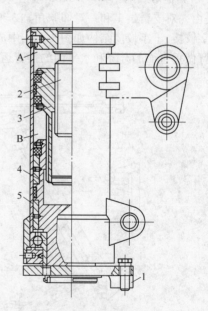

图 7-26　螺旋副式转柱
1—车架;2—螺旋棒;3—活塞(螺旋母);
4—轴头;5—缸体

这种形式的回转机构,不但用于钻臂的回转,更多的是应用于推进器具的翻转运动。有许多掘进台车推进器能翻转,就是安装了这种螺旋副式翻转机构,并使凿岩机能够更贴近巷道岩壁和底板钻孔,减少超挖量。

（2）螺旋副式翻转机构。国产 CGJ 2 型凿岩台车的推进器翻转机构如图 7-27 所示。它由螺旋棒 4、活塞 5、转动体 3 和油缸外壳等组成，其原理与螺旋副式转柱相似而动作相反，即油缸外壳固定不动，活塞可转动，从而带动推进器做翻转运动。图中推进器 1 的一端用花键与转动卡座 2 相连接，另一端与支承座 7 连接。油缸外壳焊接在托架上。螺旋棒 4 用固定销 6 与油缸外壳定位。活塞 5 与转动体 3 用花键连接。

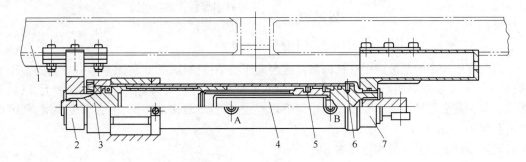

图 7-27　螺旋副式翻转机构
1—推进器；2—转动卡座；3—转动体；4—螺旋棒；5—活塞；6—固定销；7—支承座；
A，B—进油口

压力油从 B 口进入后，推动活塞沿着螺旋棒向左移动并做旋转运动，带着转动体旋转，转动卡座 2 也随之旋转，于是推进器和凿岩机绕钻进方向做翻转 180° 运动；当压力油从 A 口进入，则凿岩机反转到原来的位置。

这种机构的外形尺寸小、结构紧凑，适合做推进器的回转机构。图 7-24 中的推进器翻转机构 4、托架回转机构 5 就属于这种结构形式的回转机构。

（3）钻臂回转机构。图 7-28 所示是钻臂回转机构，由齿轮 3、齿条 4、油缸 2、液压锁 1 和齿轮箱体等组成，它用于钻臂回转。齿轮套装在空心轴上，以键相连，钻臂及其支座安装在空心轴的一端。当油缸工作时，两根齿条活塞杆作相反方向的直线运动，同时带动与其相啮合的齿轮和空心轴旋转。齿条的有效长度等于齿轮节圆的周长，因此可以驱动空心轴上的钻臂及其支座沿顺时针及逆时针各转180°。

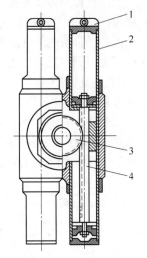

图 7-28　钻臂回转机构
1—液压锁；2—油缸；
3—齿轮；4—齿条

这种回转机构安装在车体上，其尺寸和质量虽然较大，但都安装在车体上。与装设在托架上的推进器螺旋副式翻转机构相比较，这种结构减少了钻臂前方的质量，改善了台车总体平衡。由于钻臂能回转 360°，便于凿岩机贴近岩壁和底板钻孔，减少超挖量，实现光面爆破，提高了经济效益，因此，它成为极坐标钻臂和复合坐标钻臂实现回转 360° 的一种典型的回转机构。其优点是动作平缓、容易操作、工作可靠，但重量较大，结构复杂。

D　平移机构

几乎所有现代台车的钻臂都装设了自动平移机构以满足爆破工艺的要求，提高钻平行炮孔的精度。凿岩台车的自动平移机构是指当钻臂移位时，托架和推进器随机保持平行移位的一种机构，简称平移机构。

掘进台车的平移机构概括有 3 种类型,如下所示:

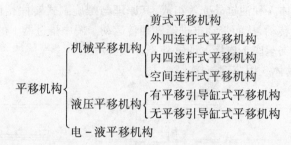

目前应用较多的是液压平移机构和机械四连杆式平移机构,尤其是无平移引导缸的液压平移机构,有进一步发展的趋势。剪式平移机构由于外形尺寸大,机构复杂,存在盲区较大,已趋于淘汰。电 – 液平移机构由于要增设电控伺服装置,占用台车较多的空间,使台车成本增高,因而尚未获得实际应用。

现以最常见的平移机构分述如下:

(1)机械平移机构。这类平移机构,常用的有内四连杆式和外四连杆式两种。图 7 – 29 所示为机械内四连杆式平移机构。早期的 CGJ – 2 型、PYT 2 型凿岩台车都装有这种平移机构。由于它的平行四连杆安装在钻臂的内部,故称内四连杆式平移机构。有些台车的连杆装在钻臂外部,则称为外四连杆平移机构。

钻臂在升降过程中,$ABCD$ 四边形的杆长不变,其中 $AB = CD$,$BC = AD$,AB 边固定而且垂直于推进器。根据平行四边形的性质,AB 与 CD 始终平行,也即推进器始终做平行移动。

当推进器不需要平移而钻带倾角的炮孔时,只需向仰俯角缸一端输入液压油,使连杆 2 伸长或缩短($AD \neq BC$)即可得到所需要的工作倾角。

这种平移机构的优点是连杆安装在钻臂的内部、结构简单、工作可靠、平移精度高,因而在小型台车上得到了广泛的应用。其缺点是不适应于中型或大型钻臂,因为它的连杆很长,细长比很大,刚性差,机构笨重。如果连杆外装,则很容易碰弯,工作也不安全;对于伸缩钻臂,这种机构便无法应用。

以上这种平移机构,只能满足垂直平面的平移,如果水平方向也需要平移,再安装一套同样的机构则很困难。TP 型钻臂采用一种机械式空间平移机构,如图 7 – 30 所示。它由 MP、NQ、QR 三根互相平行且长度相等的连杆构成,三根连杆前后都用球形铰与两个三角形端面相连接,构成一个棱

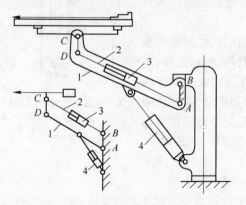

图 7 – 29　内四连杆平移机构

1—钻臂;2—连杆;3—仰俯角缸;4—支臂缸

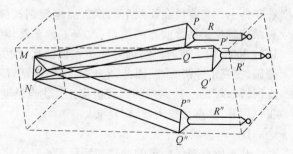

图 7 – 30　空间平移机械原理

柱体形的平移机构,其实质是立体的四连杆平移机构,这个棱柱体就是钻臂。当钻臂升降时,利用棱柱体的两个三角形端面始终保持平等的原理,使推进器始终保持空间平移。

(2)液压平移机构。图7-31所示为液压平移机构,它是20世纪70年代初开始应用在台车上的新型平移机构,国外专利(现已失效)。目前国内外的凿岩台车广泛应用这种机构,如国产CGJ-3型、CTJ3型台车,瑞典的BUT15型钻臂,加拿大的MJM-20M型台车等。其优点是结构简单、尺寸小、重量轻、工作可靠,不需要增设其他杆件结构,只利用油缸和油管的特殊连接,便可达到平移的目的。这种机构适用于各种不同结构的大、中、小型钻臂和伸缩式钻臂,便于实现空间平移运动,平移精度准确。其动作原理见图7-31。

当钻臂升起(或落下)$\Delta\alpha$角时,平移引导缸2的活塞被钻臂拉出(或缩回),这时平移引导缸的压力油排入仰俯角缸5中,使仰俯角缸的活塞杆缩回(或拉出),于是推进器、托架便下俯(或上仰)$\Delta\alpha'$角。在设计平移机构时,合理地确定两油缸的安装位置和尺寸,便能得到$\Delta\alpha \approx \Delta\alpha'$,在钻臂升起或落下的过程中,推进器托架始终是保持平移运动,这就能满足凿岩爆破的工艺要求,而且操作简单。

液压平移机构的油路连接如图7-32所示。为防止因误操作而导致油管和元件的损坏,有些台车在油路中还设有安全保护回路,以防止事故发生。

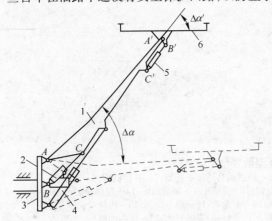

图7-31 液压平移机构工作原理

1—钻臂;2—平移引导缸;3—回转支座;4—支臂缸;
5—仰俯角缸;6—支架

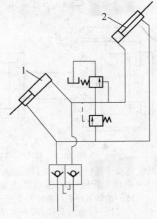

图7-32 液压平移机构的油路连接

1—平移引导缸;2—俯仰角缸

这种液压平移机构的缺点是需要平移引导缸并相应地增加管路,也由于油缸安装角度的特殊要求,使得空间结构不好布置。

无平移引导缸的液压平移机构能克服以上的缺点,只需利用支臂缸与仰俯角缸的适当比例关系,便可达到平移的目的,因而显示了它的优越性。国外有些钻臂如瑞典的BUT15型钻臂,就是这种结构。

7.2.1.2 采矿台车的结构特征与工作原理

采矿台车是用来钻凿爆破炮孔的凿岩设备。

以CTC-700型采矿凿岩台车为例,如图7-33所示,它由推进机构、叠形架、行走机构、稳车装置(气顶及前后液压千斤顶)、液压系统、压气和供水系统等组成。台车工作时,首先利用前液压千斤顶17找平并支承其重量,同时开动顶向千斤顶9把台车固定。然后根据炮孔位置操纵叠形架对准孔位,开动推进器油缸(补偿器)使顶尖抵住工作面,随即可开动凿岩机及推进器,进行钻孔工作。

各主要机构的工作原理简述如下。

A 推进机构

推进机构包括推进器、补偿器及托钎器等。

（1）推进器。如图7-34所示，凿岩机6借助四个长螺杆4紧固在滑板5上，滑板下部装有推进螺母3并与推进丝杆11组成螺旋副。当丝杆由TMIB-1型风马达带动向右或向左旋转时，凿岩机则前进或后退。

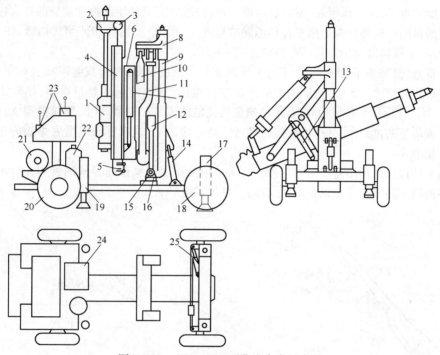

图7-33 CTC-700型凿岩台车示意图

1—凿岩机；2—托钎器；3—托钎器油缸；4—滑轨座；5—推进风马达；6—托架；7—补偿机构；8—上轴架；
9—顶向千斤顶；10—扇形摆动油缸；11—中间拐臂；12—摆臂；13—侧摆油缸；14—起落油缸；
15—销轴；16—下轴架及支座；17—前千斤顶；18—前轮对；19—后千斤顶；20—后轮对；
21—行走风马达；22—注油器；23—液压控制台；24—油泵风马达；25—转向油缸

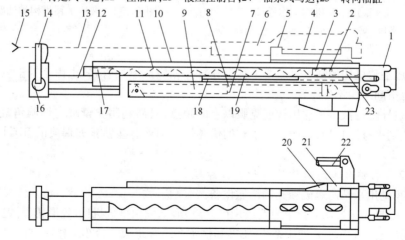

图7-34 CTC700型凿岩台车推进器

1—推进风马达；2，17—减震器；3—推进螺母；4—长螺杆；5—滑板；6—凿岩机；7—托架；8—推进油缸活塞杆；9—推进油缸；
10—滑架；11—推进丝杆；12—托钎器座；13—钎杆；14—卡爪；15—钎头；16—托钎器油缸；18—滑块导板；
19—滑块；20—挡铁；21—挡块；22—扇形摆动油缸活塞杆；23—滑架座

(2)补偿器。补偿器又称延伸器或补偿机构。如图7-34所示,补偿器由托架7和推进油缸9等组成。其作用是在顶板较高(向上钻孔时)或工作面离机器较远时,推进器的托钎器离工作面较远,开始钻孔时会引起钎杆跳动,这时可使推进油缸9右端通入高压油,左端回油,推进油缸活塞杆8便向左运动。带动推进器滑块19沿导板18向左滑动,而使装在滑块19上的推进器向工作面延伸,从而使托钎器靠近工作面。其最大延伸行程为500mm,延伸距离可在此范围内依需要任意调节。补偿器只是在钻孔开眼时使用,正常钻孔凿岩时仍退回原位。

为承受滑架座23返回时的凿岩反作用力,在滑架10后部装有挡铁20,在托架7上装有挡块21,使它们在滑架退回时互相接触而停止,同时还防止滑架座23退回时碰坏风马达1。

(3)托钎器。如图7-35所示,托钎器由托钎器座1,托钎器油缸2,左、右卡爪3和6组成。左、右卡爪借销轴4装在托钎器座1上,由于卡爪下端与托钎器油缸缸体及活塞杆借销轴8铰接,所以当托钎器油缸活塞杆伸缩时,左、右卡爪便夹紧或松开钎杆,满足其工作要求。

B 叠形架

如图7-36所示,叠形架是保证台车正常工作的重要部件。

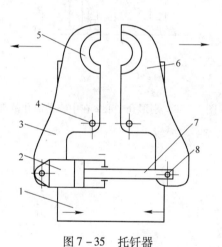

图7-35 托钎器

1—托钎器座;2—托钎器油缸;3—左卡爪;4—销轴;
5—钎套;6—右卡爪;7—活塞杆;8—销轴

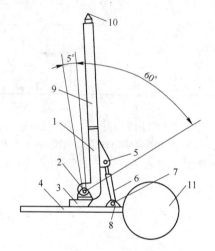

图7-36 叠形架俯仰范围

1—下轴架;2—轴;3—下轴架支座;4—底盘;5,7—销轴;
6—起落油缸;8—起落油缸支座;9—铜管套;
10—顶向千斤顶;11—前轮

(1)叠形架的俯仰动作。如图7-36所示,下轴架1装在支座3上,并可绕轴2回转,起落油缸6下端借销轴7与其支座8铰接,上端与下轴架耳板孔铰接。起落油缸支座8和下轴架支座3则借螺钉固定在台车底盘4上,它们共同支承叠形架的重量。当起落油缸6伸缩时,下轴架1便和整个叠形架仰俯起落。向前倾可达60°,向后倾可达5°,即叠形架可在65°范围内前后摆动,保证台车有较大的钻孔区域。

(2)叠形架的稳固。顶向千斤顶10(见图7-36)装在铜管套9内,凿岩时,顶向千斤顶活塞杆伸出,抵住顶板,从而使整个叠形架稳定并减少台车震动。顶向千斤顶的推力约为2800N。活塞杆向外伸出可达1700mm。这样可以达到高度为4.5m的顶板。

(3)扇形孔中心及其运行轨迹。从图7-33可知,中间拐臂11上部有销轴和上轴架8铰接,而上轴架8又套在千斤顶的钢管套外面并可上下移动。因此,中间拐臂11在上轴架8上下移动的过程中做扇形摆动,扇形孔中心的摆动是复摆。

　　扇形孔中心 c 的运动轨迹如图 7-37 所示。它是一条曲率半径较大的上凸曲线。

　　(4)托架扇形摆动。当扇形孔中心在侧摆油缸作用下,摆动到台车纵向中心线上的位置 c_4 点时,托架可向左、右各摆动60°(见图7-38)。

　　当扇形孔的孔口中心 c 在侧摆油缸作用下,摆动到左、右极限位置时,则使托架摆幅达100°,可钻凿左、右各下倾5°的炮孔,如图7-39所示。

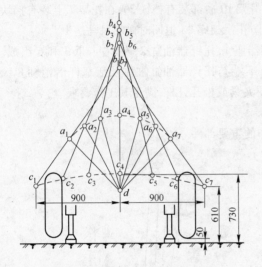

图 7-37　扇形孔中心 c 的运动轨迹

$a_1,a_2,\cdots,a_7$—中间拐臂与摆臂铰接点;$b_1,b_2,\cdots,b_7$—中间拐臂与轴架铰接点;$c_1,c_2,\cdots,c_7$—扇形孔中心运动轨迹;d—摆臂与下轴架铰接点

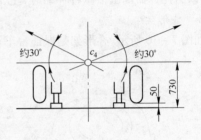

图 7-38　扇形孔中心 c 在中心是炮孔范围

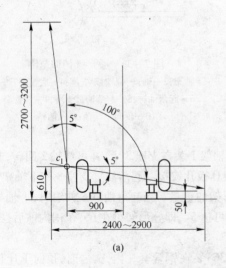

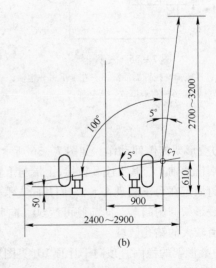

图 7-39　扇形孔中心 c 在左、右极限位置时扇形炮孔范围

(a)向右钻凿扇形孔范围;(b)向左钻凿扇形孔范围

　　(5)托架的平动。为了适应钻凿平行炮孔的需要,采矿台车也必须有平动机构,其动作原理

如图 7-40 所示。当调整扇形摆动油缸 2 的伸缩量使 $AC = BD$、$AB = CD$ 时,$ABCD$ 为一平行四边形,托架处于垂直位置。这时如使 BD 长度保持不变,并操纵侧摆油缸 5,则使托架 6 平行移动,这样安装在托架推进器上的凿岩机便可钻凿出如图 7-41 所示的垂直向上的平行炮孔。

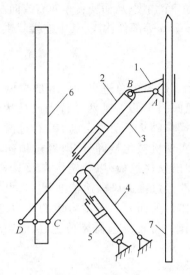

图 7-40 平动机构
1—上轴架;2—扇形摆动油缸;3—拐臂;4—摆臂;
5—侧摆油缸;6—托架;7—顶向千斤顶

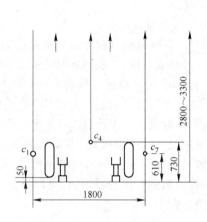

图 7-41 垂直向上炮孔范围

如果操纵起落油缸,使顶向千斤顶在其起落范围内任意位置固定后,也可操纵扇形摆动油缸 2 使 $ABDC$ 成一平行四边形。这时开动侧摆油缸 5,即可钻凿与顶向千斤顶方向一致的倾斜向上的平行炮孔。

C 底盘与行走机构

CTC-700 型凿岩台车的底盘如图 7-42 所示。台车底盘由一根纵梁和三根横梁焊接而成,各梁都是槽钢与钢板的组合件。在底盘上装有前后轮对 1 和 9,前后稳车用液压千斤顶 2 和 7,行走机构传动装置,起落油缸支座 5,脚踏板 16,前轮转向油缸 3,油箱 8 及注油器 15 和下轴架支座 17 等。

台车的行走机构包括前、后轮对和后轮对的驱动装置。后轮对的驱动是由行走风马达 14,两级齿轮减速器 13,传动链条 10,链轮 12 和离合器 11 等组成。左右两轮分别由两套完全相同的驱动装置驱动。

如果台车在无压气的地段运行或长距离调动时,常需人力或借其他车辆牵引。为减少风马达、减速器的磨损,应操纵离合器 11 使主动链轮与减速器的输出

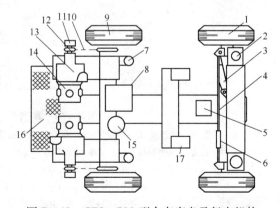

图 7-42 CTC-700 型台车底盘及行走机构
1—前轮对;2—前千斤顶;3—转向油缸;4—转向拉杆;
5—起落油缸支座;6—转向拉杆连接套;7—后千斤顶;
8—油箱;9—后轮对;10—传动链条;11—离合器;
12—链轮;13—行走风马达减速器;14—行走风马达;15—注油器;16—脚踏板;17—下轴架支座

轴脱开。离合器 11 是一个由弹簧控制的牙嵌离合器,根据需要可使行走机构的主动链轮与减速器输出轴合上或脱开。

台车的前进和后退可利用风马达的正向或反向旋转来实现。

台车的转向装置可使前轮对 1 同时向左或向右转动一个角度,从而使台车向右或向左转弯。台车转向装置由转向油缸 3、转向拉杆 4 和转向拉杆连接套 6 等部件构成,其中连接套供调平前轮对时使用。

　　D　风动系统

CTC－700 型凿岩台车的风动系统如图 7－43 所示。压风由总进风阀 1 经滤尘网 2 和注油器 3 后分成三路:一路进入行走操作阀 4 及油泵给风阀门 5,以开动两个行走风马达 6 及油泵风马达 7。另一路进入风动操作阀组 8,经过凿岩机操作阀 9 开动凿岩机 10;经过凿岩机换向操作阀 11 开动凿岩机换向机构 12,使钎杆正反转,实现机械化接卸钎杆;经过顶向千斤顶操作阀 13 开动顶向千斤顶 14,使顶向千斤顶活塞杆伸出顶住顶板,以稳定台车及其叠形架;通过推进风马达操作阀 15,开动推进风马达 16。第三路经过推进风马达辅助阀 18,也可开动推进风马达 16。推进风马达辅助操作阀 18 安装在操作台前面并靠近凿岩机的一边,在接卸钎杆时,司机站在推进器旁侧,可以就近利用这个辅助阀来开动推进器风马达,从而实现单人单机操作台车。

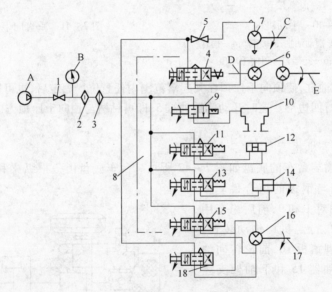

图 7－43　凿岩台车风动系统

A—风源;B—风压表;C—油泵轴;D—左轮轴;E—右轮轴;1—2″总进风阀;2—滤尘网;3—注油器;
4—行走机构操作阀;5—3/4″给风阀门;6—行走风马达;7—油泵风马达;8—风动操作阀组;
9—凿岩机操纵阀;10—凿岩机;11—凿岩机换向操作阀;12—凿岩机换向机构;
13—顶向千斤顶操作阀;14—顶向千斤顶;15—推进风马达操作阀;
16—推进风马达;17—推进丝杠;18—推进风马达辅助操作阀

　　E　液压系统

CTC－700 型凿岩台车液压系统(见图 7－44)由一台 CB－10F 型齿轮油泵供油。油泵由 20kW 的 TM1－3 型活塞式风马达驱动。油泵风马达与油泵之间用弹性联轴节连接。油泵设在油箱内。压力油由总进油管进入两个操作阀组的阀座内,再经过 9 个液压操作阀进入 10 个液压

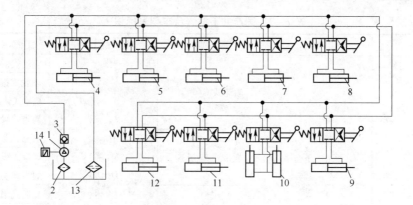

图 7-44 凿岩台车液压系统

1—齿轮油泵;2—滤油器;3—单向阀;4—托钎器油缸;5—推进器油缸;6—扇形摆动油缸;
7—起落油缸;8—侧摆油缸;9—左右千斤顶油缸;10—前千斤顶油缸;11—前轮转向油缸;
12—右后千斤顶油缸;13—滤油器;14—风马达

油缸,分别完成驱动台车的各种动作。各油缸的回油分别经操作阀回到阀座,由总回油管经滤油器过滤污物后流回油箱。除两个前千斤顶油缸共用一个操作阀驱动和彼此联动外,其他各缸均各由一个操作阀驱动,油泵出油口装有一个单向阀。

F　供水系统

CTC-700 型凿岩台车的供水系统很简单,即水从水源以 3/4″胶管引入工作面后,分为两路:一路用间阀控制供凿岩机用水;另一种则供冲洗台车等用。

台车供水压力视凿岩机需用冲洗水压而定。CTC-700 型台车使用水压为 0.3~0.5MPa。

7.2.2　井下液压凿岩台车的分类

井下液压凿岩台车可分为掘进台车、采矿台车、锚杆台车等。本节主要介绍井下液压凿岩台车的掘进台车和采矿台车。

(1)掘进台车分类。掘进台车结构多种多样,分类方法很多,现大致按下列几种情况进行分类:

1)按行走底盘分为轨轮式、轮胎式、履带式和门架式四种(后者仅用于大断面隧道掘进)。

2)按钻臂的运动方式分为直角坐标式、极坐标式、复合坐标式和直接定位式四种。

3)按钻臂数目分为单臂台车、双臂台车和多臂台车。

4)按自动化程度分为全自动、半自动和手动控制的台车。

(2)采矿台车分类。采矿台车是为回采落矿进行钻凿炮孔的设备。采矿方法及回采工艺不同,要求的炮孔也不同,需要钻凿不同方向、不同孔深、不同孔径的炮孔,炮孔布置也多种多样。采矿台车的分类如下:

1)按凿岩方式分为顶锤式台车和潜孔式台车。

2)按钻孔深度分为浅孔凿岩台车和中深孔凿岩台车。

3)按配用凿岩机台数分为单机(单臂)台车和双机(双臂)台车。

4)按台车行走方式分为轨轮式、轮胎式、履带式采矿台车。

5)按台车有无平移机构分为有平移机构台车和无平移机构台车。

井下凿岩台车型号标识见表 7-7。

表7-7　国产井下凿岩台车型号标识

类　别	组　别	型　别	特性代号	产品名称及代号
凿岩钻车 C(车)	地　下	轨轮式 G(轨)	C(采) J(掘) M(锚) Q(切) L(联)	轨轮式采矿钻车 CGC
				轨轮式掘进钻车 CGJ
				轨轮式锚杆钻车 CGM
		履带式 L(履)		履带式采矿钻车 CLC
				履带式掘进钻车 CLJ
				履带式锚杆钻车 CLM
				履带式切割钻车 CLQ
		轮胎式 T(胎)		轮胎式采矿钻车 CTC
				轮胎式掘进钻车 CTJ
				轮胎式锚杆钻车 CTM
				轮胎式联合钻车 CTL
	水下 X(F)			水下钻车 CX

7.2.3　井下液压凿岩台车的优缺点及适用范围

(1)优点。凿岩台车是将凿岩机和推进装置安装在钻臂(架)上进行凿岩作业的设备,是以机械代替人工凿岩机的钻孔设备。它可安装一台或多台轻、中、重型凿岩机,实现快速、高效凿岩。凿岩钻车还可与装载机或转载设备等运输设备配套使用,组成掘进机械化作业线,实现生产过程的自动化。

采用凿岩钻车既能够精确地钻凿出一定角度、一定孔深和孔位的钻孔,又可以钻凿较大直径的中深孔、深孔,而且还能提供最优的轴推力。操作人员可远离工作面,一人可操纵多台凿岩机,不仅可明显改善作业条件,而且钻孔质量高,显著提高凿岩效率。液压凿岩机与钻臂配套使用可实现凿岩机械化和自动化。在平巷掘进中,采用凿岩钻车比手持气腿式单机作业掘进工效提高1~4倍。在采矿钻孔中,采用全液压机械化凿岩钻车的钻孔效率是手持气腿式单机凿岩的4~12倍。

(2)缺点。液压设备的元器件要求加工精密。

(3)适用范围。凡是能使用凿岩机钻孔且巷道断面允许的均可采用凿岩钻车钻孔。

掘进钻车以轮胎式和轨轮式居多,大部分是双机或多机钻车,主要用于矿山巷道和硐室的掘进以及铁路、公路、水工涵洞等工程的钻孔作业。有的掘进钻车还可用于钻凿采矿炮孔、锚杆孔等。

采矿钻车一般为轮胎式和履带式,国内多为双机或单机作业,配套的是重型、中型导轨式凿岩机,一般钻孔直径不大于115mm。当孔深超过20m时,接杆凿岩由于能量损失大,效率会显著降低。

7.2.4　井下液压凿岩台车的使用与维护

7.2.4.1　井下液压凿岩台车使用时的注意事项

(1)开眼时应慢速转动,待孔的深度达到10~15mm以后,再逐渐转入全运转。在凿岩过程中,要按孔位设计使钎杆直线前进,并位于孔的中心。

(2)在凿岩时应合理施加轴推力。轴推力过小,机器产生回跳,振动增大,凿岩效率降低;轴推力过大,钎子顶紧眼底,机器在超负荷下运转,易过早磨损零件,使凿岩速度减慢。

(3)凿岩台车卡钎时,应减小轴推力,即可逐步趋于正常。若无效,应立即停机。先使用扳手慢慢转动钎杆,再开中气压使钎子慢慢转动,禁止用敲打钎杆的办法处理。

（4）经常观察排粉情况。排粉正常时，泥浆顺孔口徐徐流出。反之，要强力吹孔。若仍无效，应检查钎子的水孔和钎尾状态，再检查水针情况，更换损坏的零件。

（5）要注意观察注油的储量和出油情况，调节好注油量。无油作业时，容易使零件过早磨损。当润滑油过多时，会造成工作面污染。

（6）操作时应注意机器的声响，观察其运转情况，发现问题，及时处理。

（7）注意钎子的工作状态，出现异常及时更换。

（8）要注意岩石情况，避免沿层理、节理和裂隙穿孔，禁止打残眼，随时观察有无冒顶、片帮的危险。

总而言之，凿岩时应注意"看、听、感觉"。看是看凿岩机推进速度、看钎具回转速度、看排粉情况、看孔位、看凿岩机各部分螺栓及管接头是否松动、看工作面情况；听是听凿岩机的声音；感觉是感觉支架和凿岩机的振动情况。看凿岩机的推进速度、钎具回转速度和排粉情况是最重要的。若推进停止，回转加快，孔中流出清水，说明钎具损坏或推进部分有故障，应停机处理；若推进和回转同时变慢，泥浆颜色不变，说明岩石未变，凿岩机回转部分有问题，应停机处理；若推进加快，回转速度不均匀，泥浆变稠，说明岩石变软，冲击力过大，钎刃凿入岩石太深，扭转不动，应减少凿岩机供气量和轴推力，以免夹钎；若推进和回转突然加快，泥浆很稀，说明孔底遇到空洞或裂隙，应停止推进，酌情处理。

7.2.4.2 日常维护检修

（1）无压维修。液压凿岩机及其液压系统的维修，一定要保证在无压状态下进行。蓄能器是高压容器，蓄能器解体之前，必须把氮气彻底排放干净。蓄能器在报废与丢弃之前，也必须把氮气彻底排放干净。

（2）注意清洁。在现场维修凿岩机，更换钎尾、检查或更换机头零件、蓄能器、螺栓、连接件或回转马达时，应保证清洁，其他修理工作也应在清洁的车间内进行。

（3）检查与调整。应按照说明书规定的技术参数，经常进行检查与调整。发现系统压力、温度、噪声等出现异常，要及时停机检查，不能使机器带病作业。

（4）钎杆经常进行下列项目维护检修：

1）检查螺纹连接的钎杆端丝扣是否损坏或磨损，不能修理的要更换。

2）磨蚀性污物会加速丝扣损坏，应经常用铁刷子擦净丝扣，并在安装钎头之前在丝扣上涂油。

3）检查钎杆中心孔是否畅通，保证冲洗水顺利通过。

4）钎尾端面必须平整，周边应略有倒棱，不应有缺口、卷边，不应碰到水针。钎肩的形状应正确且无损伤，从钎肩到锤击面的长度要精确。

5）钎杆要直，与钎套的配合要适当。

（5）钎头要经常检查维护。因钎头由硬质合金片制作，其价格昂贵，所以必须经常检查钎头是否锋锐以及是否处于良好状态。钎头在钎杆连接之前应注意：

1）不要使用已磨蚀的钎头，钎刃大于岩石的自然破碎角时，要更换新的钎头。

2）用量规测量钎头，若发现异常必须更换。

3）钎头丝扣在使用前要涂油，要检查钎头的水孔是否畅通。

7.3 井下铲运机

7.3.1 井下铲运机的结构特征和工作原理

7.3.1.1 工作原理

井下铲运机由装 – 运 – 卸设备演绎而来。与露天矿使用的"铲运机"是截然不同的两种设备。井下铲运机是以柴油机或以拖曳电缆供电的电动机为原动机、液压或液力机械传动、铰接式车架、轮胎行走、前端前卸式铲斗的装载、运输和卸载设备。为简便起见,本节所使用的"铲运机"一词,均指"井下铲运机"。

铲运机工作过程由 5 个工况组成。

(1)插入工况。首先开动行走机构,动臂下放,铲斗设置于底板(地面),斗尖触地,斗底板与地面呈现 3°～5°倾角,开动铲运机,铲斗借助机器牵引力使铲斗插入矿(岩)石等物料堆。

(2)铲装工况。铲斗插入矿堆后,利用转动铲斗相配合,使铲斗装满,并将铲斗口翻转至近水平为止。

(3)重载运行工况。将铲斗回转到运输位置(斗底距底板高度不小于设备最小允许地面间隙),然后开动行走机构驶向卸载点。

(4)卸载工况。在卸载点操纵举升臂使铲斗至卸载位置时转斗,铲斗向前翻转卸载,一般是向溜井或矿石卸载,矿(岩)石卸完后,将铲斗下放到运输位置。

(5)空载运行工况。卸载结束后返回装载点,然后进行第二次铲装,如此进行铲、装、运、卸的循环作业。

7.3.1.2　结构特征

A　井下铲运机的基本组成及作用

井下铲运机的基本结构及作用见图 7－45 和表 7－8。

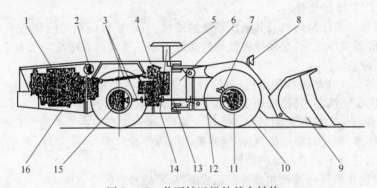

图 7－45　井下铲运机的基本结构

1—柴油机(或电动机);2—变矩器;3—传动轴;4—变速箱;5—液压系统;
6—前车架;7—停车制动器;8—电气系统;9—工作机构;10—轮胎;
11—前驱动桥;12—传动轴;13—中心铰销;14—驾驶室;
15—后驱动桥;16—后车架

表 7－8　井下铲运机基本组成及作用

系统名称	组　成	作　用
动力系统	柴油机或电动机及相应的辅助设备	为地下铲运机提供动力
传动系统	变矩器、变速箱、前后驱动桥、传动轴或油泵、油马达、分动箱	把动力系统的动力传递给车轮,推动铲运机向前、向后、转向运动
制动系统	停车制动器、工作制动器、紧急制动器	使铲运机减速或停车
工作机构	铲斗、大臂、摇臂、连杆及相关销轴	使地下铲运机铲、装、卸物料
液压系统	工作液压系统、转向液压系统、制动液压系统、变速液压系统、冷却系统、卷排缆液压系统(用于电动铲运机)	控制工作机构铲、装、卸物料,车辆转向,车辆换挡和换向,制动器冷却,控制电缆的收放
转向系统	前车架、后车架、摆动车架、上下铰销、转向油缸及相应操纵机构	使前后车架绕中心铰接销轴折腰转向

系统名称	组　成	作　用
行走系统	轮胎、轮辋	承受整个铲运机的重量和地面对铲运机的反力、冲击力
电气系统	所有电气控制与照明	供给柴油机和车辆电源指示、监控其运行状态以及交通信号、照明
卷缆系统(电动铲运机)	电缆卷筒、卷排缆装置、电缆导辊	实现对拖曳电缆自动收放

B　井下铲运机的各部分结构及特点

井下铲运机大都是由 8 个左右系统组成,下面主要介绍其中的 6 个系统。

(1)动力系统。动力源有柴油机与电动机。柴油机有风冷柴油机与水冷柴油机。过去主要采用风冷柴油机,现在已趋向采用水冷柴油机。它们的特点见表 7－9,结构见图 7－46、图 7－47。电动机的电源有 380V、550V 及 1000V 3 种,频率为 50Hz。

(2)传动系统。由于井下铲运机采用不同的传动系统,因而其结构不同、特点与适用范围也不同。传动系统的特点见表 7－10,结构见图 7－48、图 7－49。

表 7－9　动力系统类型及特点

类　型	特　点
风冷柴油机	(1)冷却系统简单,维修方便; (2)特别适合沙漠和缺水地区及炎热、严寒地区使用,不会产生发动机过热的冻结故障,不需要水箱; (3)大缸径的风冷发动机冷却不够均匀,缸盖及有关零件负荷大,其重要部分散热困难对风道布置要求高; (4)尺寸大,油耗高,噪声大,排放较高,价格较贵
水冷柴油机	(1)冷却系统复杂,维修相对困难; (2)发动机冷却均匀可靠,散热好,气缸变形小,缸盖、活塞等主要零件热负荷较低,可靠性高,能很好地适应大功率发动机的冷却要求; (3)发动机增压后也易采取措施(增加水箱,增加泵量),加强散热; (4)尺寸小,油耗低,噪声低,排放低,价格相对低

图 7－46　风冷柴油机结构

1—空气滤清器;2—喷油器;3—加热器;4—涡流室;5—机油冷却器;6—燃油滤清器;

7—机油滤清器;8—调速器;9—油标尺;10—燃油泵;11—喷油泵;

12—正时齿轮;13—机油泵;14—皮带轮;15—冷却风扇

表 7 - 10　不同传动系统的特点

系　统	特　　点
液力机械传动	(1)车辆具有自动适应性,提高车辆使用寿命,提高车辆通过性,提高车辆舒适性,简化车辆操作; (2)传动效率低,成本较高,适用大中型铲运机
静液压传动	(1)尺寸小,重量轻,零部件数少,布置方便,启动、运转平稳,能自动防止过载,能在较大范围内实现无级调速,发动机低速时,牵引力大; (2)对液压油的清洁度要求高; (3)高压柱塞油泵和液压马达维修困难,目前适用 1.5m³ 以下铲运机

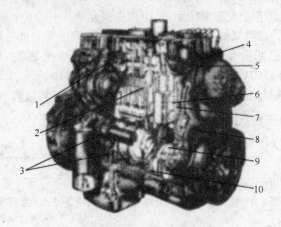

图 7 - 47　水冷柴油机结构

1—缸头;2—燃烧系统;3—润滑油系统;4—燃油喷射系统;5—皮带传动;
6—活塞组件;7—湿式缸套;8—齿轮传动;9—曲轴;10—刚体

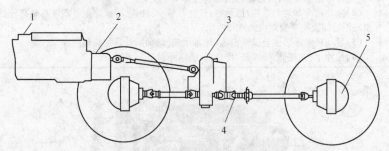

图 7 - 48　液力机械传动结构

1—柴油机;2—液力变矩器;3—变速箱;4—传动轴;5—驱动桥

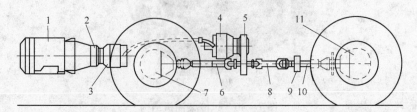

图 7 - 49　静液压传动结构

1—动力机(柴油机或电动机);2—主泵及辅助泵分动箱;3—高压变量油泵;4—变量油液压马达;
5—分动箱;6—后传动箱;7—后桥;8—中间传动;9—前传动轴支承座;10—前传动轴;11—前桥

目前用得最多的是液力机械传动铲运机,它的组成及特点见表7-11,结构见图7-50~图7-53。

表7-11　液力机械传动的组成及特点

组　成	特　点
变矩器	(1)泵轮接收发动机传来的机械能,将其转换成液体动能,涡轮则将液体的动能转换成机械能输出; (2)三元件单级单相向心涡轮液力变矩器,结构简单,性能可靠,使用寿命长
变速箱	(1)改变原动机与驱动桥之间传动比、改变车辆方向、使车辆在空挡启动或停车、起分动箱作用; (2)定轴式动力换挡变速箱,可不切断动力直接换挡,工作可靠,传动效率高,使用寿命长,结构简单,维修方便,操纵轻便,接合平稳; (3)行星式动力换挡具有结构刚度大、齿间负荷小、传动比大、传动效率高、输入轴和输出轴同心,以便实现动力自动换挡等优点。但结构复杂,制造维修困难。目前只有CAT系列地下铲运机采用
传动轴	连接变矩器与变速箱,变速箱与驱动桥,传递扭矩与转速,传动轴两端万向节应在规定的相位平面内,拆装方便,传递扭矩大
驱动桥	(1)增大扭矩和改变扭矩传递方向,使左右车轮产生速度差,把车辆重量传递给车轮,把地面反力传递给车架,安装行车与停车制动器; (2)刚性驱动桥,设计先进,使用可靠,维护容易,寿命长,但价格高

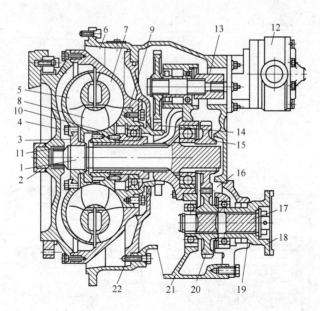

图7-50　变矩器结构

1—涡轮轴;2—罩轮套环;3—涡轮轮毂;4—罩轮;5—涡轮;6—铸铁外壳;7—泵轮;8—导轮;
9—泵轮轮毂;10—导轮隔套;11—导轮支承套组件;12—补油泵;13—补油泵传动轴套;
14—泵轮轮毂齿轮;15—涡轮轴齿轮;16—输出齿轮箱;17—输出轴;18—联轴节;
19—轴承座;20—输出轴齿轮;21—齿轮箱壳;22—隔油挡板

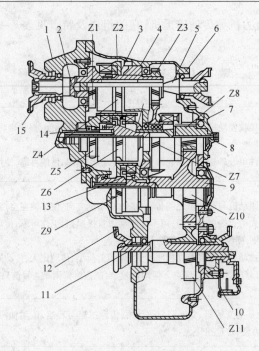

图 7 - 51　变速箱结构

1—前盖;2—输入齿轮轴;3—前进挡离合器;4—活塞环;5—输出轴;6—箱体;7—后盖;8—1 挡离合器;
9—惰轮;10—停车制动器;11—输出轴;12—输出法兰;13—3 挡离合器;14—后退挡与 2 挡离合器;
15—输入法兰;Z1～Z11—传动齿轮

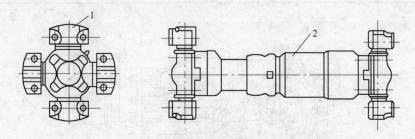

图 7 - 52　传动轴结构

1—万向节;2—传动轴

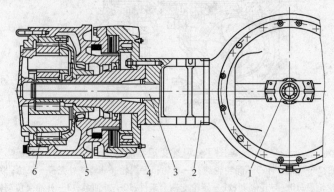

图 7 - 53　驱动桥结构

1—主传动;2—桥壳;3—半轴;4—行车制动器;5—轴毂;6—轮边减速器

　　由于井下铲运机的大小不同,采用的变矩器、变速箱、驱动桥、传动轴的型号不同,结构也有差别,但工作原理基本相同。在驱动桥中,一个很重要的部件就是主传动。由于井下作业条件十分恶劣,路况也差,因此为了增加铲运机的牵引性能,驱动桥采用了带不同差速器的主传动。带不同差速器的主传动特点见表7-12,结构见图7-54~图7-56。

表7-12　带不同差速器的主传动特点

主传动形式	特　点
带普通差速器的主传动	牵引性能、动力性能、通过性能差。轮胎磨损大,但工艺性好,受力状况好,价格低。一般用于中、小型铲运机后桥和大型铲运机前桥
带自锁式防滑差速器的主传动	牵引性能、动力性能、通过性最好。轮胎磨损小,但受力状况、制造工艺性最差,价格最贵。一般用于中、小型铲运机前桥和大型铲运机后桥
带防滑差速器的主传动	处在普通差速器与自锁式防滑差速器之间,凡是采用普通差速器的地方都可用此差速器

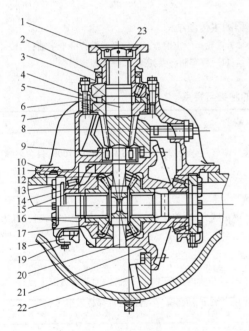

图7-54　带普通差速器的主传动结构
1—输入法兰;2—油封;3—密封盖;4—调整锉片;5—主动锥齿轮;
6—轴承套;7—轴承;8—止动螺栓;9—轴承;10—托架;
11—圆锥齿轮;12—行星锥齿轮;13—调整螺母;14—轴承;
15—差速器左壳;16—半轴齿轮;17—半轴齿轮垫片;
18—轴承座;19—锁紧片;20—十字轴;21—差速
器右壳;22—从动锥齿轮;23—端螺母

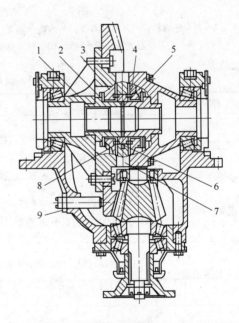

图7-55　带自锁式防滑差速器的主传动结构
1—半轴齿轮;2—弹簧座;3—弹簧;4—被动离合器;
5—C形外推环;6—卡环;7—十字轴;
8—中心凸环;9—螺母

　　(3)制动系统。制动系统中最关键的零部件是行车制动器。目前常用的行车制动器的种类与特点见表7-13,结构见图7-57~图7-62。

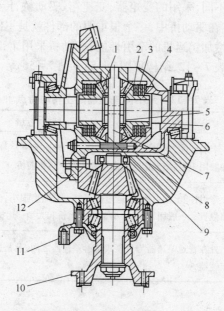

图 7 – 56　带防滑差速器的主传动结构

1—行星锥齿轮；2—外离合器盘；3—内离合器盘；4—半轴锥齿轮；5—止推盘；6—碟形弹簧；7—十字轴；
8—右差速器壳；9—滚动轴承；10—制动盘安装法兰；11—停车制动器托架；12—左差速器壳

表 7 – 13　制动器的种类与特点

种　类	特　　点
蹄式制动器	制动力矩小，沾水泥后制动力减少，维护调节、更换困难，寿命短，一般 500～700h，只在小型、微型铲运机上用
钳盘式制动器	制动力矩比蹄式大，沾水泥后制动力矩在减少，维护简单，更换容易，寿命比蹄式长，可达 1500～2000h。用在小型、微型铲运机上
半轴制动器	工作制动与行车制动都处在桥的中央，驱动桥壳内，由于制动半轴，因而制动力矩小，结构简单，紧凑，制动时温升小，磨损小，寿命长，很少维护，大、中、小型铲运机都有采用
行星制动器	制动器处在轮边减速器内，靠轮边减速器润滑油冷却与润滑。结构简单，在检修制动器时不需拆掉轮胎与轮辋，只拆除轮边减速器端盖即可，因此维修最方便
液体冷却制动器	制动器装在轮边减速器与桥壳之间，制动盘尺寸大，制动力矩大，适用于大、中型车桥。制动器冷却有强制冷却与油池冷却两种，分别适用一般与频繁制动的制动器，其结构较复杂；但很少维修，工作寿命长，可达 10000h 以上
液体冷却弹簧制动器	其特点基本上同于液体冷却液压制动器，但更安全可靠，且工作制动与停车制动合二为一，结构简单，但需要一个手动松闸油泵等附件，这是当前最先进、最安全的一种制动器

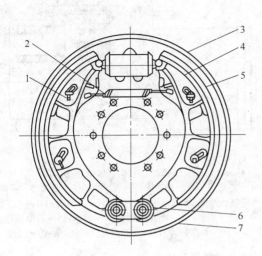

图 7-57 蹄式制动器结构

1—限位片;2—回位弹簧;3—底板;4—制动蹄;
5—摩擦衬片;6—偏心销;7—卡圈

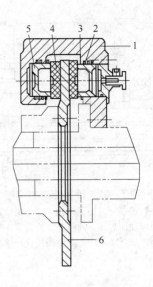

图 7-58 钳盘式制动器结构

1—制动钳;2—矩形油封;3—防尘圈;
4—摩擦片;5—活塞;6—制动盘

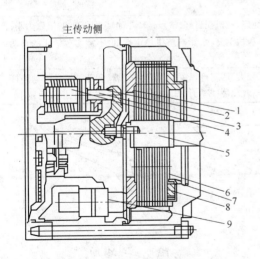

图 7-59 半轴制动器结构

1—制动压板;2—密封;3—手制动缸(2个);4—弹簧;
5—半轴;6—动摩擦片;7—摩擦片间隙调整装置;
8—静摩擦片;9—行车制动缸(3个,均布)

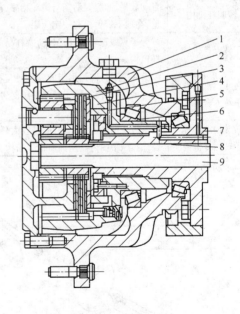

图 7-60 行星制动器结构

1—轮毂;2—内浅圈;3—静摩擦片;4—制动压板;
5—制动油缸活塞;6—动摩擦片;7—空心主轴;
8—内外花键套;9—半轴

(4)工作机构。工作机构的结构和性能直接影响整机的工作性能。井下铲运机常用工作机构的类型及特点见表 7-14,结构见图 7-63。

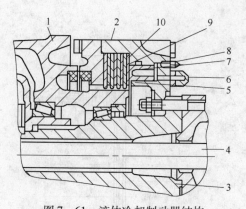

图 7-61　液体冷却制动器结构

1—轮毂;2—制动器壳;3—空心主轴;4—半轴;
5—浮动油封;6—间隙调节装置;7—制动活塞;
8—放气螺塞;9—静摩擦片;10—动摩擦片

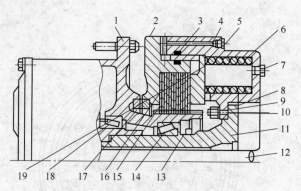

图 7-62　液体冷却弹簧制动器

1—轮毂;2—制动器壳体;3—活塞油封;4—活塞;5,7—螺堵;
6—制动弹簧;8—密封圈;9—螺母;10—螺栓;11—空心主轴;
12—半轴;13—骨架密封圈;14—轴承;15—静摩擦片;
16—动摩擦片;17—浮动油封;18—轴承;19—压盘

表 7-14　工作机构的类型及特点

类　型	特　　点
Z 型反转六杆机构	转斗油缸大腔进油,连杆倍力系数可设计较大,因而铲取力大,铲斗平动性能好,结构十分紧凑,前悬小,司机视野好,承载元件多,铰销多,结构复杂,布置困难,适用于坚实物料(矿石)采掘
转斗油缸正转四杆机构	转斗油缸小腔进油,连杆倍力系数设计较大,铲取力大,转斗油缸活塞行程大,铲斗也不能实现自动放平,卸料时活塞与铲斗相碰,故铲斗做成凹形,既增加了制造困难,又减少斗容,但结构简单,在地下铲运机有一定应用
正转五杆机构	为了克服正转四杆机构活塞杆易与铲斗相碰的缺点,增加了一个小连杆,其他的特点同正转四杆机构
转斗油缸前置正转六杆机构	由两个平行四边形组成,因而铲斗平动性好,司机视野好,缺点是转斗油缸小腔进油,铲取力小,转斗油缸行程长,由于转斗油缸前置、工作机构前悬大,影响整机稳定性,也不能实现铲斗的自动放平
转斗油缸后置正转六杆机构	与转斗油缸前置比较,前悬较大,传动比较大,活塞行程短,有可能将动臂、转斗油缸动臂与连杆设计在一平面内。从而简化了结构,改善动臂与铰销受力,但司机视野差,小腔进油,铲取力较小

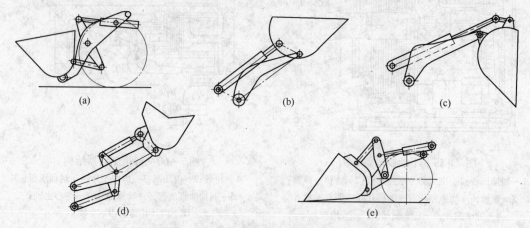

图 7-63　井下铲运机常用工作机构结构

(a)Z 型反转六杆机构;(b)转斗油缸正转四杆机构;(c)正转五杆机构;
(d)转斗油缸前置正转六杆机构;(e)转斗油缸后置正转六杆机构

(5)液压系统。包括工作液压系统和转向液压系统。

(6)转向系统。

1)车架。

①三点铰接:前、后车架通过二点铰销和一个连杆相连,不仅可在水平方向转动,还可以在垂直方向上下做一定的摆动,能保证4个车轮同时着地,从而稳定性好。前后桥分别刚性连接在前后车架上(见图7-64)。

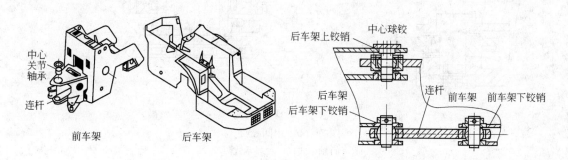

图7-64 三点铰接

②二点铰接:前、后车架通过上、下两个铰销连接,车架只能在水平方向转动,不能上下摆动,为了实现四轮着地,只能依靠摆动车架,它通过两个纵向铰销同后车架相连,后桥与摆动车架刚性连接,并一起上下摆动。尽管这种形式结构复杂,但被绝大多数铲运机所采用(见图7-65)。

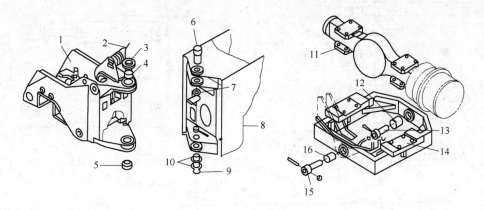

图7-65 二点铰接

1—前车架;2—锁紧铁丝;3—挡板;4—上关节轴承;5—下关节轴承;6—上销;7—垫;8—后车架;9—O形圈;
10—后轴套;11—后桥;12—前轴承;13—前销;14—桥的安装面;15—后销;16—后轴套

2)中间铰接。中间铰接分为轴销式和锥轴承式两种,见图7-66。

①轴销式。结构简单,强度高,装配方便,使用维修费用低。

②锥轴承式。转向灵活,既能承受水平力,又能承受垂直力,垫片用来调节预紧力,但结构复杂,成本高。

3)转向油缸。转向油缸分为单缸转向和双缸转向两种,见图7-67。

①单缸转向。转向油缸通常布置在中央上铰销附近,可避免油缸及管路受地面水、泥污染和矿岩破坏,结构简单,但要采用较大的油缸直径。

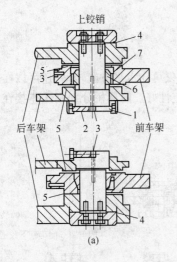 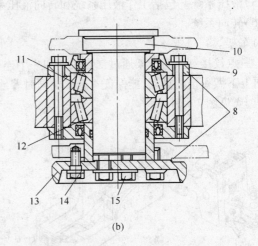

(a)　　　　　　　　　　　　　　　　　(b)

图 7 - 66　中间铰接

(a)轴销式;(b)锥轴承式

1—铰销;2—压板;3—油嘴;4—垫片;5,9—密封圈;6—球头;7—球碗;8—调节垫片;
10—销轴;11,12—轴承;13,14—压盖;15—螺钉

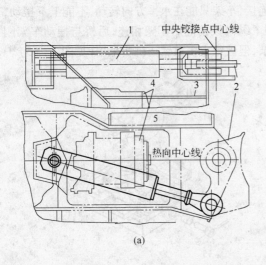 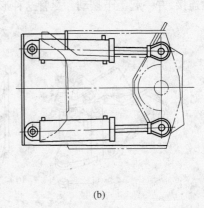

(a)　　　　　　　　　　　　　　　　　(b)

图 7 - 67　转向油缸

(a)单缸转向;(b)双缸转向

1—转向油缸;2—前车架铰接板;3—后车架铰接板;4—变速箱;5—驾驶室

②双缸转向。两个转向缸通常布置在中央下铰销附近,易受地面水、泥污染与矿岩破坏,左右转向力相等,缸径较小,对称布置油缸,结构复杂,但应用最广。

7.3.2　井下铲运机的分类和型号标识

7.3.2.1　井下铲运机的分类

(1)按驱动形式分类,井下铲运机分为井下内燃铲运机和井下电动铲运机。

井下内燃铲运机是以柴油机为原动机,液力或液压、机械传动,铰接车架,轮胎行走,前装前卸式装载、运输和卸载设备。

井下电动铲运机是以电动机为原动机,电动或液压、机械传动,铰接车架,轮胎行走,前装前卸式装载、运输和卸载设备。

(2)按额定斗容 V_H 大小分类,$V_H \leqslant 0.4\text{m}^3$ 为微型井下铲运机;$V_H = 0.75 \sim 1.5\text{m}^3$ 为小型井下铲运机;$V_H = 2 \sim 5\text{m}^3$ 为中型井下铲运机;$V_H \geqslant 6\text{m}^3$ 为大型井下铲运机。

(3)按额定载重量 Q_H 分类,$Q_H < 1\text{t}$ 为微型井下铲运机;$Q_H = 1 \sim 3\text{t}$ 为小型井下铲运机;$Q_H = 4 \sim 10\text{t}$ 为中型井下铲运机;$Q_H > 10\text{t}$ 为大型井下铲运机。

(4)按传动形式分类,井下铲运机分为液力 – 机械传动、全液压传动、电传动、液压 – 机械传动等 4 种井下铲运机。

7.3.2.2 井下铲运机型号标识

产品型号表示方法应符合 JB/T 1604《矿山机械产品型号编制方法》的规定。例如:

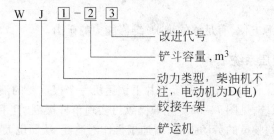

井下铲运机的术语定义、产品分类、技术要求、试验方法、检验规则、包装运输和储存应符合中华人民共和国机械行业标准的规定:JB/T 5500—2004《井下铲运机》;井下铲运机的试验准备要求、整机性能试验方法工业性试验方法、样机解体检查及其试验报告内容应符合中华人民共和国机械行业标准的规定:JB/T 5501—2004《井下铲运机试验方法》。

此外,衡阳有色冶金机械总厂力达铲运机制造有限责任公司和金川金格矿业车辆制造有限公司生产的井下铲运机型号采用了"CY"系列或"JCY"系列命名方法,其产品分类、技术要求、试验方法等均按行业标准执行。

7.3.3 井下铲运机的优缺点及适用范围

7.3.3.1 井下铲运机的优缺点

(1)优点。

1)简化了井下作业。铲运机采用中央铰接,无须铺轨架线,机动灵活;四轮驱动,前进后退双向行驶,一般都有相同的速度挡次和效率,可快速自行到所需的工作场所,一台设备完成铲、装、运、卸作业。

2)活动范围大,适用范围广。铲运机能自行,外形尺寸小,转弯半径小,适合小断面巷道行驶和作业,广泛用于采场出矿、出渣。铲斗又可向低位溜井卸载,也能向较高的矿车或运输机卸载,还可用铲斗运送辅助原料及设备,用途十分广泛。

3)生产能力大,效率高,是井下矿山强化开采的重要设备之一。

4)结构紧凑坚固,耐冲击与振动。

5)改善了工作条件,司机座位侧向安装,视野前后相同,操作舒适。

(2)缺点。

1)柴油铲运机排出的废气会污染井下空气。铲运机必须配置废气净化器与消声器,若废气净化问题不能很好解决,需辅以强制通风,加大了通风费用。

2)轮胎消耗量大,轮胎消耗费用高。每台铲运机年消耗轮胎数多至数十条,与路面条件和操作水平有关。其所需费用,国外矿山一般占装运费的 10% ~ 20%,国内矿山一般占装运费的 20% ~ 30%。

3)维修工作量大,维修费用高,且需熟练的司机和装备好的保养车间。据澳大利亚 Mount Isa 矿的统计资料,在分层充填法采场中,ST - 5 型铲运机每一工作小时需 4.25 个维修工时。国内矿山维修费一般占装运费的20% ~ 40%,且维修随设备使用时间的延长而急剧增加。

4)基建投资大,设备购置费用高,且要求巷道规格较大。

7.3.3.2　适用范围

(1)可取代装运机和装岩机,简化了作业工序,能向低位的溜井卸矿,也能向较高的矿车或运输车卸矿,广泛用于出矿和出渣作业,又可运送辅助原材料。

(2)适合规模大、开采强度大的矿山。

(3)适用矿岩稳固性较好。

(4)适用备品配件来源方便,有足够的维护、维修能力的矿山。

7.3.4　井下铲运机的液压系统

(1)工作液压系统。工作机构液压系统是井下铲运机一个很重要的液压系统。井下铲运机大都采用先导工作液压系统,见图 7 - 68。先导操纵可实现单杆操纵,且手柄操作力及行程比机械式小得多,大大降低了驾驶员的劳动强度,增加了操作舒适性,从而也大大提高了作业效率。

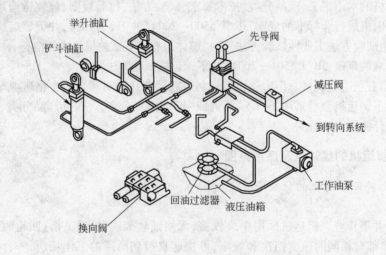

图 7 - 68　工作液压系统组成及工作原理

(2)转向液压系统。转向液压系统有两种,见图 7 - 69。一种是转向器转向液压回路和转向阀转向液压回路。转向器操作轻便灵活,结构简单,尺寸紧凑,重量轻,性能稳定,保养方便,发动机油泵出现故障后,仍可人工转向;转向阀转向液压系统由于是单杆操作,操作力小,转向反应时间快,很适合井下狭窄的巷道采矿车辆使用,但结构稍复杂。在井下铲运机的转向液压系统中,两者都有广泛的应用。

(3)制动液压系统。制动液压系统有两种。一种为双回路液压系统,适用于封闭多盘湿式制动器(即 LCB 制动器);另一种为单回路液压系统,适用于弹簧制动,液压松开制动器。

双回路液压系统的两个系统是独立的。当一个车轮的制动液压系统出故障,另一个制动液压

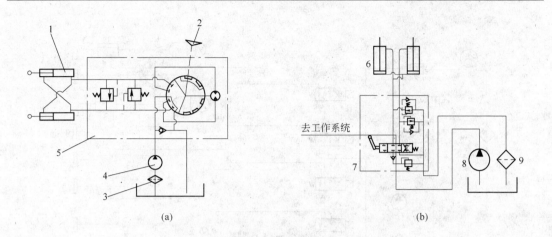

图 7 - 69 转向液压系统组成及工作原理
(a)转向器转向液压回路;(b)转向阀转向液压回路
1,6—转向油缸;2—方向器;3—滤清器;4—齿轮油泵;5—全液压转向器;
7—转向阀;8—转向油泵;9—过滤器

系统仍可制动,从而保证车辆的安全。单回路液压系统即前后两车轮共用一个回路,当液压系统发生故障时,压力下降,4 个车轮在各自制动弹簧作用下,一起制动,从而使车辆更加安全。

图 7 - 70 中液压回路是制动液压回路与转向液压回路合在一起用一个变量柱塞泵。还有一种是两个液压回路各自独立,分别由各自的齿轮油泵驱动。

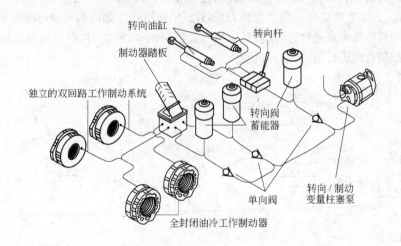

图 7 - 70 制动液压系统组成及工作原理

(4)变速液压系统。变速液压系统由两路组成。一路是变矩器液压回路,它为变矩器提供所需流量及一定的补偿压力;另一路是变速箱回路,它主要控制车速挡位和前进后退的方向。换挡的方式,目前用得最多的是手工换向,操纵力大,需要两个操纵杆。另外一种是操纵电磁阀换挡,见图 7 - 71,单杆操作,操作简单,操作力小,布置方便。

(5)冷却液压系统。冷却液压系统主要用于制动器的强制冷却,见图 7 - 72。

(6)卷缆液压系统。卷缆液压系统见图 7 - 73。卷缆阀的作用主要是控制电缆转筒的收缆与放缆。当机器朝着动力源方向运动时,则电缆卷筒转绕电缆,油压打开单向阀,进入液压马达,

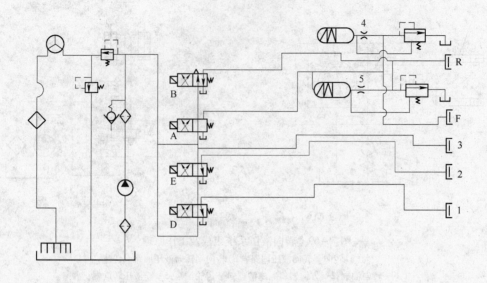

图 7-71　变速液压系统组成及工作原理

A,B,E,D—电磁换向阀;R—后退离合器;F—前进离合器;1—1 挡离合器;2—2 挡离合器;
3—3 挡离合器;4—前进挡调节阀;5—后退挡调节阀

马达将产生力矩带动电缆开始收缆。当机器离开动力源时,也就是电缆从转筒上拉出电缆,卷缆阀开始换向进行放卷,电缆拉着卷筒反向转动,这样液压马达变成了油泵,其压力由系统内的低压溢流阀控制,并随着放缆使电缆产生张力,不管机器运行速度如何均可使电缆张紧。电缆的张力由溢流阀的调整压力来进行,即放缆时由低压溢流阀调整,收缆时,由高压溢流阀调整。所有卷缆与放缆都是自动进行的,无需司机操作。

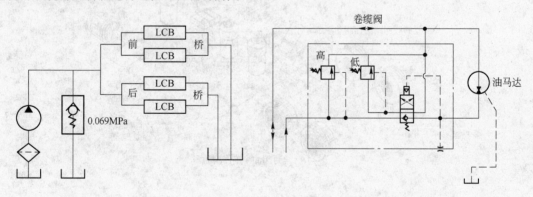

图 7-72　冷却液压系统组成及工作原理　　　　图 7-73　卷缆液压系统组成及工作原理

7.3.5　井下铲运机的使用与维护

7.3.5.1　小修

(1)凿岩机:

1)解体并清洗各零部件。

2)更换所有 O 形圈。

3)检查密封件的磨损情况,必要时更换。

4)检查其他零部件的磨损情况,如磨损过限或损坏就更换。

(2)电气系统:

1)对主油泵、水泵、电气、主电力电缆进行绝缘测试,其相间和线间及对地电阻值不低于规定的值。

2)检查主断电路器、油泵断路器的接线柱及触头并给予修整和紧固。

3)检查和测试所有控制手柄、按钮和继电器动作的灵敏度,检查出故障必须排除。

4)逐个校对电动控制电缆和接头的接触情况。

5)检查校对角度仪限位开关的控制电缆及角度仪和限位开关的灵敏度。

6)检查更换电流表、电压表等。

7)检查更换故障指示灯,修复实验按钮。

(3)工作机构:

1)检查凿岩机托座中螺纹衬套的磨损情况,必要时更换或修复衬套。

2)检查支承凿岩机的向心关节轴承及其衬套,如磨损严重或破裂就更换衬套并加注润滑油。

3)清洗检查夹钎器,更换弹簧及半圆套等。

4)检查推进器,更换滑条、滑块等。

(4)液压系统:

1)清洗液压系统并换油。

2)更换腐蚀损坏的油管及管接头,修复系统的泄漏。

3)检查系统的各部压力,并调整不合要求的各部压力。

4)更换回油滤清器或更换高压滤芯。

5)检查油箱换气器的滤芯,若堵塞就更换。

6)清洗检查各安全阀、溢流阀、单向阀,更换有伤痕的阀芯,必要时换阀。

7)检查更换油箱内的滤网。

8)检查调整防卡钎回路的两个压力继电器的预调值,必要时更换。

9)检查各个油压力表,必要时更换。

(5)气水系统:

1)解体清洗空压机,并更换进气滤芯。

2)更换空气压缩机油。

3)清洗检查压气系统高压阀、安全阀,修复或更换失效的阀件。

4)清洗检查冲洗水系统,测试增压泵性能,更换损坏的管接头与水管。

5)检查更换损坏的水压表、气压表。

6)检查修复气水系统中的漏气、漏水现象。

(6)底盘部分:

1)给各润滑点加注黄干油,检查各轮毂和桥包的油量,不足时加注新齿轮油。

2)检查轮胎并充气。

7.3.5.2 中修

(1)包括小修内容。

(2)电气系统:

1)抽芯检查油泵电机并加油。

2)检查修复或更换继电器。

7.4　矿用液压挖掘机

7.4.1　液压挖掘机结构特征和工作原理

7.4.1.1　液压挖掘机的组成和工作原理

单斗液压挖掘机是在机械传动方式正铲挖掘机的基础上发展起来的高效装载设备,由工作装置、回转装置和运行(行走)装置三大部分组成,而且工作过程与机械式挖掘机也基本相同。两者的主要区别在于动力装置和工作装置的不同。液压挖掘机是在动力装置与工作装置之间采用容积式液压传动系统(即采用各种液压元件),直接控制各系统机构的运动状态,从而进行挖掘工作的。液压挖掘机分为全液压传动和非全液压传动两种。若其中的一个机构的动作采用机械传动,即称为非全液压传动。例如,WY-160型、WY250型和H121型等即为全液压传动;WY-60型为非全液压传动,因其行走机构采用机械传动方式。一般情况下,对液压挖掘机,其工作装置及回转装置必须是液压传动,只有行走机构可为液压传动,也可为机械传动。

液压挖掘机的工作装置结构,有铰接式和伸缩臂式不同形式的动臂结构。回转装置有全回转和非全回转之分。行走装置根据结构的不同可分为履带式、轮胎式、汽车式和悬挂式、自行式和拖式等。

A　液压反铲挖掘机的组成和工作原理

液压挖掘机的工作原理与机械式挖掘机工作原理基本相同。液压挖掘机可带正铲、反铲、抓斗或起重等工作装置。

图7-74为液压反铲挖掘机结构示意图,它由工作装置、回转装置和运行装置三大部分组成。液压反铲工作装置的结构组成是:下动臂3和上动臂5铰接,用辅助油缸11来控制两者之间的夹角。依靠下动臂油缸4,使动臂绕其下支点进行升降运动。依靠斗柄油缸6,可使斗柄8绕其与动臂上的铰接点摆动。同样,借助转斗油缸7,可使铲斗绕着它与斗柄的铰接点转动。操纵控制阀,就可使各构件在油缸的作用下,产生所需要的各种运动状态和运动轨迹。特别是可用工作装置支撑起机身前部,以便机器维修。

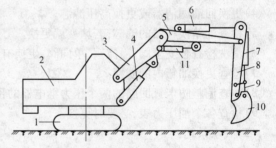

图7-74　液压反铲挖掘机结构
1—履带装置;2—上部平台;3—下动臂;4—下动臂油缸;
5—上动臂;6—斗柄油缸;7—转斗油缸;8—斗柄;
9—连杆;10—反铲斗;11—辅助油缸

反铲挖掘机的工作原理如图7-75所示。工作开始时,机器转向挖掘工作面,同时,动臂油缸的连杆腔进油,动臂下降,铲斗落至工作面(见图中位置Ⅲ)。然后,铲斗油缸和斗柄油缸顺序工作,两油缸的活塞腔进油,活塞的连杆外伸,进行挖掘和装载(如从位置Ⅲ到Ⅰ)。铲斗装满后(在位置Ⅱ),这两个油缸关闭,动臂油缸关闭反向进油,使动臂提升,随之反向接通回转油马达,铲斗就转至卸载地点,斗柄油缸和铲斗油缸反向进油,铲斗卸载。卸载完毕后,回转油马达正向接通,上部平台回转,工作装置转回挖掘位置,开始第二个工作循环。

在实际操作工作中,因土壤和工作面条件的不同和变化,液压反铲的3种油缸在挖掘循环中的动作配合是灵活多样的,上述的工作方式只是其中的一种铲掘方法。

反铲挖掘机的工作特点是:可用于挖掘机停机面以下的土壤挖掘工作,或挖壕沟、基坑等。由于各油缸可以分别操纵或联合操纵,故挖掘动作显得更加灵活。铲斗挖掘轨迹的形成取决于

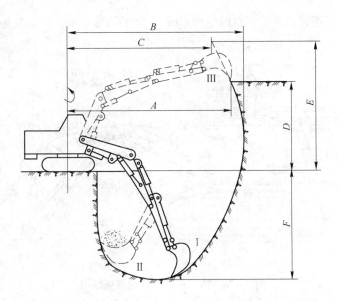

图 7 – 75　液压反铲装置工作示意图

A—标准挖掘高度工作半径;B—最大挖掘半径;C—最大挖掘高度工作半径;

D—标准最大挖掘高度;E—最大挖掘高度;F—最大挖掘深度

对各油缸的操纵。当采用动臂油缸工作进行挖掘作业时(斗柄和铲斗油缸不工作),可以得到最大的挖掘半径和最大的挖掘行程。这就有利于在较大的工作面上工作。挖掘的高度和挖掘的深度决定于动臂的最大上倾角和下倾角,亦即决定于动臂油缸的行程。

当采用斗柄油缸进行挖掘作业时,铲斗的挖掘轨迹是以动臂与斗柄的铰接点为圆心,以斗齿至此铰接点的距离为半径所作的圆弧线,圆弧线的长度与包角由斗柄油缸行程来决定。当动臂位于最大下倾角时,采用斗柄油缸工作时,可得到最大的挖掘深度和较大的挖掘行程。在较坚硬的土质条件下工作时也能装满铲斗,故在实际工作中常以斗柄油缸进行挖掘作业和平场工作。

当采用铲斗油缸进行挖掘作业时,挖掘行程较短。为使铲斗在挖掘行程终了时能保证铲斗装满土壤,需要有较大的挖掘力挖取较厚的土壤。因此,铲斗油缸一般用于清除障碍及挖掘。

各油缸组合工作的工况也较多。当挖掘基坑时,由于深度要求大、基坑壁陡而平整,需要采用动臂和斗柄两油缸同时工作;当挖掘坑底时,挖掘行程将结束,为加速装满铲斗和挖掘进程,需要改变铲斗切削角度等,要求斗柄和铲斗同时工作,以达到良好的挖掘效果并提高生产率。

液压反铲挖掘机的工作尺寸,可根据它的结构形式及其结构尺寸,利用作图法求出挖掘轨迹的包络图,从而控制和确定挖掘机在任一正常位置时的工作范围。为防止因塌坡而使机器倾翻,在包络图上还须注明停机点与坑壁的最小允许距离。另外,考虑到机器的稳定与工作的平衡,挖掘机不可能在任何位置都发挥最大的挖掘力。

　　B　液压正铲挖掘机

液压正铲挖掘机的基本组成和工作过程与反铲式挖掘机相同。在中小型液压挖掘机中,正铲装置与反铲装置往往可以通用,它们的区别仅仅在于铲斗的安装方向,正铲挖掘机用于挖掘停机面以上的土壤,故以最大挖掘半径和最大挖掘高度为主要尺寸。它的工作面较大,挖掘工作要求铲斗有一定的转角。另外,由于在工作时受整机的稳定性影响较大,所以正铲挖掘机常用斗柄油缸进行挖掘。正铲铲斗采用斗底开启卸土方式,用油缸实现其开闭动作,这样,可以增加卸载高度和节省卸载时间。正铲中,动臂参加运动,斗柄无推压运动,切削土壤厚度主要用转斗油缸来控制和调节。液压正铲单斗挖掘机的结构如图 7 – 76 所示。

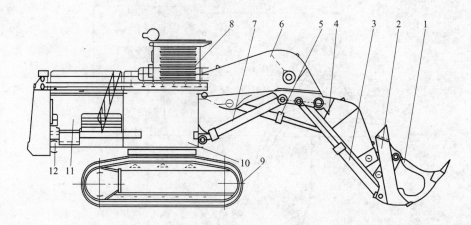

图 7 – 76　液压正铲单斗挖掘机结构
1—铲斗;2—斗托架;3—转斗油缸;4—斗臂;5—斗臂油缸;6—大臂;7—大臂油缸;
8—司机室;9—履带;10—回转台;11—机棚;12—配重

7.4.1.2　液压挖掘机的结构特征

A　工作装置的结构形式

液压挖掘机的结构形式,主要以动臂的结构形式来划分。动臂的主要形式有整体单节动臂、双节可调动臂、伸缩动臂式和天鹅颈形动臂等。其中天鹅颈形动臂应用最多。

(1)整体单节动臂。此种动臂结构的特点是结构简单,制造容易,质量轻,有较大的动臂转角。反铲作业时,不会摆动,操作准确,挖掘的壁面干净,挖掘特性好,装卸效率高。

(2)双节可调动臂。这种结构多半用于负荷不大的中、小型液压挖掘机上。按工况变化常需要改变上、下动臂间的夹角和更换不同的作业机具。另外,在上下动臂间可采用可变的双铰接连接,以此改变动臂的长度及弯度。这样,既可调节动臂的长度,又可调节上下动臂的夹角,可得到不同的工作参数,适应不同的工况要求,增大作业范围。互换性和通用性较好。

(3)伸缩动臂式。这种结构是指动臂由两节套装、用液压传动机构实现其伸缩的结构形式。伸缩臂的外动臂铰接在回转平台架上,由起升油缸控制其升降。铲斗铰接在内动臂的外伸端。它是一种既能挖掘又能平地的专用工作装置。

(4)天鹅颈形动臂。它是整体单节动臂的另一种形式,即动臂的下支点设在回转平台的旋转中心轴线的后面,并高出平台面。动臂油缸的支点则设在前面并往下伸出。动臂上有 3 个油缸活塞杆的连接孔眼,以便改变挖掘深度和卸载高度。这种结构增加了挖掘半径和挖掘深度并降低了工作装置的重量。

B　液压挖掘机回转机构的驱动特点

液压挖掘机的回转机构主要采用液压元件传动。由于平台负荷小,回转部分质量轻,故回转时的转动惯量小,启动和制动的加速度大,转速较高,回转一定转角所需时间少,有利于提高生产率。液压挖掘机回转机构传动方式可分为两类:在半回转的悬挂式或伸缩臂式液压挖掘机上采用油缸或单叶片油马达驱动;在全回转液压挖掘机上一般可采用高速小扭矩或低速大扭矩油马达驱动。全回转液压挖掘机的支承回转装置和齿轮、齿圈等传动部分的结构与一般挖掘机相同。而小齿轮的驱动部可分为高速和低速传动两种。对高速传动,采用高速定量轴向柱塞式油马达或齿轮油马达做动力机,通过齿轮减速箱驱动回转小齿轮环绕底座上的固定齿圈周边作啮合滚动,带动平台回转。对低速传动,采用内曲线多作用低速大扭矩径向柱塞式油马达直接驱动小齿轮,或者采用星形柱塞式或静平衡式低速油马达通过正齿轮减速来驱动小齿轮,再带动平台回转。国产 WY-100 型和 WY-200 型等液压挖掘机上采用了内曲线多作用油马达直接驱动回转小齿轮。这种油马达结构铰接紧凑,体积小,扭矩大,转速均匀,即使在低速运转下也有很好的均匀性。

C　行走装置的结构形式和特点

(1)轮胎行走装置的结构特点。用于各种液压挖掘机中的轮胎行走装置有标准汽车底盘、特种汽车底盘(在以上两种中,行走驾驶室与作业操纵室是分设的)、轮式拖拉机底盘和专用底盘等几种形式。现仅介绍轮胎式行走装置特殊结构部分的特点。

1)液压悬挂平衡装置及液压支腿机构。液压悬挂平衡装置是为了使挖掘机在运行时,能随着路面的不平而自动地维持机体的平衡,使挖掘机具有较高的越野性能,行驶平稳。液压悬挂装置安装在后桥上。

液压支腿装置能使挖掘机的工作载荷刚性地传到地面,以减轻车轮与轮轴的负荷,改善机器与土壤的附着条件,提高作业稳定性。液压支腿一般安装在行走装置的后面两侧,它们是液压折叠式机构。在小型液压挖掘机上,采用单油缸双支腿或双油缸双支腿结构。在中型挖掘机上普遍采用能伸缩和折叠的 4 个支腿,分别布置在前轮和后轮的两侧。

图 7-77 所示为挖掘机平台的液压悬挂平衡装置和液压支腿的联动装置。其工作原理是:当挖掘机作业时,油泵 1 供压力油,经换向阀 3 分成两路。当换向阀 3 在右边位置时,一路油经闭销阀 4 进入支腿油缸 5 的大腔,使支腿外伸支撑(图示位置);另一路油则使联动换向阀 7 右移,悬挂装置处于闭锁状态,作业时能起缓冲作用。行走时,换向阀 3 在左边位置,压力油的一路进入支腿油缸的小腔,使支腿缩回,另一路则使联动换向阀 7 左移,连通左右悬挂油缸 8,油缸一端与车架 9 连接,活塞端与后桥 10 连接。这时,由于两个油缸工作腔相连通,并与油箱也接通,这样,挖掘机在高低不平的路面上行驶时,车辆能自动上下摆动,保持着良好的地面支撑。

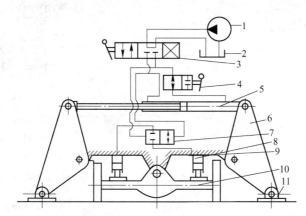

图 7-77　液压悬挂及支腿联动装置

1—油泵;2—油箱;3—换向阀;4—闭销阀;5—支腿油缸;6—支腿;7—联动换向阀;
8—悬挂油缸;9—车架;10—后桥;11—支腿接地块

2)传动方式。液压挖掘机轮胎行走装置有 3 种基本传动方式:机械传动、液压-机械式传动和全液压传动。机械式传动的动力传递路线为:发动机、变速箱、回转中心立轴(包括上、下传动箱)、伞齿轮传动、差速器、轮胎(或设有轮边减速装置)。由于机械传动的传动效率高,可采用通用零部件,使用可靠,成本低等优点,应用较广。其缺点是换挡慢,牵引特性欠佳,结构复杂,故在速度较高的挖掘机上应用较少。液压－机械式传动的动力传递路线为:发动机、油泵、油马达、变速箱、前后桥、轮边减速装置、轮胎。这种传动方式应用较广,有越野挡、公路行驶挡和拖车挡3种速度。全液压传动是利用两个油马达分别驱动前后桥传动,它和有差速器一样,可随油马达流量的变化起差速作用。在这种传动形式中,每个车轮可以独立地传递最大扭矩。流量的输送是靠差速运动而实现马达驱动车轮。油马达装于车轮的侧面。这种传动系统省去了复杂的机械传动部件,使用和维修都很方便。

（2）履带运行装置的传动形式和特点。液压挖掘机的履带运行装置的主要结构和工作原理与电铲基本相同。不同之处只是驱动系统,它也有机械传动式和液压传动式两种。全液压传动的挖掘机,履带运行装置是采用液压传动形式,即在每条履带上分别采用行走油马达驱动,油马达的供油也分别由一台油泵来完成。这样,液压传动式的结构更简单,只要通过对油路的控制,就可以很方便地实现运行、转弯或就地转弯,以适应各种场地的作业。

在液压传动的履带运行装置中,也有3种不同的传动方案:调整低扭矩油马达和行星齿轮减速器、高速低扭矩柱塞油马达和行星摆线液压减速器、低速大扭矩油马达和一级齿轮传动减速器,后者是采用较多的设计方案。

图7－78是采用高速低扭矩油马达和行星减速器的传动方案中所装配的双列行星齿轮减速箱结构示意图。国产 WY－100 型和 WY－200 型挖掘机是采用低速大扭矩内曲线径向柱塞油马达和一级正齿轮传动形式,如图7－79所示。

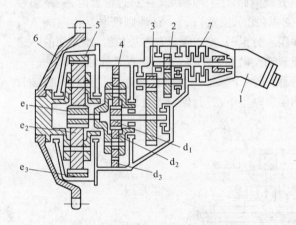 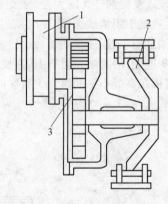

图7－78　双列行星齿轮减速箱　　　　　图7－79　低速大扭矩油马达和一级
1—油马达;2,3—正齿轮;4,5—行星齿轮;6—驱动轮;　　　　　正齿轮传动形式
7—制动器;d_1,e_1—太阳轮;d_2,e_2—行星轮;　　　　　1—行走油马达;2—驱动轮;
d_3,e_3—固定内齿圈　　　　　　　　　　　3—一级正齿轮减速箱

在上述的3种方案中,第一种传动形式的特点是:尺寸小,质量轻,部件通用化程度高,制造、安装、维修简便。第二种传动方案的特点是:传动比大,体积大,结构紧凑,机器离地间隙较大。第三种传动方案的特点是:结构大为简化,制造成本较低,国内外使用较多;其缺点是油马达的径向尺寸较大,使机器的离地间隙减小。

7.4.2　液压挖掘机分类

挖掘机种类很多,分类方式各异。

(1)按用途分类。按用途分,挖掘机一般可以分为通用式和专用式两类。通用式单斗挖掘机用在露天矿、城市建筑、工程建筑、水利和交通等工程,故称为万能式挖掘机或建筑型挖掘机。专用式单斗挖掘机有剥离型、采矿型和隧道型等几种。采矿型挖掘机多为正铲挖掘机。剥离用的单斗挖掘机,其工作尺寸和斗容量都比较大,适用于露天采场和表土剥离工作。隧道用的挖掘机可分为短臂式和伸缩臂式两种,用作开挖隧道时的出渣作业。

(2)按工作装置分类。根据工作装置的工作原理及铲斗与动臂的连接方式,挖掘机可分为刚性连接和挠性连接两类。属于刚性连接的有正铲、反铲、刨铲和刮铲;属于挠性连接的有索斗铲、抓斗铲等,属于这类挠性连接作其他用途的有打桩器、吊钩、拔根器等。在矿山使用较多的是正铲,因为它在挖掘时有较大的推压力,可挖掘坚实的硬土和装载经爆破的矿石。拉铲的抓斗的推压力或切入土壤的力主要靠铲斗的自重,故只适用于较松软土壤和砂土的挖掘作业。工作装置的灵活性是指挖掘机工作平台的回转程度。按这种灵活性分类,单斗挖掘机的平台有全回转式(即旋转360°)和不完全回转式(即旋转90°~270°)两种。

(3)按传动方式分类。按传动方式分,挖掘机分为全液压传动、机械传动和混合传动三种。传动机械均采用液压传动的挖掘机简称液压铲;采用电力驱动和机械传动的挖掘机简称电铲;采用柴油机和驱动机械传动的挖掘机称柴油铲。

(4)按动力装置分类。单斗挖掘机的动力装置有电力驱动、内燃驱动(主要是柴油机)和复合驱动三种方式。若挖掘机仅有一台原动机带动诸机构运动的称为单机驱动;以若干台发动机带动诸机构运动的称为多机驱动。在复合驱动中,有柴油机-电力驱动、柴油机-液力驱动等。

(5)按运行和支承装置分类。按运行和支承装置挖掘机分类如下:

1)铁路运行和支承装置,装有铁路运行和支承装置的挖掘机,它又分为窄轨距、标准轨距和特种轨距(即沿3、4条钢轨运行)三种。

2)轮胎运行和支承装置,它可以分为标准汽车底盘,特种汽车底盘,轮式拖拉机底盘和专用轮胎底盘运行装置。轮胎运行和支承装置的挖掘机主要用于城市建筑等部门。

3)履带运行和支承装置,这种装置可分为刚性多支点和刚性少支点、挠性多支点和挠性少支点四种。斗容量大于$1m^3$的挖掘机多用履带运行装置。履带式挖掘机主要用于露天采矿工程。

4)迈步式运行装置,这种装置又可分为偏心轮式、铰式、滑块式和液力式。迈步式(又称步行式)挖掘机主要用在松软土壤和沼泽地等接地比压很小的工作场所的剥离作业。有些大型采砂场中使用这种带迈步装置的挖掘机。

(6)按斗容量的大小分类。按斗容量的大小,单斗挖掘机的斗容可以分为小型、中型、大型和巨型四类。铲斗容积在$2m^3$以下的称为小型挖掘机,$3~8m^3$的称为中型挖掘机,$10~15m^3$的称为大型挖掘机,$15m^3$以上的称为巨型挖掘机。

7.4.3 液压挖掘机优缺点及适用范围

7.4.3.1 液压挖掘机的优点

(1)质量轻。当传递相同功率时,液压传动装置比机械传动装置的尺寸小、结构紧凑,质量轻,其质量可减轻30%~40%。

(2)能实现无级调速,调速范围大。它的最高与最低速度比可达1000:1。采用柱塞式油马达,可获得稳定转速1r/min。在快速运行时,液压元件产生的运动惯性小,可实现高速反转。

(3)传动平稳,工作可靠。液压系统中设置各种安全阀、溢流阀,即使偶然出现过载或误操作的情况,也不会发生人身事故和损坏机器。

(4)操作简单、灵活、省力,改善了司机的工作条件。另外,液压系统容易实现自动化操纵,可与电动、气动联合组成自动控制和遥控系统。

（5）工作装置的品种可以扩大，可以配置各种新型的工作装置，如组合型动臂、伸缩式动臂、底卸式装载斗等。另外，便于替换和调节工作装置，一般小型液压挖掘机可配有 30～40 种替换工作装置。

（6）维护检修简单。由于液压挖掘机不需要庞大复杂的中间机械传动系统，简化了结构，易损件减少了将近 50%，故维护、检修工作大为简化。

（7）液压元件易于实现标准化、系列化和通用化，便于组织专业化生产，提高质量和降低成本。

7.4.3.2　液压挖掘机的缺点

（1）对液压元件的制造精度要求较高，装配要求严格，维修也较困难。液压系统出现故障，要确定事故发生的原因和排除故障较困难，维护修理和调整技术要求也较高。

（2）工作油液的黏度受温度的影响较大，因而在高温和低温下工作均影响传动效率。另外，油液的泄漏，也会影响动作的平稳和传动效率。

7.4.3.3　适用范围

液压挖掘机的适用范围很广，它可以配备各种不同的工作装置，进行各种形式的土方或石方铲挖工作。在露天采矿中，单斗挖掘机可用作表土的剥离、矿物的采掘和装载工作。此外，液压挖掘机还广泛应用于建筑、铁路、公路、水利和军事等工程。由于它具有铲取挖掘力大、作业稳定、安全可靠和生产效率高等突出的优点，是露天采矿工程及其他土石方工程中主要的挖掘和装载设备。

7.4.4　液压挖掘机的液压系统

挖掘机的液压系统是根据机器的使用工况，动作特点，运动形式及其相互的要求，速度的要求，工作的平稳性、随动性、顺序性、连锁性以及系统的安全可靠性等因素来考虑的，这就决定了液压系统的类型多样化。在习惯上，挖掘机的液压系统是按主油泵的数量、功率的调节方式、油路的数量来分类的，一般可以分为 6 种基本形式：（1）单泵或双泵单路定量系统，如 WY - 160 型挖掘机；（2）双泵双路定量系统，如 WY - 100 型挖掘机；（3）多泵多路定量系统，如 WY - 250 型和 H121 型等挖掘机；（4）双泵双路多功率调节变量系统，如 WY - 200 型挖掘机；（5）双泵双路全功率调节变量系统，如 WY - 60A 型挖掘机；（6）多泵多路定量、变量混合系统，如 SC - 150 型挖掘机。此外，按油流循环方式的不同，挖掘机的液压系统还可以分为开式和闭式两种系统。下面以 WY - 100 型和 WY - 200 型挖掘机的液压系统为例进行原理介绍。

A　WY - 100 型双泵双路定量系统工作原理

WY - 100 型液压挖掘机的动力为 6135Q 型柴油机，持续功率为 90～100kW，额定转速为 1600r/min。根据用户的需要，WY - 100 型液压挖掘机还可以换上 85kW 的三相交流电动机作动力。由图 7 - 80 可见，WY - 100 型挖掘机的液压系统采用了双泵双路定量系统。双泵采用并联方式，各自为分配阀组串联供油。油泵为曲轴式径向柱塞泵，转速 1600r/min，最大压力为 32MPa。回转油马达和行走油马达均采用内曲线多作用径向柱塞式低速大扭矩油马达、扭矩常数为 3.18。油泵 1 直接从油箱中吸油，高压油分两路进入分配阀组 2 和 4。进入分配阀组 2 的高压油驱动回转马达 9、铲斗油缸 16、辅助油缸 14，同时经中央回转接头驱动后行走马达 7。进入分配阀组 4 的高压油驱动动臂油缸 13、斗柄油缸 15、经中央接头驱动左行走马达 7 及推土油缸 6。当机械在斜坡上产生超速溜坡时，两组分配阀的回油均可通过限速阀 5（单向阀 3 的作用下），自动控制行走速度。当回转马达、铲斗油缸和右行走马达不工作时，可用合流阀将高压油引入分配阀组4,用以加快动臂或斗柄的动作速度。

从分配阀出来的回油经过背压阀10、散热器12和滤油器11流回油箱。图7-80中虚线表示分配阀和油马达的泄漏油路,油液可不经散热器12和滤油器回至油箱。系统中的背压阀(压力为1MPa)将低压油通到补油回路,在油马达制动状态和超速状态时进行补油。另外,排灌回路还可以将低压回油经节流减压后引入油马达壳体,使其保持一定的循环油量,又将壳体磨损污物冲洗掉,保持油马达的清洁。通过两个行走马达7的串联和并联供油,可获得两挡行走速度。图7-80是双速阀8向油马达并联供油,此时为低速行走;双速阀在另一位置时,即为串联供油(高压油先进入图示下排油马达,出轴经双速阀再进入上排油马达),此时,挖掘机就高速行走。

WY-100型双泵双路定量系统操作性能好,安全可靠。除油泵进入各分配阀组的主油路上装置安全溢流阀外,从分配阀组到各执行元件的每一分路上的压力,还可以通过过载阀分别进行调整。这样,一方面保证了机械工作时各部分压力的平衡;另一方面又可使整个系统和各个执行元件受到保护。由于每一回路均为串联,既可保证同时进行多种动作及其准确性,又可将油量集中供给单一动作,提高生产效率。

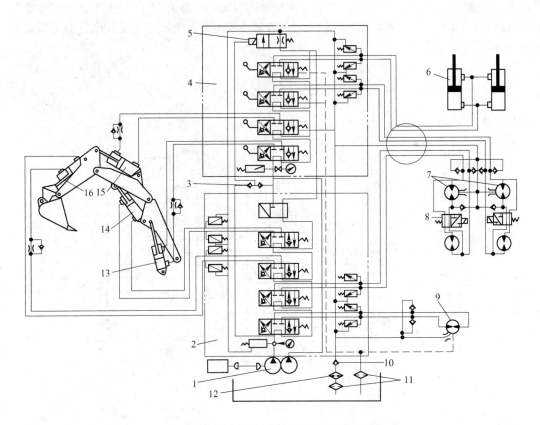

图7-80 WY-100型挖掘机液压系统

1—油泵;2,4—分配阀组;3—单向阀;5—速度限制阀;6—推土油缸;7—行走马达;8—双速阀;9—回转马达;
10—背压阀;11—滤油器;12—散热器;13—动臂油缸;14—辅助油缸;15—斗柄油缸;16—铲斗油缸

B WY-200型挖掘机双泵双路分功率调节变量系统原理

WY-200型挖掘机的发动机为12V135型柴油机,额定功率为180kW。根据正铲工作要求,系统采用了双泵双路分功率调节变量系统。发动机带两台高压泵,即740型轴向变量柱塞泵,恒功率调节,额定转速为970r/min,压力为13～34MPa,流量为360～135L/min。系统最高压力32.0MPa。回转和行走采用径向柱塞式低转速大扭矩油马达,其最大工作压力为28MPa,输出扭矩为39N·m,最大转速为35r/min。技术参数匹配能够较好地满足工作要求。

如图7-81所示,在双泵双路分功率调节变量系统中,泵A驱动左行走马达5、铲斗油缸2、一侧动臂油缸7、一侧斗柄油缸6;泵B驱动右行走油马达5、回转油马达9、另一侧动臂油缸7和另一侧斗柄油缸6。斗底的开启设有开启油缸3,由回路中的低压油驱动,两台变量泵构成两个独立的液压系统。各个系统采用串联油路。仅回转油马达为并联油路,这就保证了各个机构的独立操作。当挖掘作业或动臂上升需较大动力时,两台泵可以合流,集中供应动臂油缸或斗柄油缸,使最沉重的动作在最短的时间内完成,达到提高生产率的目的。该液压系统为开式油路(即执行元件的回油直接返回油箱。如果油马达的回油直接返回油泵,即为闭式油路)。柴油机通过弹性联轴节与传动机构相连,传动机构再带动两台恒功率变量轴向柱塞泵A和B,泵从油箱吸油,分两个主压力油路打出,每一油路通入几个三位四通操纵阀,各操纵阀分别控制回转油马达、动臂油缸、铲斗油缸和行走油马达的驱动,在组合阀内装有安全阀,当工作油压力超过28MPa时,油液直接溢回油箱,防止油泵过载运转。在组合阀的每个分路上,均设有分路卸荷阀,根据各工作机构工况不同,将卸荷阀调动相应的压力。若某一液压元件超过这一压力时,工作油就溢回油箱。

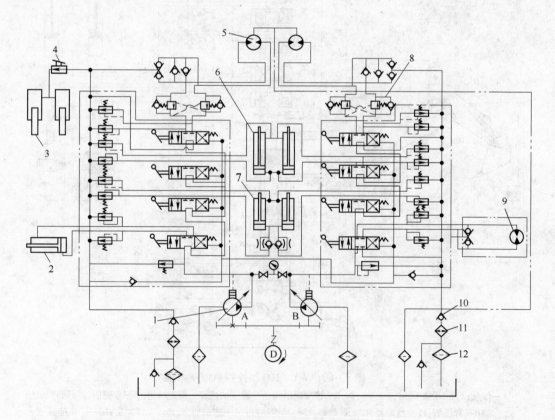

图7-81　WY-200型挖掘机液压系统

1—变量油泵;2—铲斗油缸;3—斗底开启油缸;4—脚踏单向阀;5—行走油马达;6—斗柄油缸;
7—动臂油缸;8—速度限制阀;9—回转马达;10—背压阀;11—散热器;12—滤油器

在回路中装有背压阀10(调成1MPa的背压),使油泵自动变量控制和油马达背压,避免停车时空气进入回油路。从背压阀流出来的油经过冷却器冷却降温,再经滤清器流回油箱。为防淤塞,滤清器上装有0.3MPa压力阀。

行走油马达通过中央回转接头进油,左、右行走油马达可以分别正、反向进油,故挖掘机可以原地转弯。在行走马达的油路中装有限速阀8,防止下坡滑溜。

动臂、斗柄、铲斗的各油缸均通过回转接头给油,用以开底的斗底油缸回油油路供油。斗底油缸的活塞杆伸长,则关闭斗底;脚踏单向阀4时,控制油缸的排油过程,在斗底自重和土重作用下,完成斗底的开启,同时油缸活塞缩回。斗柄油缸和动臂油缸的合流,靠司机手动控制。

7.4.5 液压挖掘机使用维护及故障排除

7.4.5.1 使用维护

(1)液压挖掘机与机械式挖掘机不同,使用它进行作业时,重点是掌握好液压系统的特点和使用方法,以便提高工作效率,并保证设备完好和人身设备安全。

(2)液压挖掘机用油应采用提炼优质、低凝点和低石蜡含量的液压油;液压油在工作温差较大时性能稳定,具有良好的润滑性、耐磨性、耐腐蚀性和抗气蚀性等。液压挖掘机应选择在冬夏两季边界条件下均能正常工作的液压油,其黏度曲线应较平稳,尽量减少换油次数,以避免给液压系统带来灰尘污染,并节约耗油费用。

(3)启动前应检查发动机周围和机棚上是否有工具或其他物品。

(4)工作油箱内的油面必须在油标所示范围的2/3处,应将机器放在平坦的场地上进行检查。

(5)检查散热器皮带张紧程度,必要时须调整。

(6)检查工作装置各铰销是否可靠,驾驶室旁有梯子的要先撤掉,拔出转台止销。工作时操作要平稳,不允许工作装置有冲撞动作,要防止过载。

(7)轮胎式挖掘机作业时要先拔去支腿上的插销,将左右支腿转到所需位置,然后放下支腿,使后轮略微离地。

(8)空运转期间要对液压系统进行检查。油泵和管路不得有抖动和不正常现象,必要时应排除空气。

(9)工作装置进行若干次空动作,检查动作情况是否正常。如发现漏油等故障,应及时处理。在挖掘机工作时,一般应将发动机油门手柄放在转速偏高的位置;起重作业时,转速可适当放低。各工作机构联合动作时,不宜合流;特别是在满负荷时,更不能合流。

(10)挖掘机必须在不会造成失稳的场合下使用与操作。未经驾驶员允许,任何人不准上机,更不能随意开动,铲斗内不准坐人。

(11)在高压电线附近运输或工作时,必须保持一定的安全距离。如必须在此距离内工作时,必须有电气保险装置,并通过当地电业局。

(12)如果装载与卸载地点没有充分的视野,则应由助手做向导,确保安全操作。

(13)挖掘机工作时,危险区域内(动臂与斗杆全伸出时,由斗齿最外缘围绕机器回转中心划出的一个整圆范围内)不准有任何人停留。

(14)不准用抽回斗杆的办法,排除牢固地固定在地面上的物体。交通阻塞或经过十字路口时,要有安全措施,并应由汽车护送、领路。为了保持良好的视野,动臂必须放在水平位置,铲斗与斗杆油缸全伸出,铲斗离地面高度不小于400mm。

（15）不允许挖掘离机身太近处的土方,以免斗齿碰坏机件或造成塌方。油缸伸缩至极限位置时,必须保持平稳,避免冲击。

（16）不允许利用工作装置在回转的过程中做扫地式动作,更不准用铲斗打桩。

（17）禁止在斜坡上作业。必须在斜坡上作业时,应使用铰盘将挖掘机拖住,以防下滑。

（18）工作中要经常注意仪表是否正常,注意仪表所指示的数字。液压油温最高不得超过80℃。一般在一小时内应达到温度平衡。如油温异常升高,应及时检查,排除隐患。

（19）工作时,不得打开压力表开关,以免损坏压力表,不允许将多路阀上的压力任意调高到规定值以上。

（20）新机器在使用100h内,每班应检查工作油箱上的磁性滤清器,并进行清洗。发现液压油污严重时,及时更换液压油、清洗油箱。

（21）经常检查管路,不得漏油。如发现漏油,应及时进行紧固。管路夹板也要紧固好。

（22）作业中间休息或机器停放不工作时,必须将铲斗放在地面。司机离机前必须使用制动器,放好安全装置。停机时间较长或一日工作结束后,必须把发动机关闭、熄火,取下点火钥匙,锁好机门。

（23）修理和保养工作必须在机器完全停止,铲斗放在地面上时才能进行。必要时应采取适当办法（加支撑）,防止动臂和斗杆下降。

（24）挖掘机在坡道上行驶时,禁止柴油机熄火,以免行走油马达失去补油而造成溜坡等事故。

（25）日常维护要做好各润滑部位的润滑工作,以减少零件磨损,延长使用寿命。

7.4.5.2　故障排除

液压挖掘机的主要故障及其排除方法见表7-15。

表 7-15　液压挖掘机的主要故障及排除方法

故障现象		产生原因	处理方法
整机部分	机器工作效率明显下降	（1）柴油机输出功率不足; （2）油泵磨损; （3）主溢流阀调整不当; （4）工作排油量不足; （5）吸油管路吸进空气	（1）检查、修理柴油机气缸总成; （2）检查、更换磨损严重的零件; （3）重新调整溢流阀的整定值; （4）检查油质、泄漏及元件磨损情况; （5）排出空气,坚固接头,完善密封
	操纵系统控制失灵	（1）控制阀的阀芯受压卡紧或破损; （2）滤油器破损,有污物; （3）管路破裂或堵塞; （4）操纵连杆损坏; （5）控制阀弹簧损坏; （6）滑阀液压卡紧	（1）清洗、修理工或更换坏的阀芯; （2）清洗或更换已损坏的滤油器; （3）检查、更换管路及附件; （4）检查、调整或更换已损坏的连杆; （5）更换已损坏的弹簧; （6）换装合适的阀零件
	挖掘力太小,不能正常工作	（1）油缸活塞密封不好,密封圈损坏,内漏严重; （2）溢流阀调压太低	（1）检查密封及内漏情况,必要时更换油缸组件; （2）重新调节阀的整定值
	液压输注油管破裂	（1）调定压力过高; （2）管子安装扭曲; （3）管夹松动	（1）重新调整压力; （2）调直或更换; （3）拧紧各处管夹

故障现象		产生原因	处理方法
整机部分	工作、回转和行走装置均不能动作	(1)油泵产生故障; (2)工作油量不足; (3)吸油管破裂; (4)溢流阀损坏	(1)更换油泵组件; (2)加油至油位线; (3)检修、更换吸油管及附件; (4)检查阀与阀座、更换损坏件
	工作、回转和行走装置工作无力	(1)油泵性能降低; (2)溢流阀调节压力偏低; (3)工作油量减少; (4)滤油器堵塞	(1)检查油泵,必要时更换; (2)检查并调节至规定压力; (3)加油至规定油位; (4)清洗或更换
履带行走装置	行走速度较慢或单向不能行走	(1)溢流阀调压不能升高; (2)行走油马达损坏	(1)检查和清洗阀件,更换损坏的弹簧; (2)检修油马达
	行驶时阻力较大	(1)履带内夹有石块等异物; (2)履带板张紧度过度; (3)缓冲阀调压不当; (4)油马达性能下降	(1)清除石块等异物,调整履带; (2)调整到合适的张紧度; (3)重新调整压力值; (4)更换已损零件,完善密封
	行驶时有跑偏现象	(1)履带张紧左右不同; (2)油泵性能下降; (3)油马达性能下降; (4)中央回转接头密封损坏	(1)调整履带张紧度,使左右一致; (2)检查、更换严重磨损件; (3)检查、更换严重磨损件; (4)更换已损零件,完善密封
轮胎行走装置	行走操作系统不灵活	(1)伺服回路压力低; (2)分配阀阀杆夹有杂物; (3)转向夹头润滑不良; (4)转向接头不圆滑	(1)检查回路各调节阀,调整压力值; (2)检查调整阀杆,清除杂物; (3)检查转向夹头并加注润滑油; (4)检修接头,去除卡滞毛刺
	变速箱有严重噪声	(1)润滑油浓度低; (2)润滑油不足; (3)齿轮磨损或损坏; (4)轴承磨损或损坏; (5)齿轮间隙不合适; (6)差速器、万向节磨损	(1)按要求换装合适的润滑油; (2)加足润滑油到规定油位; (3)修复或更换; (4)换装新轴承并调整间隙; (5)换装新齿轮并调整间隙; (6)修复或换装新件
	变换手柄挂挡困难	(1)齿轮齿面异状,花键轴磨损; (2)换挡拨叉固定螺钉松动、脱落; (3)换挡拨叉磨损过度	(1)检修或更换已严重磨损件; (2)打紧螺钉并完善防松件; (3)修复或更换拨叉
	驱动桥产生杂声	(1)轴承壳破损; (2)齿轮啮合间隙不合适; (3)润滑油粒度不合适; (4)油封损坏,漏油	(1)检查、修理或更换轴承件; (2)调整啮合间隙,必要时更换齿轮; (3)检测润滑油黏度,换装合适的油; (4)更换油封,完善密封
	轮边减速器漏油	(1)轮壳轴承间隙过大; (2)润滑油量过多、过稠; (3)油封损坏漏油	(1)调整轴承间隙并加强润滑; (2)调整油量和油质; (3)更换油封,完善密封

故 障 现 象		产 生 原 因	处 理 方 法
轮胎行走装置	制动时制动漏油	(1)制动鼓中流入黄油; (2)壳内进入齿轮油; (3)摩擦片表面有污物或油渍	(1)清洗制动鼓并完善密封; (2)清洗壳体; (3)检查和清洗摩擦片
	制动器操纵失灵	(1)油缸活塞杆间隙过大; (2)储气筒产生故障; (3)制动块间隙不合适; (4)制动衬里磨损; (5)液压系统进入空气	(1)检查活塞杆密封件,必要时换装新件; (2)拆检储气筒,更换已损件; (3)检查制动块并调整间隙; (4)换装新件; (5)排除空气并检查、完善各密封处
回转部分	机身不能回转	(1)溢流阀或过载阀偏低; (2)液压平衡阀失灵; (3)回转油马达损坏	(1)更换失效弹簧,重新调整压力; (2)检查和清洗阀件,更换失效弹簧; (3)检修马达
	回转速度太慢	(1)溢流阀调节压力偏低; (2)油泵输油量不足; (3)输油管路不畅通	(1)检测并调整阀的整定值; (2)加足油箱油量,检修油泵; (3)检查并疏通管道及附件
	启动有冲击或回转制动失灵	(1)溢流阀调压过高; (2)缓冲阀调压偏低; (3)缓冲阀的弹簧损坏或被卡住; (4)油泵及马达产生故障	(1)检测溢流阀,调节整定值; (2)按规定调节阀的整定值; (3)清洗阀件,更换损坏的弹簧; (4)检修油泵及马达
	回转时产生异常声响	(1)传动系统齿轮副润滑不良; (2)轴承辊子及滚道有损坏处; (3)回转轴承总成联结件松动; (4)油马达发生故障	(1)按规定加足润滑脂; (2)检修滚道,更换损坏的辊子; (3)检查轴承各部分,紧固联结件; (4)检修油马达
工作装置	重载举升困难或自行下落	(1)油缸密封件损坏、漏油; (2)控制阀损坏、泄漏; (3)控制油路串通	(1)拆检油缸,更换损坏的密封件; (2)检修或更换阀件; (3)检查管道及附件,完善密封
	动臂升降有冲击现象	(1)滤油器堵塞,液压系统产生气穴; (2)油泵吸进空气; (3)油箱中的油位太低; (4)油缸体与活塞的配合不适当; (5)活塞杆弯曲或法兰密封件损坏	(1)清洗或更换滤油器; (2)检查吸油管路,扣除空气,完善密封; (3)加油至规定油位; (4)调整缸体与活塞的配合松紧程度; (5)校正活塞杆,更换密封件
	工作操纵手柄控制失灵	(1)单向阀污染或阀座损坏; (2)手柄定位不准或阀芯受阻; (3)变量机构及操纵阀不起作用; (4)安全阀调定压力不稳、不当	(1)检查和清洗阀件,更换已损件; (2)调整联动装置,修复严重磨损件; (3)检查和调整变量机构组件; (4)重新调整安全阀整定值
转向系统	转向速度不符合要求	(1)变量机构阀杆动作不灵; (2)安全阀整定值不合适; (3)转向油缸产生故障; (4)油泵供油量不符合要求	(1)调整或修复变量机构及阀件; (2)重新调整阀的整定值; (3)拆检油缸,更换密封圈等已损件; (4)检修油泵
	方向盘转动不灵活	(1)油位太低,供油不足; (2)油路脏污,油流不畅通; (3)阀杆有卡滞现象; (4)阀不平衡或磨损严重	(1)加油至规定油位; (2)检查和清洗管道,换装新油; (3)清洗和检修阀及阀杆; (4)检修或更换阀组件

故障现象		产 生 原 因	处 理 方 法
转向系统	转向离合器不到位	(1)油位太低,供油不足; (2)吸入滤油网堵塞; (3)补偿油泵磨损严重,所提供的油压偏低; (4)主调整阀严重磨损,泄漏	(1)加油至规定油位; (2)清洗或更换滤油阀; (3)用流量计检查油泵,检修或更换油泵组件; (4)检修或更换阀组件
制动系统	制动器不能制动	(1)制动操纵失灵; (2)制动油路有故障; (3)制动器损坏; (4)联结件松动或损坏	(1)检修或更换阀组件; (2)检修管道及附件,使油流畅通; (3)检修制动器,更换已损件; (4)更换并坚固联结件
	制动实施太慢	(1)制动管路堵塞或损坏; (2)制动控制阀调整不当; (3)油位太低,油量不足; (4)工作系统油压偏低	(1)疏通和检修管道及附件; (2)检查阀并重新调整整定值; (3)加足工作油并保持油位; (4)检查油泵,调整工作压力
	制动器 制动后脱不开	(1)制动控制阀调整不当或失效; (2)系统压力不足; (3)管路堵塞,油流不畅; (4)制动油缸有故障; (5)制动装置损坏	(1)检修或调整阀组件; (2)检查油泵及阀,保持额定工作压力; (3)检查并疏通管道及附件; (4)拆检油缸,更换已损件; (5)修复或更换联动装置组件

8 冶金液压系统及其使用维护

8.1 炼铁设备液压系统

8.1.1 高炉炉顶加料装置液压系统

高炉是生产生铁的大型冶炼设备。精选后的矿石和焦炭等物料在高炉内加热熔炼后生产出铁水,同时产生出可燃煤气。现代高炉容积高达数千立方米,每昼夜生铁产量可达万吨。高炉在一个钢铁联合企业中不仅要为炼铁以后的各道工序(如炼钢、轧钢等)提供原料,而且要提供煤气作为能源。因此,在高炉点火投产后各种设备都应长期保持连续、正常运行。高炉在冶炼过程中,需要定期从炉顶加入矿石和焦炭等物料。由于高炉顶部贮存有一定压力(0.07~0.25MPa)的可燃煤气,在加料过程中不允许炉顶气体与大气相通。通常是在高炉炉顶加有两道钟状加料门(称为大钟和小钟)以及各种相应的阀门。大钟、小钟和阀门采用液压传动后可以大大减轻设备重量,使其动作平稳,减少冲击,适宜频繁操作。

图8-1所示为一种双钟四阀(闸阀、密封阀各四个)型高炉炉顶加料装置的原理。高炉在生产过程中大钟1及小钟2通常是关闭的,在大、小钟之间形成一个与高炉顶部3及大气不相通

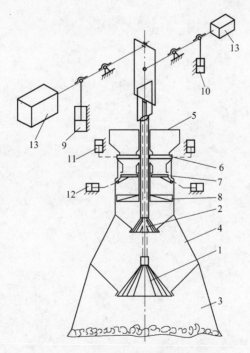

图8-1 高炉炉顶加料装置原理

1—大钟;2—小钟;3—高炉顶部;4—隔离空间;5—加料斗;6—闸阀;7—密封阀;8—布料器;
9—驱动大钟的液压缸;10—驱动小钟的液压缸;11—驱动闸阀的液压缸;
12—驱动密封阀的液压缸;13—平衡重

的隔离空间 4。加料斗 5 中的矿石、焦炭等物料经闸阀 6 和密封阀 7 由布料器 8 散布在小钟上。加料时小钟下落开启,物料落到大钟上,小钟向大钟落料数次后关闭,然后大钟下降开启将物料加入高炉内。小钟下降开启前应使隔离空间与大气相通以使小钟上、下压力平衡便于开启;而在大钟下降开启前应使隔离空间与高炉顶部相通以使大钟上、下压力平衡便于开启。用压力平衡阀可以完成上述压力平衡功能。图 8-1 中的 9、10、11 和 12 分别为驱动大钟、小钟、闸阀和密封阀的液压缸。13 为平衡重,压力平衡阀有时也可用液压传动。

图 8-2 所示为高炉炉顶加料装置液压系统。该系统的主要特点如下:

(1)大、小钟的自重都很大,大钟连同其拉杆等运动部件,质量可达百余吨。为了简化传动系统及减小液压缸尺寸,采用了单缸加平衡重的传动方式,1 为驱动大钟的液压缸;2 为驱动小钟的液压缸。

(2)由于高炉炉顶加料装置液压系统应该高度可靠,大、小钟共有四套油路结构完全相同的阀控单元。3、4 是大钟常用的两套阀控单元;5 是小钟常用的一套阀控单元;6 是大、小钟共同备用的一套阀控单元。上述各阀控单元中任一套发生故障或处于检修时,都可用相应的手动截止阀,将备用的阀控单元投入回路工作。大、小钟还分别装有油路结构相同的手动阀控单元,如图 8-2 中 7、8 所示,作为停电时应急操作使用。9 是驱动密封阀的液压缸,它有三套油路结构完全相同的阀控单元 11、12 和 13,其中两套同时工作一套备用。10 是驱动闸阀的液压缸,它也有三套油路结构完全相同的阀控单元 14、15 和 16,其中两套同时工作一套备用。17、18、19、20 和 21 是五套相同的液压动力单元,其中一套备用。蓄能器单元 22、23 分别作为大、小钟和密封阀、闸阀的停电应急能源。

(3)在每一个液压动力单元中,有一台低压大流量液压泵 17.1 和一台高压小流量液压泵 17.2,以保证液压缸重载时慢速运行,轻载时快速运行。

(4)在液压油路结构完全相同的大、小钟阀控单元中,主换向阀 3.1 是液控型的,为使换向平稳,其换向速度用单向节流阀组 3.2 调定。为了保持大、小钟处于停止位置时不因载荷变化而移动,装有一组液控单向阀 3.3。在大、小钟阀控单元的油路中采用了停电保护措施。系统在正常工作时,大、小钟的开、闭均首先由液压动力源和蓄能器同时供油,这时换向阀 3.4 得电,而换向阀 3.6 与主换向阀 3.1 处于相同的换向位置,即阀 3.6 和阀 3.1 均往同一管道中供油。液压缸运动到一定位置后,行程开关动作使先导换向阀 3.5 失电,动力源来油被阀 3.1 切断,改由蓄能器单元 22 经阀 3.4、阀 3.6 供油,液压缸慢速运动到位。以上为正常工作状态,当大、小钟在运动过程中突然停电时,阀 3.1 虽然处于断路,但由于换向阀 3.6 的双稳态功能,尚可使蓄能器继续供油,以保证大、小钟仍可慢速运动到原设定的位置。

(5)停电后,可利用蓄能器单元 22 的备用能量,分别通过手动阀控单元 7、8 对大、小钟进行应急操作。

(6)液压缸 9 的工作压力低于主油路的压力,因此在相应的油路上装有减压阀 24、11.2 和蓄能器单元 23。密封阀的阀控单元 11、12 和 13 的油路结构也具有与大、小钟阀控单元相同的停电保护措施。液控单向阀 11.3 用以防止密封阀因自重而开启。减压阀 11.4 用以防止密封阀关闭时受力过大。

(7)闸阀的阀控单元 14、15 和 16 的油路结构相同;其停电保护措施能保证停电时使闸阀的关闭动作继续完成。

(8)驱动大、小钟,密封阀和闸阀的液压缸油路上都设有两组单向节流阀,用以调节开、闭的速度。

(9)大、小钟液压缸的两侧油路上都装有安全阀 25、26。特别是当大、小钟之间隔离空间中的可燃气体发生偶然性爆炸而使大钟上表面出现超载情况时,安全阀的保护作用就更为重要。

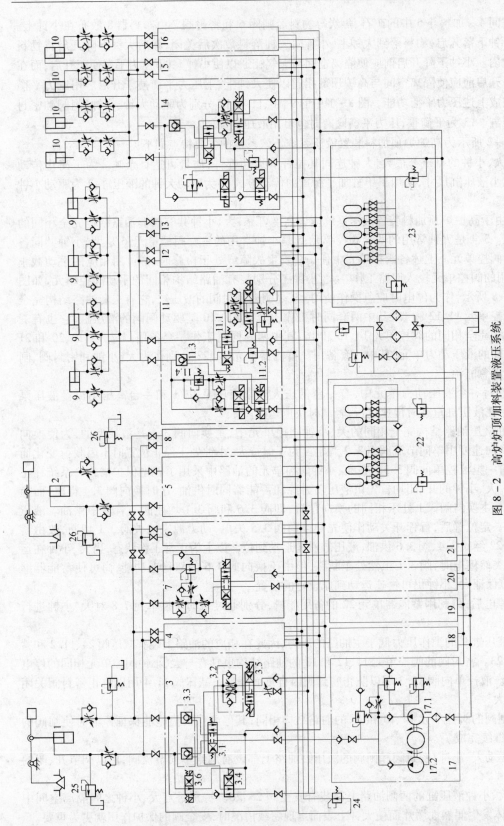

图 8 - 2　高炉炉顶加料装置液压系统

1—驱动大钟的液压缸;2—驱动小钟的液压缸;3,4—大小钟常用的两套阀控单元;5—小钟常用的一套阀控单元;6—大小钟共同备用的一套阀控单元;7,8—手动阀单元;
9—驱动密封阀阀组的液压缸;10—驱动闸阀的液压缸;11~16—阀控单元;17~21—液压动力单元;22,23—停电应急能源;24—减压阀;25,26—安全阀;3.1,11.1—液控主换向阀;
3.2—单向节流阀;3.3—液控单向阀;3.4,3.6—换向阀;3.5—先导换向阀;11.2,11.4—换向阀;11.3—液压单向阀;17.1,17.2—液压泵

8.1.2 高炉泥炮液压系统

高炉泥炮液压系统是由三个液压缸和一个液压马达来完成各部分动作的。高炉泥炮液压传动系统如图 8-3 所示。

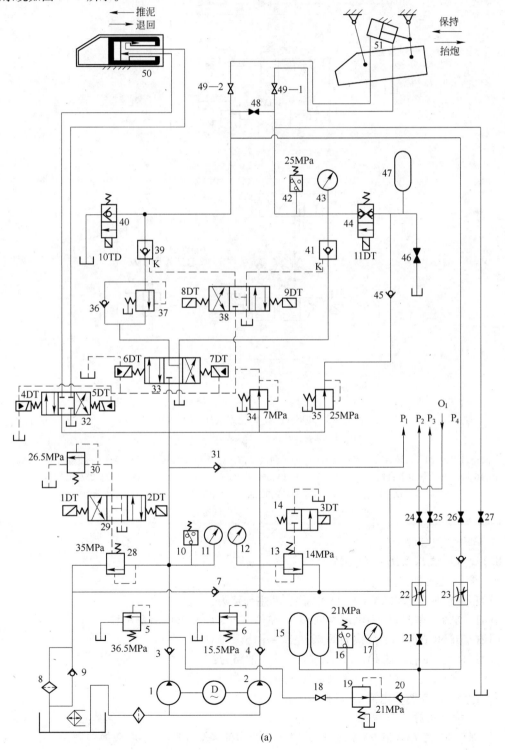

(a)

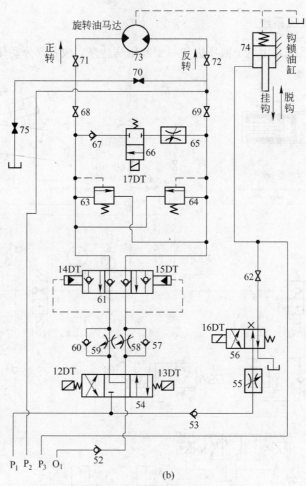

(b)

图 8 - 3	4065m³ 高炉泥炮液压传动系统

—▷◁—常开截止阀；	—▶◀—常闭截止阀

1,2—泵；3,4,7,9,20,31,36,45,52,53,57,60,67—单向阀；5,6,13,19,28,30,34,35,37,63,64—顺序阀；8—过滤器；

10,16,42—压力继电器；11,12,17,43—压力表；14,66—电磁阀；15,47—蓄能器；18,21,24,25,26,27,46,48,

49,62,68,69,70,71,72,75—截止阀；29,32,33,38—电液换向阀；39,41—液压单向阀；

40,44—二位换向阀；50—充填装置；51—双向液压缸；54,56—电磁换向阀；

22,23,55,58,59,65—节流阀；61—液控换向阀；73—旋转油马达；74—液压油缸

8.1.2.1 液压系统的油路情况

A 充填液压缸工作过程

(1)压泥时使电磁铁 1YA 和 4YA 通电,其主油路为:

进油 泵 1→单向阀 3→电液换向阀 32 左位→缸 50 左腔,使活塞左移

回油 缸 50 右腔→电液换向阀 32 左位→油箱

(2)退回时,使电磁铁 1YA, 5YA 通电,其主油路为:

进油 泵 1→单向阀 3→电液换向阀 32 右位→缸 50 右腔,使活塞右移

回油 缸 50 左腔→电液换向阀 32 右位→油箱

B 保持液压缸工作过程

(1)保持时,使 7YA 和 9YA 通电,此时控制压力油经顺序阀 34→电液换向阀 38→液控单向

阀39K口将单向阀打开。其主油路为:

进油 泵1→单向阀3→电液换向阀33右位→液控单向阀41→截止阀49-1→缸51右腔,使活塞左移

回油 缸51左腔→截止阀49-2→液控单向阀39→顺序阀37→电液换向阀33右位→油箱

(2)抬炮时,使6YA和8YA通电,此时控制压力油将液控单向阀41打开。其主油路为:

进油 泵1→单向阀3→电液换向阀33左位→单向阀36→液控单向阀39→截止阀49-2→缸51左腔,使活塞右移

回油 缸51右腔→截止阀49-1→液控单向阀41→电磁换向阀33左位→油箱

C 旋转装置液压马达工作过程

(1)正转时,使13YA和14YA通电,其主油路为:

进油 泵2→单向阀4→电磁换向阀54右位→单向阀60→液控换向阀61左位→截止阀68、71→液压马达左腔

回油 液压马达右腔→截止阀72、69→液控换向阀61左位→节流阀58→电磁换向阀54右位→单向阀52、7→滤油器8→油箱

(2)反转时,使12YA和15YA通电。其主油路为:

进油 泵2→单向阀4→电磁换向阀54左位→单向阀57→液控换向阀61右位→截止阀69、72→液压马达73右腔

回油 液压马达73左腔→截止阀71、68→液控换向阀61右位→节流阀59→电磁换向阀54左位→单向阀52、7→滤油器8→油箱

D 钩锁装置液压缸工作过程

(1)脱钩时,使16YA通电,其主油路为:

进油 泵2→单向阀4、53→节流阀55→电磁换向阀56左位→截止阀62→缸74下腔,使活塞上移

(2)搭钩时,使16YA断电,弹簧力使其活塞下移,其主油路为:

回油 缸74下控→截止阀62→电磁换向阀56右位→油箱

8.1.2.2 主要参数

(1)工作压力:

充填系统	35MPa
保持系统	25MPa
旋转和钩锁系统	14MPa

(2)高压泵:

型式	柱塞式
额定压力	35MPa
额定流量	$0.123m^3/min$
电机功率	32kW

(3)低压泵:

型式	叶片式
额定压力	14MPa
额定流量	$0.082m^3/min$

(4)蓄能器(压炮用):

型式	活塞式
最高使用压力	25MPa

	容积	0.005m³
	预充氮气压力	13MPa

(5)蓄能器(停电时用):

	型式	球胆型
	最高使用压力	21MPa
	容积	0.06m³
	预充氮气压力	10MPa

(6)油箱容积:　　　　1.2m³

(7)纯磷酸酯型(难燃型)。

(8)充填液压缸规格:　　φ470mm × φ320mm × 1195mm

(9)保持液压缸规格:　　φ250mm × φ160mm × 480mm

(10)液压马达规格:

　　排量　　　　　　0.0726m³

　　扭矩　　　　　　2550N·m(14MPa 时)

(11)钩锁装置液压缸规格:φ50mm × φ22.4mm × 150mm

8.1.2.3　液压系统工作原理

液压站设有两套液压装置,一套液压装置出现故障时,另一套可替换进行工作。由图 8-3 可知:系统由一台高压泵和一台低压泵供油。高压泵为充填和保持装置供油。操作电液换向阀 29 可使系统实现二级调压(35MPa 和 26.5MPa)或卸荷。低压泵为旋转和钩锁装置供油,当系统压力达 14MPa 时,压力继电器可使泵卸荷。蓄能器 15 能保证保持、旋转和钩锁装置完成一次全行程动作。蓄能器 47 的作用是使保持装置保持强大的保持力。顺序阀 63、64 兼起抵消由于紧急制动而产生的冲击的作用。开始正转时电磁换向阀 66 的电磁铁处于断电状态,正转完毕电磁铁通电起分流作用。打开截止阀 48、70 可人力推动旋转装置和保持装置强行启动。当炮嘴压住出铁口时,若停电,可把二位换向阀 40、44 手动推入并锁紧,使其继续工作。当充填装置推泥停电时,可手动操作电液换向阀 32,使其推泥动作继续进行。停电时打开截止阀 26、27,可使保持装置上升;打开截止阀 21、25,可使钩锁装置脱钩;打开截止阀 21、24、75,可使旋转装置动作。

8.1.2.4　工作油的维护使用

(1)工作油的性质。高炉泥炮液压系统采用纯三磷酸酯作为工作油。这种油不易燃烧,即使燃烧也能立即扑灭,不会发生大火灾。但它对一般矿物油液压系统中使用的零件、材料不能适用,它对非金属材料的影响尤为显著。一般矿物油用的密封圈、垫圈和涂料用于本工作液压系统中在短时间内会膨胀、变形和溶解。此油具有毒性,使用时要特别注意对皮肤和眼睛的危害。

(2)工作油的检验。每 6 个月对工作油进行一次检验。检验工作油应从油箱、油管途中和执行装置三个部位取样,以确定部分更换或全部更换工作油。

(3)工作油的使用。

1)注油时必须经滤油器向油箱注油。

2)排除的回收油必须经制造厂净化后才可使用。

3)油箱要经常保持正常油位,防止液压泵把空气吸入到系统中引起工作油的劣化和其他故障。

4)泥炮长期不使用时,为防止工作油在管内滞留时间过长,应每 3 个月使其工作油在管内强行循环一次。

8.1.2.5 高炉泥炮液压系统常见故障及其排除

液压系统的常见故障有:液压泵工作异常、压力控制阀工作异常、电动机工作异常、液压系统油温过高、欠速、震动和噪声、爬行、进气和气穴等。

为了尽早发现故障,应首先对以下项目进行初步检查和处理:

(1)泥炮液压系统是否按操作规程进行。

(2)电动机旋转方向是否正常。

(3)液压泵工作是否正常。

(4)油箱油量是否适当。

(5)截止阀开闭是否正确。

(6)油路是否有泄漏。

8.2 炼钢设备液压系统

8.2.1 炼钢电弧炉液压系统

炼钢电弧炉是利用三相炭质电极与物料之间形成的高温电弧对炉料进行熔化、冶炼的设备。

图8-4为炼钢电弧炉结构示意图。炉体1是一个有耐火材料内衬的容器,炉体前有炉门4,炉体后有出钢槽5。炼钢电弧炉以废钢为主要原料。加废钢等物料时必须先将炉盖2移开,从炉体上方加入物料,然后盖上炉盖,插入电极12进行熔炼。6表示炉盖升降液压缸,7为炉盖旋转液压缸。在熔炼过程中,可以从炉门加入铁合金等各种配料。8为炉门升降液压缸。出渣时,炉体向炉门方向倾斜约12°,使钢水表面的炉渣从炉门溢出,流到炉体下的渣罐中。炉内熔炼的钢水成分和温度达到合格标准后,打开出钢口,将炉体向出钢槽方向倾斜约45°,使钢水从出钢槽流入钢水包。图中9表示炉体倾斜液压缸。电炉在熔炼过程中要保持电极与物料之间的电弧长度稳定,每一相电极各有一套独立的电液伺服控制装置3,图中10为一相电极的伺服液压缸,11为电极夹紧液压缸。

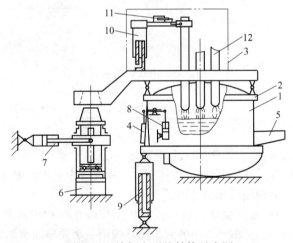

图8-4 炼钢电弧炉结构示意图

1—炉体;2—炉盖;3—电液伺服控制装置;4—炉门;5—出钢槽;6—炉盖升降液压缸;7—炉盖旋转液压缸;
8—炉门升降液压缸;9—炉体倾斜液压缸;10—伺服液压缸;11—电极夹紧液压缸;12—电极

炼钢电弧炉的液压系统如图8-5所示。由于炼钢电弧炉对液压系统有抗燃性的要求,因此采用乳化液作为液压系统的介质。系统中的液压主回路采用插装阀,其先导控制级采用球型换向阀。在液压动力单元1中,选用两台径向柱塞式液压泵,其中一台备用,蓄能器为乳化液与空气直接接触式,用空气压缩机向蓄能器定期充气。

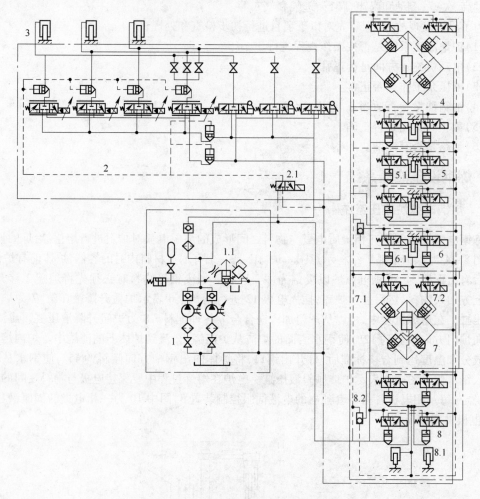

图8－5　炼钢电弧炉的液压系统

1—插装阀压力控制单元;2—电机伺服控制回路单元;3—三个柱塞式伺服液压缸;4—炉门升降回路单元;
5—电极夹紧回路单元;6—炉盖升降回路单元;7—炉盖旋转回路单元;8—炉体倾斜回路单元;1.1—插装阀;
2.1—先导球型阀;5.1—柱塞液压缸;6.1—柱塞液压缸;7.1,7.2—先导球阀;8.1—柱塞液压缸;8.2—梭阀

系统工作压力由插装阀压力控制单元1调定,3为分别带动三相电机升降的三个柱塞式伺服液压缸。它们由电机伺服控制回路单元2控制。在单元2中有三台电液伺服阀分别控制三个伺服液压缸,另有一台电液伺服阀作为备用。

操作相应的截止阀可使备用伺服阀投入任一相工作。在每一相回路中分别并联手动换向阀,以便出现故障时应急操作。单元2中的六个插装阀用一个先导球型阀2.1控制,以便完成回路的开、关。

炉盖旋转回路单元7是用四个具有开关功能插装阀组成的全桥回路。用回路7对炉盖旋转液压缸进行往复操作。用两个先导球阀7.1和7.2分别对桥路对应边的两个插装阀进行开、关控制,以便完成液压缸的往复动作。

炉门升降回路单元4的液压缸也是双作用的,其工作情况与回路单元7相同。

在炉体倾斜回路单元 8 中,炉体倾斜是由两个机械同步的柱塞液压缸 8.1 完成的,靠液压顶开,自重回程。用四个开、关插装阀(从流量通过能力和提高安全性考虑,采用每两个插装阀相并联)控制炉体倾倒及回位。为使炉体停位可靠,即要求插装阀能可靠地关闭,先导球阀前装有梭阀 8.2。一旦发生压力源中断时,炉体自重在柱塞缸中所产生的压力,通过梭阀也能使插装阀及时关闭。

炉盖升降回路单元 6 的工作情况与炉体倾斜回路单元 8 相同,液压缸 6.1 也是柱塞液压缸。

电极夹紧回路单元 5 中有三个电极夹紧柱塞液压缸 5.1,靠弹簧力夹紧,液压力开。每一相夹紧液压缸分别用两个具有开、关功能的插装阀进行控制。

图 8-6 为炼钢电弧炉电极伺服控制系统工作原理图。图中只表示了其中一相电极的工作情况。在炭质电极 1 与炉体内物料 2 之间形成弧长为 H 的电弧,其变化量可由伺服液压缸 3 的位移 x_p 进行控制。柱塞缸 3 由电液伺服阀 4 控制。

电弧炉工作时其弧长值可用弧电流 I_h 和弧压降 U_h 来反映,弧电流信号经电流互感器 5 及桥式整流电路后加到平衡电阻 6 上;弧电压信号由电压互感器 7 取出,经桥式整流电路后加到平衡电阻 8 上。当弧长为给定值时,平衡电阻两端 a、b 无电位差,因此,输入电液伺服阀的电流 I_{sv} 为零,伺服阀处于中位,柱塞缸及其所带动的电极不发生移动。当电弧长度大于给定值时,弧电流减小而弧压降升高,平衡电阻上 b 点电位高于 a 点电位,伺服阀得到反向电流 $-I_{sv}$,因而使液压缸连同电极一起下降,直到电弧长度回减到给定值为止。当电弧长度小于给定值时,过程反向进行到弧长回增到给定值为止。炼钢电弧炉在整个熔炼过程中物料由固态变为液态,在固态时物料表面参差不齐,电极下物

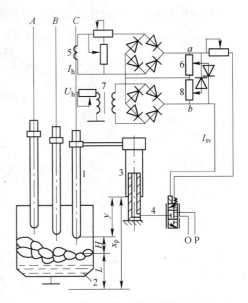

图 8-6 炼钢电弧炉电极伺服控制系统原理
1—炭质电极;2—物料;3—柱塞缸;4—电液伺服阀;
5—电流互感器;6,8—平衡电阻;7—电压互感器

料表面标高用 L 表示。物料塌陷会使电弧突然拉长,可能造成断弧现象;电极周围物料崩落埋住电极,可能造成短路现象。因此,电极液压伺服系统必须能快速反应以避免上述两种现象发生。

电弧炉在精炼期物料已变成液态,有时对钢水进行搅拌也会使液面波动。此外,电极在燃烧过程中也要不断烧蚀,其烧蚀量用 y 表示。可见,当电弧炉工作时,弧长 H 给定后,由于标高 L 的变化和烧蚀量 y 的变化都会使实际的弧长发生变化,如果液压缸行程 x_p 对这些变化的补偿有足够的响应速度和精度,那么电弧的实际长度就能保持不变,从而满足炼钢工艺的要求。

图 8-7 为炼钢电弧炉电极液压伺服控制系统方框图。当电控器中弧电流和弧压降信号的放大倍数调定后,给定的弧长值 H_0 也就确定了。当实际弧长 H 与给定弧长 H_0 出现偏差 ΔH 后,电控器平衡电阻的两端 a、b 就有电流 I_{sv} 输入电液伺服阀,电液伺服阀控制流到液压缸的流量使之产生位移 x_p。标高 L 和烧蚀量 y 是作为实际弧长的干扰量而加入系统的。在图 8-5 所示的闭环控制系统中,合理地选择系统的有关参数,就能满足系统动、静态特性的要求。

8.2.2 炼钢炉前操作机械手液压系统

在炼钢车间中,将炼好的钢水由钢水包浇注钢锭模之前有一系列的炉前操作工作,如在放置

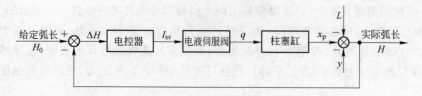

图 8 – 7　炼钢电弧炉电极液压伺服控制系统方框图

钢锭模的底盘上要吹扫除尘、喷涂涂层,在底盘凹坑内充填废钢屑、放置铁垫板,还需在钢锭模内放置金属防溅筒,并将它们与垫板及底盘点焊在一起,这些操作都由机械手完成。

图 8 – 8 为炼钢炉前操作机械手工作原理图。

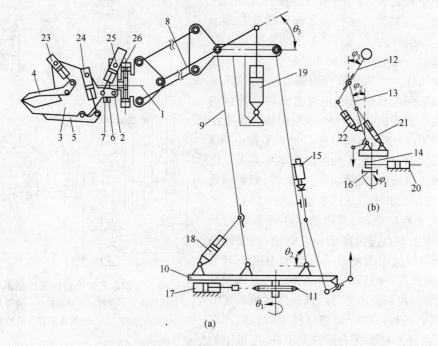

图 8 – 8　炼钢炉前操作机械手工作原理
(a)机械手工作原理;(b)操纵器工作原理

1,2—转腕轴;3—机械手掌;4—上爪;5—下爪;6,7—喷嘴;8—小臂;9—大臂;10—转台;11—链轮;
12—小杆;13—大杆;14—转杆;15—机液伺服阀;16—凸轮;17~26—液压缸

图 8 – 8(a)为机械手工作原理图。机械手的腕部可以分别绕转腕轴 1 旋转(由液压缸 26 驱动),并可绕转腕轴 2 摆动(由液压缸 25 驱动)。机械手掌 3 做成铲斗状,它不仅可以铲取钢屑,而且利用上爪 4(由液压缸 23 驱动)和下爪 5(由液压缸 24 驱动)可抓取铁垫和防溅筒等物体。

在机械手的掌上装有喷吹空气的喷嘴 6 和喷吹涂料的喷嘴 7。机械手的小臂 8 和大臂 9 分别由小臂液压缸 19 和大臂液压缸 18 驱动。大臂液压缸 18 由机液伺服阀 15 通过回馈杠杆进行闭环控制,小臂液压缸 19 由另一机液伺服阀(图中未表明)进行闭环控制。小臂和大臂的连杆机构可以保证在机械手处于任何姿态时,转腕轴都保持在水平位置,这使操作简化。机械手转台 10 由转台液压缸 17 通过链轮 11 驱动。转台液压缸 17 由机液伺服阀通过操纵器上的凸轮 16 进行开环控制。

图 8 – 8(b)为操纵器工作原理图。它由分别控制机械手的小臂、大臂和转台的小杆 12、大杆

13 和转杆 14 组成。22 为小臂负载感受液压缸,它可将小臂负载的变化准确地反映到小杆上,使操作者感受。21 和 20 分别为大臂负载感受液压缸和转台负载感受液压缸。

图 8-9 为炼钢炉前操作机械手的控制方框图。因大小臂控制系统的结构完全相同,故图中只表示了小臂控制系统的方框图。

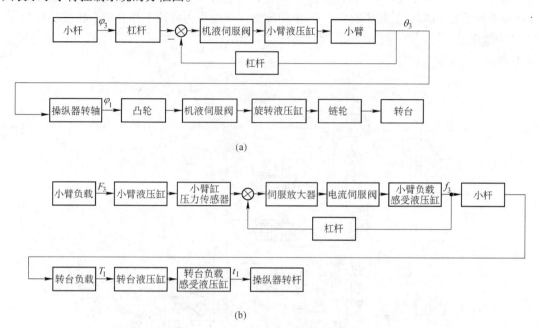

图 8-9 炼钢炉前操作机械手的控制方框图
(a)操纵器对机械手的控制方框图;(b)机械手负载感受系统的方框图

图 8-9(a)为操纵器对机械手的控制方框图。小臂和大臂都采用了机液伺服阀,构成了杠杆式位移负反馈的机液位置伺服控制系统,这样就保证了小臂的摆角就能按比例地跟踪小杆摆角 φ_3。转台的转角 θ_1 则由转杆的转角 φ_1 进行开环控制。

图 8-9(b)为机械手负载感受系统的方框图。小臂与小杆之间以及大臂和大杆之间都是采用了压力伺服控制系统,以保证操纵器小杆上感受的力能准确地反映小臂上负载力 F_3 的变化。系统中采用了电液伺服阀和压力传感器。由于转台负载感受液压缸和转台液压缸并联,转杆上感受的力矩 t_1 也能反映转台负载力矩 T_1 的变化。

图 8-10 为炼钢炉前操作机械手的液压系统图。机械手上爪液压缸 23、下爪液压缸 24、摆腕液压缸 25 和转腕液压缸 26 分别由电磁换向阀 1、2、3 和 4 控制。液压缸 23、24、25 和 26 的油路中都装有单向节流阀 5、6、7、8,用以控制爪的开、闭和腕的旋转和摆动速度。油路中除有单向节流阀 7 外,还有腕负载超载保护的两个安全阀 9、10 和腕的摆动姿态自锁的两个液控单向阀 11、12。小臂液压缸 19 和大臂液压缸 18 分别由机液伺服阀 14 和 13 进行闭环控制换向阀 15 用来控制液压缸 19 和 18 油路的通断,换向阀 16 是由压力继电器 32 进行控制的,只有油源压力高于某特定值后大、小臂才能工作。换向阀 16 和液控单向阀 33、34 组成闭锁油路,当系统发生故障使阀 16 失电后,大臂和小臂不致因载荷而下降以确保安全。压力传感器 27 和 28 分别感受小臂和大臂的负载作为负载感受系统的给定值。

转台双液压缸 17 由机液伺服阀 29 进行开环控制,油路具有双向过载保护功能,在换向阀 30、31 失电时油路具有双向节流功能以限制转台的运动速度。在操纵器的负载感受系统中,小杆负载感受液压缸 21 和大杆负载感受液压缸 22 分别由电液伺服阀 35 和 36 控制。37 和 38 为压力传感器,它是负载感受系统的检测反馈元件。转台负载感受液压缸 20 则与转台液压缸 17 的油路相并联,使负载力矩直接感受。

油源油路中有恒压变量泵 39、蓄能器 40 和压力继电器 32,并具有安全溢流和卸压功能。由于操作机械手是在高温、易燃环境中工作,采用抗燃磷酸酯作为液压工作介质。在循环泵 41 后的 42 为吸附过滤器,内装吸附剂用以降低磷酸酯在使用过程中的酸度,过滤器 43 用以阻留通过 42 的颗粒。

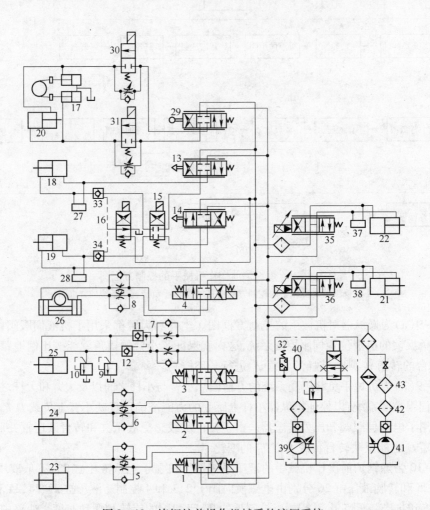

图 8-10　炼钢炉前操作机械手的液压系统

1~4—电磁换向阀;5~8—单向节流阀;9,10—安全阀;11,12,33,34—液控单向阀;13,14,29—机液伺服阀;
15,16,30,31—换向阀;17~26—液压缸;27,28,37,38—压力传感器;32—压力继电器;35,36—电液伺服阀;
39—恒压变量泵;40—蓄能器;41—循环泵;42—吸附过滤器;43—过滤器

8.2.3　连铸机液压系统

8.2.3.1　连铸机的用途与机械工作原理

连铸机是一种高质、高效、低耗的铸锭设备。在国内外冶金企业中发展和应用较快较广。连铸机的型号较多,本节只介绍板坯连铸机滑动水口液压传动系统。板坯连铸机工艺过程如图

8-11所示。

板坯连铸机中的中间包是连铸生产线上的重要设备。滑动水口安装在中间包底部，用来控制钢液从中间包流入结晶器的流量。年产 4×10^6 t 板坯的大型连铸机的中间包底部装有 2 套液压滑动水口装置。液压滑动水口克服了塞棒操作时出现的断裂、熔融、变形、钢流关不住等故障。

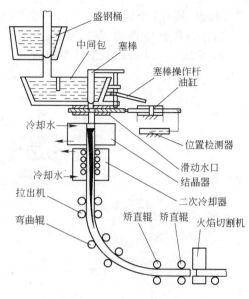

图 8-11 连铸工艺流程

滑动水口主要参数：

水口滑动行程	120mm
滑动速度	60mm/s
驱动方式	油缸直接驱动
驱动力	87.7kN

8.2.3.2 连铸机滑动水口液压传动系统

A 主要参数

油泵：

类型	轴向柱塞泵 2 台（其中一台备用）
压力	14MPa
流量	0.075m³/min

油缸：

类型	双杆活塞式 1 台
规格	$\phi100mm \times \phi45mm \times 100mm$
工作压力	14MPa

蓄能器： 2 个

容量	0.05m³
预充氮气压力	7~8MPa

油箱： 0.5m³

电动机功率： 22kW, 2 台（一台备用）

位置检测器检测行程： 120mm

工作介质：

类型	脂肪酸脂
性能	黏度较高，有较好的防气蚀性能，最高工作温度界限 150~180℃。

B 液压系统工作原理

连铸机滑动水口液压系统由两台液压泵（其中一台备用）、蓄能器、滤油器、冷却器及阀组成，如图 8-12 所示。工程泵过载时可自动卸荷，同时备用泵自行启动向系统供油，换接过程由电气元件与电磁铁 1YA、2YA 互锁控制。当蓄能器压力低于 10MPa 时，操作者可手动启动备用液压泵向系统和蓄能器供油，常用液压泵一般不向蓄能器供油、处于卸荷状态。元件 6、7 是为防止卸荷时的振动设计的。油箱油量少于 0.25m³ 时所有液压泵均停转，但蓄能器可保证液压泵停转时尚能进行一次以上的滑动水口动作并使水口关闭。溢流阀与调定压力为 15MPa。系统的回油均经滤油器 32 回油箱，滤油精度为 25μm，滤油器污染堵塞时回油经单向阀 30 回油箱，单向阀开启压力为 0.4MPa。当油温超过调定值时，温度检测器发出信号使冷却器 33 工作，压力继电器

有四个接点,其调定值如下:

(1)压力低于 1MPa 时,液压泵负载。

(2)压力高于 14MPa 时,液压泵卸荷。

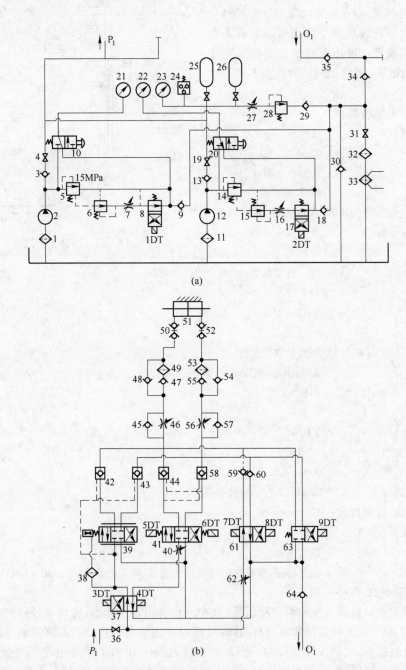

图 8-12 滑动水口液压系统

1,11,32,38,49,53—滤油器;2,12—液压泵;3,9,13,18,29,30,34,35,45,47,48,54,55,57,59,60,64—单向阀;
4,19,31,36—截止阀;5,6,14,15,28—溢流阀;7,16,27,40,46,56,62—节流阀;8,17,37—电磁换向阀;
10,20,39,41,61,63—换向阀;21,22,23—压力表;24—压力继电器;25,26—蓄能器;33—冷却器;
42,43,44,58—液压单向阀;50,52—快速接头;51—液压缸

（3）压力低于10MPa时，压力下降报警。

（4）压力低于9MPa时，压力最低报警。

本系统可以进行自动、手动和紧急状态三种操作方式。

（1）自动控制。自动控制利用液位检测信号和水口实际位置的位置检测信号与设定值相比较所产生的误差来控制滑动水口驱动液压缸动作，自动调节滑动水口开度的大小以调节钢液流量，实现随动控制。其工作流程如图8-13所示。

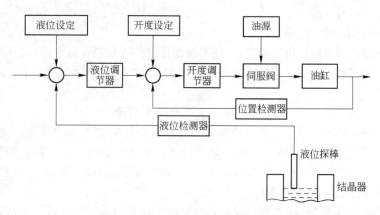

图8-13 滑动水口随动控制流

1）当关闭节流阀62、4YA通电、滑动水口开启时的主油路如下。

进油路：压力源 P_1→截止阀36→换向阀37右位→换向阀39右位→液控单向阀43→节流阀
└→液控单向阀42、53K口

56→单向阀54→快速接头52→液压缸51右腔，活塞左移，滑动水口开启

回油路：油缸左腔→快速接头50→滤油器49→单向阀47→单向阀45→液控单向阀42→换向阀39右位→单向阀64→油箱

2）滑动水口关闭时的主油路如下。

进油路：压力油 P_1→截止阀36→换向阀37→换向阀39左位→液控单向阀42→节流阀46→
└→液控单向阀42、43K口

单向阀48→快速接头50→液压缸51左腔，活塞右移，滑动水口关闭

回油路：液压缸右腔→快速接头52→滤油器53→单向阀55→单向阀57→液控单向阀43→换向阀39左位→单向阀64→油箱

（2）手动控制。控制电磁铁3YA、5YA、6YA就可以进行手动控制。

1）滑动水口开启时，使3YA和6YA通电，主油路如下。

进油路：压力油源 P_1→截止阀36→换向阀37→节流阀40→换向阀41右位→液控单向
└→液控单向阀44K口

阀58→节流阀56→单向阀54→快速接头52→液压缸51右腔，活塞左移，滑动水口开启

回油路：液压缸51左腔→快速接头50→滤油器49→单向阀47→单向阀45→液控单向阀44→换向阀41右位→单向阀64→油箱

2）滑动水口关闭时3YA和5YA通电，主油路如下。

进油路：压力油源 P_1→截止阀36→换向阀37左位→换向阀41左位→液控单向阀44→节流
└→液控单向阀58K口

阀46→单向阀48→快速接头50→液压缸51左腔。活塞右移，滑动水口关闭

回油路:液压缸51右腔→快速接头52→滤油器53→单向阀55→单向阀57→液控单向阀58→换向阀41左位→单向阀64→油箱

(3)紧急关闭滑动水口控制正常情况下8YA通电,7YA断电。当出现紧急情况时,可手动控制使7YA通电,8YA断电。其主油路如下。

进油路:压力油源P_1→截止阀36→节流阀62→换向阀61左位→单向阀59→节流阀46→单向阀48→快速接头50→液压缸左腔。活塞右移、滑动水口关闭

回油路:液压缸51右腔→快速接头52→滤油器53→单向阀55→单向阀57→单向阀60→换向阀61左位→单向阀64→油箱

(4)泄荷状态。为检修或排除故障,可使系统泄压,使7YA、9YA通电即可,其主油路如下。

压力油源P_1→截止阀36→节流阀62→换向阀61左位→单向阀59→换向阀63右位→单向阀64→油箱

8.2.3.3　连铸机滑动水口液压泵系统常见故障及排除

(1)伺服系统故障及其排除。如果说普通液压系统的故障75%是由于液压油污染造成的,则伺服系统的故障90%是由于液压油的污染造成的。液压油的污染会使阀芯缓慢甚至很快卡死,油中的颗粒物的冲击会使阀的控制边锐角增大,使其灵敏度下降,为此对伺服系统的液压油要进行严格的控制。滤油器的滤芯应3~6个月更换一次。

当伺服系统发生故障时,应首先检查排除电路故障和伺服阀以外各环节的故障。如确认是伺服阀有故障时,应首先检查清洗或更换滤芯。故障仍未排除可拆下伺服阀,但必须严格按照伺服阀检修规程进行检修,检修后的伺服阀应在试验台上调试合格并铅封,然后重新安装使用。

(2)系统流量不足,压力升不起来的大致原因及排除方法。

1)液压泵输出流量不足。应调整高压溢流阀的压力值,当溢流阀失灵时应进行更换。

2)压力管道及接头处泄漏过大。应拆卸、清洗,更换密封圈。

3)溢流阀5、14或28调定压力过低。应调整溢流阀调定压力。

4)截止阀4、36呈关闭或半关闭状态。应打开截止阀。

5)换向阀泄漏过大。应更换新阀。

(3)系统油温过高的大致原因及排除方法。

1)温度检测器调整不当,不能发出电信号。在设备运行中观察温度计显示温度是否正常,正确调整温度检测器。

2)冷却器水闸门打不开或收不到打开闸门的指令。检查闸门,更换新闸门。

3)冷却器性能不良。更换性能优良的冷却器。

4)进水水温过高。检查循环过滤冷却泵工作是否正常;检查冷却水是否正常通水。

5)系统压力过高。分析压力过高原因,针对具体原因进行处理。详见本书9.2节。

6)工作油不合适。及时更换合适的工作油。

(4)不能手动控制的大致原因及排除方法。

1)换向阀37、41的电磁铁线圈烧坏。更换电磁铁线圈。

2)换向阀37、41动作不良或被污物卡住。清洗换向阀,必要时更换。

3)液控单向阀44、58动作不良或控制油口被堵塞。检查液压阀,清洗控制油口,检查工作油。

4)节流阀40处于关闭状态。检查并打开节流阀40。

(5)滑动水口不能紧急关闭的大致原因及排除方法。

1)换向阀61动作不良或电磁铁7YA线圈烧坏。检查并清洗换向阀,如果电磁铁线圈烧坏

更换新线圈。

　　2) 节流阀 62 处于关闭状态。检查并打开节流阀 62。

　　3) 因电气线路故障使 7YA 不能通电换向。联系电工检查维修电气线路。

8.3　轧钢设备液压系统

8.3.1　板带轧机压下装置液压系统

　　板带轧机是连续生产带状薄钢板的设备,其压下装置如图 8 - 14 所示。

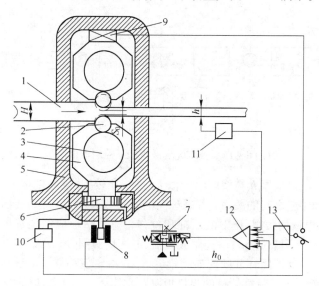

图 8 - 14　板带轧机压下装置结构示意图

1—板带;2—工作辊;3—支承辊;4—轴承座;5—机架;6—压下液压缸;7—电液伺服阀;8—位移传感器;
9—测压头;10—压力传感器;11—测厚仪;12—伺服放大器;13—刚度调节器

　　板坯料从旋转着的上、下工作辊 2 所形成的辊缝中连续穿过,在轧制力的作用下板带被轧薄,经多道次轧制后可达到所需成品的厚度。为了轧制薄板带,工作辊 2(与板带直接接触的轧辊)的直径必须减小,但轧制力将使工作辊弯曲变形,为此,在工作辊上下两侧装有大直径的支承辊 3 以阻止工作辊变形。

　　在轧制过程中对轧辊施以轧制力的机构称为压下装置。被轧板带 1 从上、下工作辊 2 所形成的初始辊缝中穿过。上、下两组工作辊和支承辊 3 支承在上、下轴承座 4 上。上、下轴承座装在前、后两侧机架 5 内(图示为移去前侧机架后的示意图)。上轴承座压在测压头 9 上,下轴承座的位置由压下液压缸 6 控制。假如轧机的机架、轧辊、轴承座等传力系统都是绝对刚体,那么由压下液压缸调定的初始辊缝值 S_0 也就是轧制成品的厚度 h。

　　实际上由于被轧钢板有很大的塑性变形,轧机传力系统都是弹性体,因此,在初始辊缝给定条件下,板带一经穿入,整个传力的弹性系统就会变形使辊缝变大,成品厚度也变大。此外,在轧制过程中由于板带坯料厚度和材料变形抗力的变化以及传力系统几何形状的变化(如轧辊的偏心)等因素的影响,板带成品厚度也会发生变化。为了轧制出等厚度的板带,压下液压缸不仅应能调节空载时初始辊缝的大小,而且在轧制过程中其实际压下量还必须随时调整,以补偿轧机传力系统的弹性变化量(也称为轧机的弹跳)的影响。可见,板带轧机的液压压下系统是在轧制过程中保证板带沿纵向能有等厚度的自动控制系统。压下液压缸 6 由电液伺服阀 7 进行控制,压下液压缸的位移(反映初始辊缝的大小)由位移传感器8检测。轧机的弹跳量决定于轧制力的大小,为此在轧机的上轴承座上装有测压头9,检测轧制力的变化,考虑轧机刚度后即可感受出弹跳量的大小;或用压力传感器10测出压下液压缸前后压差的变化,也可感受出弹跳量的大小。

板带出口的实际厚度用测厚仪11检测。将位移传感器、测厚仪、测压头(或压力传感器)经过刚度调节器13处理后的信号输入伺服放大器12,其输出送至电液伺服阀以完成板带的等厚度控制。其控制方框图如图8－15所示。

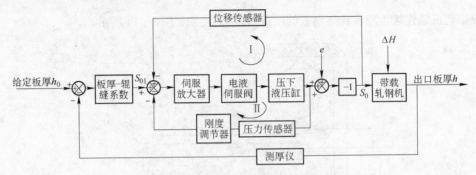

图8－15　板带轧机液压压下控制方框图

将测厚仪测得的出口板厚 h 与板厚给定值 h_0 进行比较,产生厚度偏差调节量,在考虑了弹性传力系统中板厚和辊缝之间的关系(用板厚－辊缝系数表示)后得到初始辊缝的给定调节量 S_{01}。由伺服放大器、电液伺服阀、压下液压缸和位移传感器所形成的位置控制闭环 Ⅰ 使初始辊缝 S_0 的大小能跟踪给定调节量 S_{01};由伺服放大器、电液伺服阀、压下液压缸和压力传感器、刚度调节器所形成的轧制力反馈闭环 Ⅱ 则使初始辊缝 S_0 的给定值补偿了对轧机的弹跳。轧机的初始辊缝 S_0 的大小也就决定了带载轧机的出口板厚 h。实际上影响出口板厚和初始辊缝之间关系的因素较多,如板带进入轧机的厚度及变形抗力变化等因素,用干扰量 ΔH 加以考虑;轧辊的几何偏心量用 e 加以考虑。在整个控制系统中,只要设计合理,就能满足高速轧机等厚度控制的要求。

图8－16为板带轧机压下装置的液压系统图。图中1、2分别为轧机前后两侧的压下液压缸。液压缸无杆腔靠伺服单元3控制。每个压下液压缸由两个并联电液伺服阀采用下述方式进行控制:在一个电液伺服阀的控制电路中加入 $\Delta\%$ 的死区,另一个无死区。这样,当控制信号小于死区范围时,只有一台伺服阀工作,系统的增益较小,容易稳定;当控制信号大于死区范围时,两台伺服阀同时工作,系统增益较大,有利于快速调节。转换油路单元4可对四个电液伺服阀前后的八个液控单向阀进行操纵,可使电液伺服阀从系统中切除或投入。

电液伺服阀由高压油源单元5供油,单元中的蓄能器用以减少供油压力的波动。高压油源单元在正常工作情况下,由低压油源单元6供油,在低压油源单元中有精过滤器。由于高压液压泵吸入的是加压后的精滤油,这样就提高了工作可靠性和寿命。压下液压缸有杆腔由回程油路单元7供油,正常工作时由低压油源单元6直接供油,轧机的辊缝开启时经减压后供给较高压力的液压油。8为保护单元,对压下液压缸的有杆腔和无杆腔进行超载保护。

8.3.2　带钢跑偏液压控制系统

带钢经过连续轧制或酸洗等一系列加工处理后需卷成一定尺寸的钢卷。由于辊系的偏差、带材厚度不均和板型不齐等种种原因,带材在作业线上产生随机偏离现象(称为跑偏)。跑偏使卷取机卷成的钢卷边缘不齐,直接影响包装、运输及降低成品率。卷取机采用跑偏控制装置后可

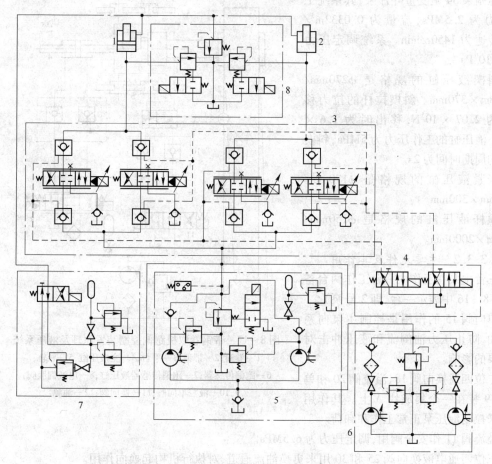

图 8 - 16   板带轧机压下装置液压系统

1,2—压下液压缸;3—伺服单元;4—转换油路单元;5—高压油源单元;
6—低压油源单元;7—回程油路单元;8—保护单元

使卷取精度在允许的范围内。

图 8 - 17 为带钢卷取机跑偏控制装置原理及液压系统图。卷取机的卷筒 1 将连续运动的带钢 2 卷取成钢卷,带钢在卷取机前产生随机跑偏量 Δx。卷取机及其传动装置安装在平台 3 上,在主液压缸 4 的驱动下平台 3 沿导轨 5 在卷筒轴线方向产生的轴向位移为 Δx_p。跑偏量 Δx 由跑偏传感器 6 感受后产生相应的电信号输入液压控制系统使卷筒产生相应的位移即纠偏 Δx_p,使 Δx_p 跟踪缸 Δx,以保证卷取钢卷的边缘整齐。主液压缸 4 和跑偏传感器液压缸 7 都由电液伺服阀 8 进行控制。液控单向阀组 9、10 及换向阀 11 组成转换油路,12 为油源。系统投入工作前先使跑偏传感器液压缸 7 与电液伺服阀 8 相通,使跑偏传感器自动调零,然后转换油路使主液压缸 4 与电液伺服阀 8 相通,系统投入正常工作。

8.3.3   400 轧管机组液压系统

400 轧管机组液压传动系统如图 8 - 18 所示。

8.3.3.1   主要参数

主泵 14 是定量双联叶片泵,额定压力为 $7 \times 10^6 \mathrm{Pa}$,额定流量为 $0.04 \mathrm{m^3/min}$,转速为 $1450 \mathrm{r/min}$。

控制泵 34 是变量叶片泵,其系统工作压力为 2.5MPa,流量为 0.0332m³/min,转速为 1450r/min。系统调定压力为 5 × 10⁶Pa。

斜楔液压缸的规格是 φ270mm/φ110mm × 370mm。斜楔拉杆的拉力移入时为 2.07 × 10⁵N,移出时为 1.6 × 10⁵N。液压缸的工作压力为 5MPa,斜楔送进的周期时间为 2s。

张紧液压缸的规格是 φ170mm/φ160mm × 300mm。

顶杆液压缸的规格是 φ150mm/φ90mm × 2000mm。

8.3.3.2　主要元件及其作用

三台主泵在工作中一台工作两台备用(图 8 - 16 中表示一台,即 2 号泵)。

单向阀 15 的作用是控制主泵向系统供油,防止压力油倒流和液压冲击对液压泵的影响。

二位四通换向阀 18、溢流阀 20 和单向阀 19 装在一个集成块 A 上。其作用是用来控制液压泵正常工作和卸荷。

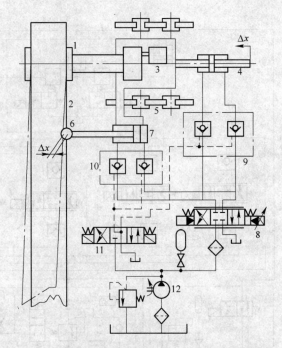

图 8 - 17　带钢卷取机跑偏控制装置原理及液压系统
1—卷筒;2—带钢;3—平台;4—主液压缸;5—导轨;
6—跑偏传感器;7—跑偏传感器液压缸;8—电液伺服阀;
9,10—液控单向阀;11—换向阀;12—油源

溢流阀 11 作安全阀用,调定压力为 6.5MPa。

三位四通电液换向阀 25 和 30 用来更换油流通道,对执行机构起换向作用。

单向阀 24 和 29 的作用是防止管道油液倒流,使管道内始终充满油液,避免电液换向阀换向时产生液压冲击。

溢流阀 10 调定压力为 0.35MPa,当滤油器 9 堵塞后,回油压力升高到 0.35MPa 时,阀 10 打开,油液直接回油箱,避免损坏滤油器。

板式冷却器 6、温度计 2 与 3 和电加热器 4 共同控制系统油温保持在恒定值上。

二位四通换向阀 26 和单向阀 27 及溢流阀 28 同装在一个集成块 B 内。其作用是背压缓冲、防震。必要时可向顶杆缸的有杆腔补油,使顶杆紧贴后座,避免轧制惯性冲击。

单向阀 35 的作用同 15。

单向变量叶片泵 34 两台,一台工作一台备用(图 8 - 16 中只表示一台即 4 号,另一台省略)。其作用是向张紧缸提供压力油,向顶杆缸补充油液,并且向换向阀 25 和 30 提供远程控制油液。

8.3.3.3　400 轧管机组液压系统工作原理

400 轧管机液压系统中各液压缸工作顺序与相应的电磁铁动作顺序见表 8 - 1。

(1)顶杆向左前进的油路。按下按钮使电磁铁 1DT 和 3DT 同时通电,换向阀 18 和 25 的右位同时接入系统。实现顶杆向左前进的主油路如下。

进油路:压力油由液压泵 14→单向阀 15 和 19→换向阀 25 的右位→顶杆液压缸的右腔,活塞左移。

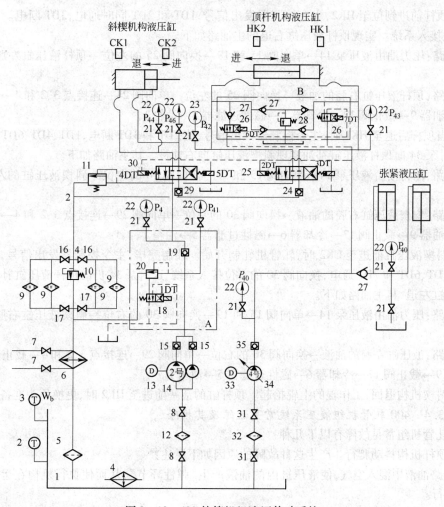

图 8-18 400 轧管机组液压传动系统

1—油箱;2,3—温度计;4—电加热器;5,19—磁性过滤器;6—冷却器;7,8,16,17,21,31—截止阀;
10,11,20,28—溢流阀;9,12,32—滤油器;13,33—电动机;14,34—液压泵;15,19,24,27,29,35—单向阀;
18—二位四通换向阀;22,23—压力表;25,30—换向阀;26—电磁换向阀

表 8-1 电磁铁动作顺序表

电磁铁动作 / 液压缸动作	1DT	2DT	3DT	4DT	5DT	6DT
顶杆缸前进	+	-	+	-	-	-
顶杆缸后退	+	+	-	-	-	-
顶杆缸到位	-	-	-	-	-	+
斜楔缸前进	+	-	-	-	-	+
斜楔缸后退	+	-	-	-	+	+

注:"+"表示通电,"-"表示断电。

回油路:顶杆液压缸左腔的油液→换向阀 25 的右位→单向阀 24→连接点 3、2 和 4→截止阀 16→精滤油器 9→截止阀 17→冷却器 6→磁性过滤器 5→油箱 1。

（2）顶杆前进到位至 HK2，主令控制器发出信号，1DT 和 2DT 同时通电，3DT 断电。换向阀 25 的左位接入系统。实现顶杆液压缸右退的主油路如下。

进油路：压力油由液压泵 14→单向阀 15 和 19→换向阀 25 的左位→顶杆液压缸左腔，活塞右移。

回油路：顶杆液压缸右腔的油液→换向阀 25 的左位→单向阀 24→连接点 3、2 和 4→截止阀 16→精滤油器 9→截止阀 17→冷却器 6→磁性过滤器 5→油箱 1。

（3）当顶杆后退至 HK1 时，主令控制器发出信号，使 2DT 和 3DT 断电，1DT、4DT、6DT 和 7DT 通电，这时泵 34 向顶杆液压缸补油实现斜楔液压缸向右前进。其主油路如下。

进油路：压力油由液压泵 14→单向阀 15 和 19→换向阀 30 的左位→斜楔液压缸的左腔，活塞右移。

回油路：斜楔液压缸右腔的油液→换向阀 30 的左位→单向阀 29→连接点 3、2 和 4→截止阀 16→精滤油器 9→截止阀 17→冷却器 6→磁性过滤器 5→油箱 1。

（4）斜楔液压缸前进至 CK2 时，轧管机轧制开始。轧制完毕，主令控制器发出信号，4DT 断电，1DT、5DT、6DT 和 7DT 通电，换向阀 30 的右位接入系统，这时泵 34 仍向顶杆液压缸补油实现斜楔液压缸左退，其主油路如下。

进油路：压力油由液压泵 14→单向阀 15 和 19→换向阀 30 的右位→斜楔液压缸右腔，活塞左移。

回油路：液压缸左腔的油液→换向阀 30 的右位→单向阀 29→连接点 3、2 和 4→截止阀 16→精滤油器 9→截止阀 17→冷却器 6→磁性过滤器 5→油箱 1。

（5）斜楔机构退回，工作辊的上辊抬起。顶杆缸的活塞前进至 HK2 时，更换顶头准备再轧。

8.3.3.4　400 轧管机组液压系统常见故障及其排除

400 轧管机组常见故障有以下几种：

（1）顶杆机构抖动爬行。产生这种故障的原因如下所述：

1）管路油液中混入空气，使液压缸内的油液产生"弹性环节"，从而使执行机构在运动时产生抖动爬行。

2）压力波动或压力不足。这主要是由于有关液压元件如换向阀磨损间隙增大，造成内泄漏增加，引起压力不足，或者由于溢流阀阻尼小孔堵塞，主阀弹簧变形，刚性差，造成压力不稳，从而导致执行机构抖动爬行。

3）顶杆液压缸活塞杆运动别劲。主要是由于轧制过程中产生"轧卡"观象（机械故障）或顶杆被撞击，造成活塞杆弯曲变形，致使活塞杆运动摩擦力加大，造成活塞杆运动别劲。

排除方法如下所述：

1）空载大行程往复运动，加压排气直至空气排除。

2）研配换向阀阀芯与阀体之间的配合间隙并达到规定值，或更换新阀。清洗和更换溢流阀的弹簧。检查油质，过滤或更换油液。

3）将活塞杆矫正修复，或更换，并重新安装调整，以保证液压缸活塞运动灵活。

（2）顶杆前进或后退不到位。故障原因主要是由于油液污染，换向阀失灵或换向不灵活，以及单向阀被卡死而造成。排除方法为清洗检修或更换有关阀、更换油液。

（3）溢流阀不限压。故障原因是由于油液污染造成阻尼小孔堵塞，主阀芯卡死或先导阀磨损失灵（高压系统中会产生磨屑杂质）。排除方法是清洗修理溢流阀，并对油液进行过滤或更换。

（4）软管破裂。产生这种故障的原因如下所述：

1）调定压力过高。

2）轧制过程中冲击惯性过大。

3）管子安装时发生扭曲。

4）管子接头松动。

排除方法是重新调定适当的压力,减小冲击惯性,更换管子重新安装和拧紧管接头。

（5）压力表指针被打弯。产生这种故障的主要原因是液压冲击。排除方法是采取措施减小液压冲击,或改装表内有液压油缓冲装置的压力表。

（6）外泄漏严重。产生这种故障的原因如下：

1）管接头长期不进行维护,致使密封破坏。

2）机械冲击引起的振动、噪声、导致配管接头的松动,密封装置被破坏。

3）管路安装和维护不当,造成密封不良或被破坏。

排除方法如下：

1）消除和限制机械冲击的影响。

2）按要求重新安装密封件,加强日常维护和保养。

8.3.4 打包机液压传动系统

8.3.4.1 液压系统的组成

一般情况 4 台打包机共用 1 个液压站和 1 个油箱。每台打包机配有 1 个液压泵组（由辅助泵 1 台、低压泵 1 台、高压泵 1 台组成）。每台打包机有 19 种用途,共 63 个液压缸和 4 个液压马达组成主液压系统和几个辅助液压系统。这里只介绍主液压系统,分析主液压系统的工作原理各有关动作时,可参考电磁铁动作顺序表 8 - 2。

表 8 - 2 电磁铁的动作顺序表

动作顺序 \ 电磁铁		1YA	2YA	3YA	4YA	5YA	6YA
液压缸 G1 不运行、蓄能器不蓄油,系统处于卸荷状态		-	-	-	-	-	-
蓄能器蓄油		+	-	-	-	-	-
蓄能器蓄油、油压 $p > 17$ MPa 时系统处于卸荷状态		-	-	-	-	-	-
压实小车运行	快进压实	+	+	+	-	+	-
	慢进压实	+	+	+	-	-	-
	停止系统卸荷	-	-	-	-	-	-
	慢退、紊乱钢筋复位	+	+	-	-	-	+
	第二次慢进压实	+	+	+	-	-	-
	打捆完毕快退	+	+	-	+	+	-

注:"＋"表示通电,"－"表示断电。

8.3.4.2 主液压系统工作原理

盘卷钢筋打包机主液压传动系统如图 8 - 19 所示。当辅助泵 2 启动、油压大于 0.3MPa 时,压力继电器 3 发生电信号,立即启动高压泵 5 和低压泵 7。这时,高压泵和低压泵向系统供给压力油,其供油过程分三种情况进行：

（1）小车不运行（液压缸 G1 不需要压力油），蓄能器不蓄油。这时所有电磁铁断电,高压泵 5 和低压泵 7 输出的油液经溢流阀 11 和溢流阀 9,再经单向阀 32 和滤油器 34 流回油箱,系统处于卸荷状态。

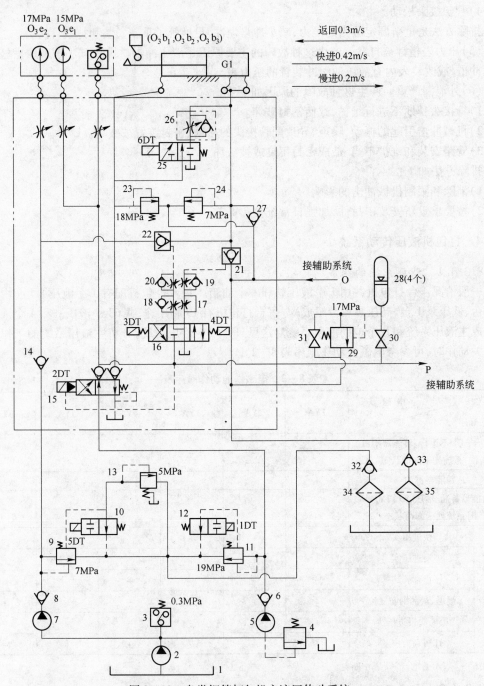

图 8 - 19　盘卷钢筋打包机主液压传动系统

1—油箱;2,5,7—液压泵;3—压力继电器;4,9,11,13,23,24,29—溢流阀;6,8,14,27,32,33—单向阀;
10,12—电磁换向阀;15,16,25—换向阀;17—节流阀;18,19,20,26—单向节流阀;21,22—液压单向阀;
28—蓄能器;30,31—截止阀;34,35—滤油器

(2)蓄能器蓄油,由电接点压力表 O_3e_2 控制换向阀 12 的电磁铁 1YA 通电,阀 12 关闭。当蓄能器蓄油压力大于 17MPa 时,又使 1YA 断电,打开阀 12,使泵 5 卸荷。

(3)压实小车运行,电磁铁 1YA 和 2YA 常处于通电状态,液压泵 5 不断向系统供给压力油,液压缸 G1 驱动压实小车对盘卷钢筋进行压实、复位、快退等动作。

换向阀 25 的作用是:当阀 25 左位接入系统时,液压缸 G1 左右两腔构成差动连接,两腔压力差减小,缸 G1 左移,使被压的有些紊乱盘卷钢筋松弛复位,达到规格化,准备第二次进行压实。

液控单向阀 22 的作用是:当打捆完一个盘卷钢筋后,电磁铁 1YA、2YA、4YA 和 5YA 均通电,阀 16 右位接入系统,阀 22 打开,压力油进入缸 G1 的左右两腔,实现差动连接,缸 G1 驱动压实小车快速返回。

8.3.4.3 主液压系统在运行中主要动作的主油路分析

(1)液压缸 G1 不工作,蓄能器不蓄油,电磁铁全断电,系统处于卸荷状态,其主油路如下。

泵 2 → 泵 5 → 阀 6 → 阀 11 ┐
└→ 泵 7 → 阀 8 → 阀 9 → 阀 32 → 滤油器 34 → 油箱 1

(2)蓄能器进行蓄油,电磁铁 1YA 通电,其他电磁铁均断电,其主油路是:

泵 2 → 泵 5 → 阀 6 → 阀 15 右位 → 截止阀 30 → 蓄能器 28

当蓄油压力 $p > 17$MPa 时,溢流阀 29 开启,压力油经阀 29、单向阀 33、滤油器 35 至油箱 1。阀 29 起安全保护作用。与此同时电接点压力表 O_3e_2 发出信号使 1YA 断电,泵 5 和泵 7 又处于卸荷状态。

(3)液压缸 G1 快进压实,电磁铁 1YA、2YA、3YA 和 5YA 均通电,4YA 和 6YA 断电。这时主油路如下。

进油路:

泵 2 → 泵 5 → 阀 6 → 阀 15 左位泵 ┐
└→ 泵 7 → 阀 8 → 阀 14 ──────→ 液压缸 G1 的有杆腔,活塞向右快进

回油路:

缸 G1 的无杆腔 → 阀 21 → 阀 33 → 滤油器 35 → 油箱 1

控制油路:

蓄能器 28 → 截止阀 30 → 阀 16 左位 → 阀 17 → 阀 19 → 阀 21K 口 → 使阀 21 开启

(4)液压缸 G1 慢进压实,电磁铁 1YA、2YA 和 3YA 均通电,4YA、5YA 和 6YA 均断电。这时主油路如下。

进油路:泵 2 → 泵 5 → 阀 6 → 阀 15 左位 → 缸 G1 的有杆腔,活塞向右慢进

回油路:缸 G1 的无杆腔 → 阀 21 → 阀 33 → 滤油器 35 → 油箱 1

控制油路与快速压实相同。因这时泵 7 处于卸荷状态,只有泵 5 向系统供给压力油,系统流量减小,油缸 G1 的活塞慢速前进压实。

(5)液压缸 G1 暂时停止,系统处于卸荷状态。这时主油路与(1)完全相同。

(6)液压缸 G1 慢退,紊乱盘卷钢筋复位,电磁铁 1YA、2YA 和 6YA 均通电,3YA、4YA 和 5YA 均断电。这时主油路如下。

泵 2 → 泵 5 → 阀 6 → 阀 15 左位 ── 阀 25 左右 → 单向阀 26 → 缸 G1 的无杆腔
缸 G1 的有杆腔 ──────────┘

这时液压缸 G1 的无杆腔和有杆腔串通构成差动连接且两腔油压相等。由于无杆腔活塞面积比有杆腔活塞面积大,所以油压作用在活塞上的作用力不平衡,活塞将向有杆腔移动而带动压

实小车向左慢退,使被压紧的有些紊乱盘卷钢筋松弛复位,达到规格化,等待下次进行压实。

(7)液压缸 G1 向右慢进,进行第二次压实。电磁铁 1YA 和 2YA 同时通电 3YA、4YA、5YA 和 6YA 均断电。这时的主油路如下。

进油路:泵 2→泵 5→阀 6→阀 15 的左位→缸 G1 的有杆腔,活塞向右慢进

回油路:缸 G1 的无杆腔→溢流阀 24→阀 33→滤油器 35→箱 1

(8)打捆完毕,缸 G1 向左快退。电磁铁 1YA、2YA、4YA 和 5YTA 均通电,3YA 和 6YA 均断电。这时的主油路如下。

控制油路:

蓄能器 28→截止阀 30→阀 16 右位→单向节流阀 18→单向节流阀 20→液控单向阀 22K 口,使阀 22 开启

这时泵 5 和泵 7 同时向液压缸 G1 供油,且缸 G1 又构成差动连接,所以活塞带动压实小车快速向左退回,等待下一个盘卷钢筋打捆。

8.3.4.4　打包机液压系统常见故障及其排除

盘卷钢筋打包机液压系统应经常检查和维护,防止和减少故障的发生。一旦发现故障,应细致检查出现故障的部位,在周密调查的基础上,根据液压传动系统图和安装图分析产生故障的原因,找出产生故障的元件,根据具体情况拟定排除故障的方案,制定检修计划,按检修工艺要求进行检修。

打包机液压系统常见故障及其排除有以下几种情况:

(1)油温超高。产生的原因和排除方法如下:

1)蓄能器的氮气压力不足。应补充氮气,充至规定压力值。

2)高压溢流阀溢流较长或电磁线圈不断电。应找电器仪表工进行检修或更换新阀。

3)油箱油位低。应加油到规定标高。

4)室温过高。应开启风机进行降温。

5)冷却泵未开或未注入冷却水。应开启冷却泵或注入冷却水。

(2)控制油不足。产生的原因和排除方法如下:

1)液压泵输出油压的控制压力值调整得过低。应将溢流阀调整到规定压力值。

2)控制阀磨损或损坏造成泄漏。应拆卸进行检修或更换。

3)系统泄漏。先找出泄漏部位,再进行拆卸、清洗和更换密封件。

(3)系统油压不足。产生的原因和排除方法如下:

1)高压泵输出油压低于规定值。应调整高压溢流阀的压力值,当溢流阀失灵时应进行更换。

2)蓄能器氮压不足。应充氮到规定值。

3)控制阀产生内泄。应更换新阀。

4)液压缸产生内泄。应拆卸、清洗、更换密封圈;当活塞磨损严重时,应更换活塞。

(4)压实小车不运行。产生的原因和排除方法如下:

1)压实小车运走部分有障碍物卡住或车轮损坏。应清除障碍物或更换车轮。

2)连接部位或瓦座损坏。应进行更换,重新安装。

3)系统油压不足。按上述分析原因进行排除,使系统油压达到规定值。

4)换向阀的先导阀芯或主阀芯不灵敏或被卡死。应进行拆卸、清洗、检修或进行更换。

5)换向阀的电磁铁与阀体配合不好。更换电磁铁和阀体,重新安装配合或更换整套换向阀。

6)换向阀的电磁线圈断路而造成不能换向。应找电工检查和修理。

7)因单向阀或换向阀的阀芯卡死而造成油管中的油液不畅通。应查明原因、找出损坏的有关阀,进行检修或更换。

8)因节流阀被污物堵塞或阀芯断裂而造成油管一端有油流动而另一端无油流动。应立即卸下损坏的节流阀而更换新的节流阀。

9)因液压缸 G1 的活塞密封圈磨损或老化变质而造成液压缸 G1 内泄。应立即停机拆卸清洗,更换新的密封圈。

10)因液压缸 G1 的活塞或活塞杆磨损而造成泄漏。应立即停机卸下液压缸,进行更换安装。

(5)压实小车在运行中速度不稳定,有爬行现象。产生的原因和排除方法如下:

1)液压缸 G1 的活塞杆或液压缸的刚度低。应更换刚度合格的活塞杆或液压缸。

2)液压缸 G1 安装不当,与导向机构轴线不一致。应拆卸按技术要求重新安装。

3)油液中混入较多空气。应查明混入空气的原因,采取排气措施,清洗滤油器,将吸、排油管远离设置、加强密封,防止停机时油液混入空气。

4)油液黏度不适当。应换用指定黏度的液压油。

5)导轨的导向机构精度较低或磨损而造成接触不良。应按要求进行修理、调整或进行更换,重新安装调整。

6)润滑不充分,造成轨道拉毛或产生小凹坑。应按设计制造要求,对轨道进行修复,并加强润滑,减小摩擦阻力。

(6)压实小车产生前溜。产生的原因和排除方法如下:

1)作安全阀用的溢流阀 29 压力值调得低。应调到指定值。

2)回油液控单向阀 21 和 22 内泄。应进行拆卸、清洗、更换和安装调整。

3)液压缸 G1 有内泄。应对缸进行拆卸、清洗、更换密封圈和重新安装调整。

(7)压实小车产生后溜。产生的原因和排除方法如下:

1)卸压换向阀 25 产生内泄。应对此阀进行拆卸和更换安装。

2)差动回路液控单向阀 22 产生内泄。应对此阀进行拆卸和更换安装。

3)三位四通电磁换向阀 16 产生内泄。应对此阀进行拆卸和更换安装。

4)液压缸 G1 有内泄。应对缸进行拆卸,清洗、更换密封圈和重新安装调整。

(8)压实小车在压实过程中突然停止运动。产生的原因和排除方法如下:

1)电磁换向阀的电磁线圈断电。应找电工进行检修或更换新阀。

2)蓄能器压力不足或无压力。对蓄能器进行检查并充足压力油。

3)压力断电器失灵,造成换向阀的电磁线圈断电。应找电工更换失灵的压力断电器。

(9)压实小车启动、换向时振动大。产生的原因和排除方法如下:

1)液控单向阀开启和关闭配合失灵或阀芯卡死。应对此阀进行拆卸、清洗、检修或进行更换。

2)单向节流阀失灵。应进行拆卸、清洗、检修或更换新阀。

3）卸压换向阀的阀芯卡死。应对此阀进行拆卸、清洗、检修或更换新阀。

4）压力继电器的压力值调得过高。应按要求调到指定值。

（10）蓄能器压力不足或无压力。产生的原因和排除方法如下：

1）压力继电器失灵，使电磁铁 1YA 和 2YA 失控，压力油不能流向蓄能器。应找电工检修压力继电器或更换新的压力继电器。

2）二位四通电液换向阀的阀芯卡死。应对此阀拆卸、清洗、检修或更换新阀。

3）高压泵输出油压不足或无压力。应将限压阀 11 的压力调到指定值，当此阀失灵时，应立即更换新阀，确保系统正常工作。

4）安全阀 29 有内泄。应对该阀进行拆卸、清洗和修理或进行更换。

5）氮气压力不足。应对蓄能器进行充足氮气并达到规定值。

6）系统中有的阀产生内泄。应查找出产生内泄的阀，并进行更换、安装和调整。

9 液压系统的安装使用与维护

液压系统的工作效果,与其安装、调试以及维护使用等环节密切相关,如何科学、合理、正确地使用液压系统,对充分发挥液压系统工作效能,减少故障发生,延长液压系统的使用寿命,有着直接关系。

9.1 液压系统的安装及调试

9.1.1 液压系统的安装

9.1.1.1 安装前的准备工作和要求

液压系统的安装应按液压系统工作原理图,系统管道连接图,有关的泵、阀、辅助元件使用说明书的要求进行。安装前应对上述资料进行仔细分析,了解工作原理,元件、部件、辅件的结构和安装使用方法等,按图样准备好所需的液压元件、部件、辅件。并要进行认真的检查,看元件是否完好、灵活,仪器仪表是否灵敏、准确、可靠。检查密封件型号是否合乎图样要求和完好。管件应符合要求,有缺陷的应及时更换,油管应清洗、干燥。

9.1.1.2 液压元件的安装与要求

(1)安装各种泵和阀时,必须注意各油口的位置不能接错,各接口要紧固,密封要可靠,不得漏油。

(2)液压泵输入轴与电动机驱动轴的同轴度应控制在 $\phi0.1mm$ 以内。安装好后用手转动时,应轻松无卡滞现象。

(3)液压缸安装时应使活塞杆(或柱塞)的轴线与运动部件导轨面平行度控制在 $0.1mm$ 以内。安装好后,用手推拉工作台时,应灵活轻便无局部卡滞现象。

(4)方向阀一般应保持水平安装,蓄能器一般应保持轴线竖直安装。

(5)各种仪表的安装位置应考虑便于观察和维修。

(6)阀件安装前后应检查各控制阀移动或转动是否灵活,若出现呆滞现象,应查明是否由于脏物、锈斑、平直度不好或紧固螺钉扭紧力不均衡使阀体变形等原因引起,应通过清洗、研磨、调整加以消除,如不符合要求应及时更换。

9.1.1.3 液压管道的安装与要求

(1)管道的布置要整齐,油路走向应平直、距离短,直角转弯应尽量少,同时应便于拆装、检修。各平行与交叉的油管间距应大于 $10mm$,长管道应用支架固定。各油管接头要紧固可靠,密封良好,不得出现泄漏。

(2)吸油管与液压泵吸油口处应涂以密封胶,保证良好的密封。液压泵的吸油高度一般不大于 $500mm$ 。吸油管路上应设置过滤器,过滤精度为 $0.1\sim0.2mm$,要有足够的通油能力。

(3)回油管应插入油面以下有足够的深度,以防飞溅形成气泡,伸入油中的一端管口应切成 $45°$,且斜口向箱壁一侧,使回油平稳,便于散热。凡外部有泄油口的阀(如减压阀、顺序阀等),其泄油路不应有背压,应单独设置泄油管通油箱。

(4)溢流阀的回油管口与液压泵的吸油管不能靠得太近,以免吸入温度较高的油液。

9.1.2　液压系统的调试

9.1.2.1　空载调试

空载调试的目的是全面检查液压系统各回路、各液压元件工作是否正常,工作循环或各种动作的自动转换是否符合要求。其步骤为:

(1)启动液压泵,检查泵在卸荷状态下的运转。正常后,即可使其在工作状态下运转。

(2)调整系统压力,在调整溢流阀压力时,从压力为零开始,逐步提高压力使之达到规定压力值。

(3)调整流量控制阀,先逐步关小流量阀,检查执行元件能否达到规定的最低速度及平稳性,然后按其工作要求的速度来调整。

(4)将排气装置打开,使运动部件速度由低到高,行程由小至大运行,然后运动部件全程快速往复运动,以排出系统中的空气,空气排尽后应将排气装置关闭。

(5)调整自动工作循环和顺序动作,检查各动作的协调性和顺序动作的正确性。

(6)各工作部件在空载条件下,按预定的工作循环或工作顺序连续运转2~4h后,应检查油温及液压系统所要求的精度(如换向、定位、停留等),一切正常后,方可进入负载调试。

9.1.2.2　负载试车

负载试车是使液压系统在规定的负载条件下运转,进一步检查系统的运行质量和存在的问题,检查机器的工作情况,安全保护装置的工作效果,有无噪声、振动和外泄漏等现象,系统的功率损耗和油液温升等。

负载试车时,一般应先在低于最大负载和速度的情况下试车,如果轻载试车一切正常,才逐渐将压力阀和流量阀调节到规定值,以进行最大负载和速度试车,以免试车时损坏设备。若系统工作正常,即可投入使用。

9.2　液压系统的使用及维护

9.2.1　液压油的污染与防护

9.2.1.1　液压油被污染的原因
(1)系统内部固有的残留污染物。
(2)外界侵入系统的污染物。
(3)系统内部也在不断地产生污染物而直接进入液压油里。

9.2.1.2　液压油受污染的危害

液压油中的固体颗粒危害最大,当液压油污染严重时,污垢中的颗粒进入到元件里,会使元件磨损加剧,并可能堵塞液压元件里的节流孔、阻尼孔,或使阀芯阻滞或卡死,从而造成液压系统出现故障,使元件寿命缩短。

另外,水分的混入会腐蚀元件、降低油液黏度、使油液变质等;而空气的混入则会引起系统产生气穴、气蚀、振动、噪声、响应变坏或爬行等后果。

9.2.1.3　防止污染的措施

对液压油的污染控制工作主要是从两个方面着手:一是防止污染物侵入液压系统;二是把已经侵入的、内部固有的或内部产生的污染物从系统中清除出去。为防止油液污染,在实际工作中常采取如下措施:

(1)对新油进行过滤净化。

（2）使液压系统在装配后、运转前保持清洁。

（3）使液压油在工作中保持清洁。液压系统应保持严格的密封，防止空气、水分和各种固体颗粒的侵入。

（4）及时更换液压油。液压系统油液的更换一般采用以下方式。

1）定期更换。一般每隔 2000~4000h 换一次油。

2）按照规定的换油性能指标、根据化验结果，科学地确定是否换油。

3）更换新油前，油箱必须先清洗一次。

（5）采用合适的滤油器，对一些重要的回路采用高精度过滤器，并定期检查和清洗滤油器。

（6）控制液压油的工作温度。液压油的工作温度过高不但对液压装置不利，而且也会加速液压油的老化变质，缩短其使用期限。一般液压系统的工作温度最好控制在 65℃ 以下，机床液压系统则应控制在 55℃ 以下。

9.2.2　液压系统的使用注意事项

在实际工作中，除了必须采取各种措施控制油液的污染外，还应注意以下事项。

（1）液面：必须经常检查液面并及时补油。

（2）过滤器：对于不带堵塞指示器的过滤器，一般每隔 1~6 个月更换一次。对于带堵塞指示器的过滤器，要不断监视。

（3）蓄能器：只准向充气式蓄能器中充入氮气。

（4）调整：所有压力控制阀、流量控制阀、泵调节器以及压力继电器、行程开关、热继电器之类的信号装置，都要进行定期检查、调整。

（5）冷却器：冷却器的积垢要定期清理。

（6）设备若长期不用，应将各调节旋钮全部放松，防止弹簧产生永久变形而影响元件的性能。

（7）其他检查：提高警惕并密切注意细节，可以早发现事故苗头，防止酿成大祸。

9.3　液压系统的维护保养

对液压系统的维护保养应分三个阶段。

（1）日常检查：也称点检，是减少液压系统故障最重要的环节，主要是操作者在使用中经常通过目视、耳听及手触等比较简单的方法，在泵启动前、启动后和停止运转前检查油量、油温、油质、压力、泄漏、噪声、振动等情况。出现不正常现象应停机检查原因，及时排除。

（2）定期检查：也称定检，为保证液压系统正常工作，提高其寿命与可靠性，必须进行定期检查，以便早日发现潜在的故障，及时进行修复和排除。定期检查的内容包括，调整日常检查中发现而又未及时排除的异常现象，查明潜在的故障预兆原因并给予排除。对规定必须定期维修的基础部件，应认真检查加以保养，对需要维修的部位，必要时分解检修。定期检查的时间一般与滤油器检修间隔时间相同，约三个月。

（3）综合检查：综合检查大约每年一次，其主要内容是检查液压装置的各元件和部件，判断其性能和寿命，并对产生的故障进行检修或更换元件。

9.4　液压系统的常见故障排除

9.4.1　液压系统故障诊断技术的发展趋势

由于机械设备工作状态的多样性，其液压系统故障诊断技术的发展趋势是不解体化、高精度

化、智能化及网络化,具体内容包括:

(1)不解体化。不解体检测的研究方向是开发可预置于液压系统内的传感器。美国、日本等国家已成功将超微型传感器安置于液压系统内,对系统的温度及主要部件的工作参数进行监测,并利用光纤传感器监测系统的温度、液压油黏度和压力等参数的波动。

(2)高精度化。对于高精度化,在信号技术处理方面,是指提高信号分析的信噪比,对于较复杂的液压系统而言,其信号、系数是瞬态的、非平稳的、突变的。将小波理论用于这些信号的分析处理上,则可大大提高其分辨率。在振动信号的处理上,全息谱分析方法则充分考虑了幅、频、相三者的结合,弥补了普通付氏谱只考虑幅、频关系的不足,能够比较全面地获取振动信号。

(3)智能化。智能化是指开发诊断型专家系统,使数据处理、分析、故障识别自动完成,以减轻诊断的工作量,并提高诊断速度及正确性。在故障诊断的专家系统的建立上,要深入故障形成机理的研究,丰富系统的知识库,解决专家系统所谓的"瓶颈问题"。同时,将模糊神经网络方法应用于故障诊断的专家系统中,使之具有一定的智能,具有自组织、自学习联想功能,从而使诊断系统自我完善,自我发展,此外诊断系统将由集中式走向分布式,系统的硬件生产标准化,软件设计规范化、模块化,都有利于缩短系统的开发周期,提高系统的可靠性。

(4)网络化。网络化是21世纪故障诊断技术的发展方向,随着计算机网络技术的发展及通讯技术的进步,利用各种通讯手段将多个故障诊断系统联系起来,实现资源共享,可提高诊断的质量和精度。将故障诊断系统与数据采集系统结合起来组成网络,有利于对机组的管理,减少设备的投资,提高设备的利用率,必要时可与企业的 MIS 系统相连接,促进企业管理的一体化、现代化。

9.4.2　压力不正常

液压传动系统中,工作压力不正常主要表现在压力不足,工作压力建立不起来,工作压力升不到调定值,有时也表现为压力升高后降不下来,致使液压传动系统不能正常工作,甚至运动件处于原始位置不动。图9-1所示为压力不足的主要原因和排除方法的逻辑诊断流程。从逻辑诊断图的分析中可以看出,液压系统工作压力不足的主要原因有液压泵出现故障、液压泵的驱动电机出现故障以及压力阀出现故障等几个方面。

液压系统压力不正常其他表现形式的产生原因与压力不足的原因是一样的。所以一般说来,液压系统压力不正常都与液压泵、压力阀密切相关。下面详细分析液压泵与压力阀的故障对液压系统压力的影响。

9.4.2.1　液压油泵的常见故障

(1)产生原因:

1)泵内零件配合间隙超出规定技术要求,引起压力脉动或使压力升不高。

2)进出油口不同的单作用泵,进出口油管接反。

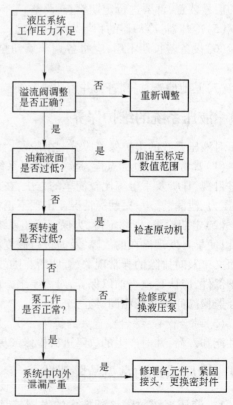

图9-1　压力不足逻辑诊断流程

3)液压泵各个相结合面密封不严,致使空气进入。

4)叶片泵中,叶片卡死,叶片与转子装反,叶片与内曲线表面接触不良;柱塞泵中,柱塞卡死。

5)泵内零件加工质量和装配质量差,如齿轮泵的一对啮合齿轮齿面接触不良。

6)泵内零件损坏,如密封件、轴承等。

(2)排除方法:

1)由于磨损而造成间隙过大的零件,要按修理工艺进行修复,以保证配合间隙在规定的范围内。不能修复的零件应更换新件,保证液压泵的工作性能指标。

2)安装、调试液压泵时,一定要仔细阅读使用说明书,严格执行安装调试工艺规程要求,核对泵的吸、排油口位置,启动液压泵前,一定要向泵内灌满液压油。

3)液压泵的进出油口密封要良好,不得泄漏或进入空气。如确认有无空气进入,可将密封部位涂上黄油,看泵的噪声是否明显减小,来判定泵运转中有否空气进入。

4)泵内各配合处接触不良,要及时修复。装配液压泵时,要执行清洗、装配工艺规程,如叶片泵中的叶片不得装反,运动要灵活,叶片涂油后,靠自重能自动落入转子槽中为合适。

5)泵内零件加工,贮运都要严格执行图纸和各项工艺要求,装配前要严格检验制度,不合格零件,不能装到泵上去。

6)泵内零件损坏,不能修复的要更换新件。特别是密封件,有缺陷的一定要更换新件。

9.4.2.2　液压油泵驱动电动机的常见故障

(1)产生原因:

1)电动机反转。

2)电动机规格不准确,功率不足或转速达不到规定要求。

(2)排除方法

1)重新接线,纠正电动机转向。

2)根据液压泵说明书要求,核对电动机性能规格。

9.4.2.3　压力控制阀的常规故障

(1)溢流阀调压失灵。溢流阀在使用中有时会调压失灵。先导式溢流阀调压失灵有两种情况:一是调调压手轮压力建立不起来,或压力达不到设定数值,另一种是调节手轮压力不下降,甚至不断升压。出现调压失灵,除了阀芯径向卡紧外,还有以下几种原因:

1)主阀芯上阻尼孔堵塞,液压力传递不到主阀上腔和锥阀前腔,导阀就失去对主阀压力的调节作用。因主阀上腔无油压力,弹簧力又很小,所以主阀成为一个弹簧力很小的直动式溢流阀,在进油腔压力很低的情况下,主阀芯就打开溢流,系统便建立不起压力。

调压弹簧变形或选用错误、阀内泄漏过大,或导阀部分锥阀过度磨损等,这是压力达不到调定值的基本原因。

2)先导阀锥阀座上的阻尼小孔堵塞,油压传递不到锥阀上,同样导阀就失去了对主阀压力的调节作用。阻尼小孔堵塞后,在任何压力下,锥阀都不能打开泄油,阀内无油液流动,主阀芯上下腔油液压力相等,主阀芯在弹簧力的作用下处于关闭状态,不能溢流,溢流阀的阀前压力随负载增加而上升。当执行机构运动到终点,外负载无限增加,系统的压力也就无限升高。

3)溢流阀的远程控制口若接有调压阀,此时如果控制口堵塞,控制口到调压阀之间管路较长,并进有空气,便造成压力调节不正常。

4)溢流阀内密封圈损坏,主阀芯、锥阀芯磨损过大,造成内外泄漏严重,使调节压力不稳定,甚至无法正常工作。

（2）减压阀调压失灵。

1）在减压回路中，调节调压手轮，减压阀出口压力不上升，其主要原因是主阀芯阻尼孔堵塞，出口油液不能流入主阀上腔和先导阀的前腔，因此出油口压力传递不到锥阀上，于是导阀就不能对主阀出油口压力进行调节。同时，主阀上腔没有油压作用，故在出油口压力很低时就克服弹簧力作用，将主阀减压口关闭，使出油口建立不起压力。

另外，主阀减压阀口关闭时，由于主阀芯卡住、外控口未堵住甚至锥阀芯未安装在阀座孔内等，都是出油口压力不能上升的原因。

2）出油口压力上升达不到额定数值。这是由于调压弹簧永久变形、压缩行程不够以及锥阀磨损过大等原因造成的。

3）调节调压手轮，不能改变阀后压力，并且出油口压力随进油口压力同时上升或下降。这是由于锥阀座阻尼小孔堵塞后，出油口压力传递不到锥阀上，使导阀失去对主阀出油口压力的调节作用。又因为主阀阻尼小孔无油流动，主阀芯上下腔油液压力相等，主阀芯在弹簧力的作用下处于最下部位置，减压阀口通流面积为最大，于是出油口压力随着进油口压力的变化而变化。

如果外泄油口堵塞，出油口压力虽能作用到锥阀上，但同样主阀芯的阻尼孔无油液流动，减压阀口通流面积也为最大，所以出油口压力也随进油口压力的变化而变化。

单向减压阀的单向阀泄漏严重时，进油口压力就通过泄漏处传递到出油口，使出油口压力也随进油口压力变化而变化。

另外，由于主阀芯在全开位置时卡住，同样也出现上述故障。

4）调节调压手轮时，出油口压力不下降，这主要是由于主阀芯卡住引起的。

5）工作压力调定后，出油口压力自行升高。

9.4.2.4　压力不正常的其他原因

（1）滤油器堵塞，液流通道过小，油液黏度过高，以致吸不上油。

（2）系统油液黏度过低，泄漏严重。

（3）油液中进入过量空气，以及污染严重。

（4）电动机功率不足，转速太低。

（5）管路接错。

（6）压力表损坏。

9.4.3　欠速

9.4.3.1　欠速的不良影响

液压设备执行元件（油缸及油马达）的欠速包括两种情况：一是快速运动（快进）时速度不够快，不能达到设计值和新设备的规定值；二是在负载下其工作速度（工进）随负载的增大显著降低，特别是大型液压设备及负载大的设备，这一现象尤为显著，速度一般与流量大小有关。

欠速首先是影响生产效率，延长了液压设备的循环工作时间。欠速现象在大负载下常常出现停止运动的情况，这便要影响到设备的正常工作了。而对于需要快速运动的设备，速度不够则会影响加工质量和生产效率。

9.4.3.2　欠速产生的原因

（1）快速运动的速度不够的原因。

1）油泵的输出流量不够和输出压力提不高。

2）溢流阀因弹簧永久变形、主阀芯阻尼孔局部堵塞、主阀芯卡死在小开口的位置，造成油泵输出的压力油部分溢回油箱，使通入系统给执行元件的有效流量大为减少，使快速运动的速度不够。

3)系统的内外泄漏严重。快进时一般工作压力较低,但比回油油路压力要高许多。当油缸的活塞密封破损时,油缸两腔因窜腔而内泄漏大(存在压差),使油缸的快速运动速度不够,其他部位的内外泄漏也会产生这种现象。

4)导轨润滑断油,油缸的安装精度和装配精度差等原因,造成快进时摩擦阻力增大。

(2)工作进给时,在负载下工进速度明显降低,即使开大速度控制阀(节流阀等)也依然如此。

1)系统在负载下,工作压力增高,泄漏增大,所调好的速度因内外泄漏的增大而减小。

2)系统油温增高,油液黏度减小,泄漏增加,有效流量减少。

3)油中混有杂质,堵塞流量调节阀节流口,造成工进速度降低;时堵时通,造成速度不稳。

9.4.3.3　欠速排除方法

(1)排除油泵输出流量不够和输出压力不高的故障。

(2)排除溢流阀等压力阀产生的使压力上不去的故障。

(3)查找出产生内泄漏与外泄漏的位置,消除内外泄漏;更换磨损严重的零件消除内漏。

(4)清洗节流阀。

(5)控制油温。

(6)使应有"储能"功能的蓄能器正常工作。

9.4.4　振动和噪声

9.4.4.1　振动和噪声的危害及产生的原因

振动和噪声是液压设备常见故障之一,二者是一对孪生兄弟,往往是同时产生、同时消失。振动和噪声加剧设备的磨损,造成管路接头松脱、加剧泄漏,甚至振坏仪器仪表,淹没报警、指挥信号。噪声使操作者大脑疲劳、心跳加快、影响听力,对操作者身心健康造成危害。

在造成振动和噪声故障源中,油泵和溢流阀居首位,油马达、其他压力阀、方向阀次之,流量阀更次之。

(1)油泵产生振动与噪声的原因。

1)吸油管密封不好,吸进空气。

2)吸油管处的滤油器阻塞,造成吸空。

3)泵盖和泵体结合面密封不好进气。

4)泵的传动轴处油封不当或损坏进气。

5)泵轴轴承破裂或精度太差造成运转噪声。

6)泵轴与联轴器安装不同心。

7)泵从吸油区到压油区的困油现象消除不彻底(齿轮泵、叶片泵、柱塞泵都存在困油现象)。

(2)溢流阀产生振动与噪声的原因。

1)主阀芯弹簧腔内积存有空气。

2)先导锥阀硬度不够,因多次振荡而使锥阀与阀座密封不好。

3)调压锁紧螺母因振动而松动,使压力波动。

4)振荡声伴随着阀的不稳定振动现象引起的压力脉动而造成的噪声,溢流阀、电磁换向阀、单向阀等,它们的阀芯都由弹簧支承,因此对振动都很敏感。这是因为这些阀有弹性元件(弹簧)和运动元件(阀芯),又有不均匀的激振压力(压力脉动),所以具备了振荡条件。例如,先导式溢流阀的导阀部分是一个易振部位,如图9-2所示,在高压溢流时,导阀的轴向开度很小,仅为 0.03 ~ 0.06mm,过流面积很小,流速可高达 200m/s,容易引起压力分布不均,使锥阀径向受力不平衡而产生振动。另外,锥阀和阀座加工精度不高,导阀被胶质物黏结,调压弹簧变形,均可使锥阀振动,并易引起整个阀共振而发出强烈的噪声。

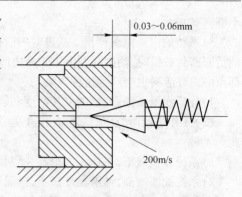

图 9 - 2　先导式溢流阀的导阀

9.4.4.2　排除方法

（1）检查油泵是否产生噪声和振动。

1）检查吸油管和滤油器是否阻塞,如阻塞清洗。

2）检查泵吸油管连接处是否漏气。

（2）检查溢流阀是否产生噪声和振动。

1）检查先导阀（锥阀）是否磨损,能否与阀座密合,如不正常换先导阀头。

2）检查先导阀调压弹簧是否变形扭曲,扭曲则换弹簧或换先导阀头。

（3）检查油泵与电动机联轴器安装是否同心、对中,不同心的调整。

（4）检查管路有无振动,有振动处加隔音消振管夹。

（5）双泵或多泵联合供油的油液汇流处的接头要合理（见图 9 - 3）,否则会因涡流气蚀产生振动和噪声。

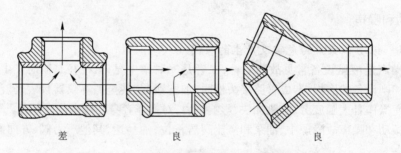

差　　　　　　　良　　　　　　　　良

图 9 - 3　双泵或多泵联合供油的油液汇流处的接头

9.4.5　爬行

9.4.5.1　产生爬行的原因

液压执行机构（油缸移动或马达转动）出现明显的速度不均、断续运动、一快一慢、一跳一停的现象,称之为爬行。造成爬行的原因有三个:

（1）油缸或马达内进气。

（2）系统内有压力或流量脉动。

（3）执行机构的机械阻力或摩擦力变化太大。

在上述三个因素中,对于正常运转的设备来说,空气进入系统是主要因素。由于空气的压缩性很大,一旦液压油中混入空气,使原本认为"不可压缩"的"刚性"液体,变成了包含很多"小气球"的"弹性"液体,因而此时油液"刚性"极差,像弹簧一样,具有吸收和释放力的过程。作用在执行机构上的力也就发生时大时小的变化,导致爬行。

9.4.5.2　消除爬行的方法

（1）检查发生爬行的液压缸内有无空气混入、通过排气阀排尽空气。

（2）检查油缸缸盖密封是否良好,有无漏油、进气交替进行的现象。

（3）检查油泵供油系统中是否有空气打入油缸。

（4）检查发生爬行的液压支路上的节流阀中是否有污物进入，使节流阀处于时开、时堵状态。

（5）检查润滑油稳定器是否失灵，从而导致润滑油不稳定，时而断流，出现干摩擦现象。

（6）检查油泵是否磨损而引起流量脉动，使执行机构爬行。

（7）检查压力阀的阻尼孔是否阻塞造成系统压力波动而导致爬行。

（8）检查液压缸内孔是否有局部拉伤现象而导致爬行。

（9）检查液压缸是否由于装配不当有"别劲"现象。

9.4.6　液压系统油温过高

9.4.6.1　油温过高的不良影响

液压系统的温升发热，和污染一样，也是一种综合故障的表现形式，它主要通过测量油温和少量液压元件来衡量。

液压设备是用油液作为工作介质来传递和转换能量的，运转过程中的机械能损失、压力损失和容积损失必然转化成热量放出。油温从开始运转时接近室温的温度，通过油箱、管道及机体表面，还可通过设置的油冷却器散热，运转到一定时间后，温度不再升高而稳定在一定温度范围内达到热平衡，二个温度之差便是温升。

温升过高会产生下述故障和不良影响：

（1）油温升高，会使油的黏度降低，泄漏增大，泵的容积效率和整个系统的效率会显著降低。由于油的黏度降低，滑阀等移动部位的油膜变薄和被切破，摩擦阻力增大，导致磨损加剧，系统发热，带来更高的温升。

（2）油温过高，使机械产生热变形，使得液压元件中热膨胀系数不同的运动部件之间的间隙变小而卡死，引起动作失灵，又影响液压设备的精度，导致零件加工质量变差。

（3）油温过高，也会使橡胶密封件变形，提早老化失效，降低使用寿命，丧失密封性能，造成泄漏，泄漏会又进一步导致发热产生温升。

（4）油温过高，会加速油液氧化变质，并析出沥青物质，降低液压油使用寿命。析出物堵塞阻尼小孔和缝隙式阀口，导致压力阀调压失灵、流量阀流量不稳定和方向阀卡死不换向、金属管路伸长变弯甚至破裂等诸多故障。

（5）油温升高，油的空气分离压降低，油中溶解空气逸出，产生气穴，致使液压系统工作性能降低。

9.4.6.2　简单的防治

（1）在设备运行中观察温度计显示温度是否正常。

（2）如发生温度超过允许范围应检查双金属温度计发讯系统是否正常。必要时与电工联系，共同排除故障。

（3）检查循环过滤冷却泵工作是否正常。

（4）检查冷却水是否正常通水。

9.4.7　液压系统进气和气穴

9.4.7.1　液压系统进入空气和产生气穴的危害

液压封闭系统内部的气体有两种来源：一是从外界被吸入到系统内的，称为混入空气；二是由于气穴现象产生液压油中溶解空气的分离。

（1）混入空气的危害。

1）油的可压缩性增大（1000 倍），导致执行元件动作误差，产生爬行，破坏了工作平稳性，产生振动，影响液压设备的正常工作。

2）大大增加了油泵和管路的噪声和振动，加剧磨损。气泡在高压区成了"弹簧"，系统压力波动很大，系统刚性下降。气泡被压力油击碎，产生强烈振动和噪声，使元件动作响应性大为降低，动作迟滞。

3）压力油中气泡被压缩时放出大量热量，局部燃烧氧化液压油，造成液压油的劣化变质。

4）气泡进入润滑部位，切破油膜，导致滑动面的烧伤与磨损及摩擦力增大（空气混入，油液黏度增大）的现象。

5）气泡导致气穴。

（2）气穴的危害。所谓气穴，是指流动的压力油液在局部位置压力下降（流速高，压力低），达到饱和蒸气压或空气分离压时，产生蒸气和溶解空气的分离而形成大量气泡的现象，当再次从局部低压区流向高压区时，气泡破裂消失，在破裂消失过程中形成局部高压和高温，出现振动和发出不规则的噪声，金属表面被氧化剥蚀。这种现象称为气穴，又称为气蚀。气穴多发生在油泵进口处及控制阀的节流口附近。

气穴除了产生混入空气的那些危害外，还会在金属表面产生点状腐蚀性磨损。因为在低压区产生的气泡进入高压区突然溃灭，产生数十兆帕的压力，推压金属粒子，反复作用使金属急剧磨损。气泡（气穴）还会使泵的有效吸入流量减少。

另外，因为气穴，工作油的劣化大大加剧。气泡在高压区受绝热压缩，产生极高温度，加剧了油液与空气的化学反应速度，甚至燃烧，发光发烟，碳元素游离，导致油液发黑。

9.4.7.2　空气混入液压系统的途径和产生气穴的原因

（1）空气的混入途径。

1）油箱中油面过低或吸油管未埋入油面以下造成吸油不畅而吸入空气（见图 9 - 4）。

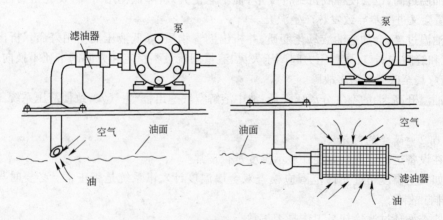

图 9 - 4　油箱油液不够，吸入空气

2）油泵吸油管处的滤油器被污物堵塞，或滤油器的容量不够，网孔太密，吸油不畅形成局部真空，吸入空气。

3）油箱中吸油管与回油管相距太近，回油飞溅搅拌油液产生气泡，气泡来不及消泡就被吸入泵内。

4）回油管在油面以上，当停机时，空气从回油管逆流而入（缸内有负压时）。

5）系统各油管接头,阀与阀安装板的连接处密封不严,或因振动松动等原因,空气乘隙而入。

6）因密封破损、老化变质或因密封质量差,密封槽加工不同心等原因,在有负压的位置(例如油缸两端活塞杆处、泵轴油封处、阀调节手柄及阀工艺堵头等处),空气便乘虚而入。

（2）气穴的原因。

1）上述空气混入油液的各种原因,也是可能产生气穴的原因。

2）油泵的气穴原因。

①油泵吸油口堵塞或容量选得太小。

②驱动油泵的电动机转速过高。

③油泵安装位置(进油口高度)距油面过高。

④吸油管通径过小,弯曲太多,油管长度过长,吸油滤油器或吸油管浸入油内过浅。

⑤冬天开始启动时,油液黏度过大等。

上述原因导致油泵进口压力过低,当低于某温度下的空气分离压时,油中的溶解空气便以空气泡的形式析出,当低于液体的饱和蒸气压时,就会形成气穴现象。

9.4.7.3　油泵气穴的防治方法

（1）按油泵使用说明书选择泵驱动电动机的转数。

（2）对于有自吸能力的泵,应严格按油泵使用说明书推荐的吸油高度安装,使泵的吸油口至液面的相对高度尽可能低,保证吸油进油管内的真空度不要超过泵本身所规定的最高自吸真空度,一般齿轮泵为0.056MPa,叶片泵为0.033MPa,柱塞泵为0.0167MPa,螺杆泵为0.057MPa。

（3）吸油管内流速控制在1.5m/s以内,适当缩短进油管路,减少管路弯曲数,管内壁尽可能光滑,以减少吸油管的压力损失。

（4）吸油管头(无滤油器时)或滤油器要埋在油面以下,随时注意清洗滤网或滤芯;吸油管裸露在油面以上的部分(含管接头)要密封可靠,防止空气进入。

9.4.8　液压卡紧和卡阀

9.4.8.1　液压卡紧的危害

因毛刺和污物楔入液压元件滑动配合间隙,造成的卡阀现象,通常称为机械卡紧。

液体流过阀芯阀体(阀套)间的缝隙时,作用在阀芯上的径向力使阀芯卡住,称为液压卡紧。液压元件产生液压卡紧时,会导致下列危害。

（1）轻度的液压卡紧,使液压元件内的相对移动件(如阀芯、叶片、柱塞、活塞等)运动时的摩擦阻力增加,造成动作迟缓,甚至动作错乱的现象。

（2）严重的液压卡紧,使液压元件内的相对移动件完全卡住,不能运动,造成不能动作(如换向阀不能换向,柱塞泵柱塞不能运动而实现吸油和压油等)的现象。

9.4.8.2　产生液压卡紧和卡阀现象的原因

（1）阀芯外径、阀体(套)孔形位公差大,有锥度,且大端朝着高压区,或阀芯阀孔失圆,装配时二者又不同心,存在偏心距 e（见图9-5a）这样压力油 p_1 通过上缝隙 a 与下缝隙 b 产生压力降曲线不重合,产生一向上的径向不平衡力(合力),使阀芯上移更加大偏心。上移后,上缝隙 a 更缩小,下缝隙 b 更增大,向上的径向不平衡力更增大,最后将阀芯顶死在阀体孔上。

（2）阀芯与阀孔因加工和装配误差,阀芯在阀孔内侧倾斜成一定的角度,压力油 p_1 经上下缝隙后,上缝隙值不断增大,下缝隙值不断减少,其压力降曲线也不同,压力差值产生偏心力和一个使阀芯阀体孔的轴线互不平衡的力矩,使阀芯在孔内更倾斜,最后阀芯卡死在阀孔内(见图

9 - 5b)。

(3)阀芯上因碰伤有局部凸起或毛刺,产生一个使凸起部分压向阀套的力矩(见图 9 - 5c),将阀芯卡在阀孔内。

(4)污染颗粒进入阀芯与阀孔配合间隙,使阀芯在阀孔内偏心放置,形成图 9 - 5(b)所示状况,产生径向不平衡力导致液压卡紧。

(5)阀芯与阀孔配合间隙大,阀芯与阀孔台肩尖边与沉角槽的锐边毛刺倾倒的程度不一样,引起阀芯与阀孔轴线不同心,产生液压卡紧。

(6)其他原因产生的卡阀现象:

1)阀芯与阀体孔配合间隙过小。

2)污垢颗粒楔入间隙。

3)装配扭斜别劲,阀体孔阀芯变形弯曲。

4)温度变化引起阀孔变形。

5)各种安装紧固螺钉压得太紧,导致阀体变形。

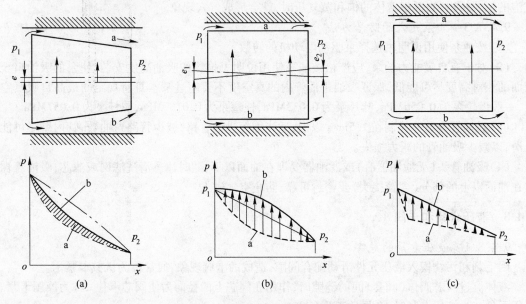

图 9 - 5　各种情况下径向不平衡力

9.4.8.3　消除液压卡紧和卡阀现象的方法

(1)提高阀芯与阀体孔形状和位置精度,加工精度低的阀要及时更换。

(2)采用锥形台肩,台肩小端朝着高压区,利用阀芯在阀孔内径向对中。

(3)仔细清除阀芯凸肩及阀孔沉割槽尖边上的毛刺,防止磕碰而弄伤阀芯外圆和阀体内孔。

(4)提高油液的清洁度。

附表 常用液压传动图形符号（摘自 GB/T 786.1—2009）

附表 1 基本符号、管路及连接

名　称	符　号	名　称	符　号
工作管路		柔性管路	
控制管路泄漏管路		组合元件框线	
连接管路		单通路旋转接头	
交叉管路		三通路旋转接头	

附表 2 动力源及执行机构

名　称	符　号	名　称	符　号
单向定量液压泵		摆动液压马达	
双向定量液压泵		单作用单活塞杆缸	
单向变量液压泵		单作用弹簧复位式单活塞杆缸	
双向变量液压泵		单作用伸缩缸	
液压源		双作用单活塞杆缸	
单向定量液压马达		双作用双活塞杆缸	
双向定量液压马达		双作用可调单向缓冲缸	
单向变量液压马达		双作用伸缩缸	
双向变量液压马达		单作用增压器	

附表3　控制方式

名　称	符　号	名　称	符　号
人力控制一般符号		差动控制	
手柄式人力控制		内部压力控制	
按钮式人力控制		外部压力控制	
弹簧式机械控制		单作用电磁控制	
顶杆式机械控制		单作用可调电磁控制	
滚轮式机械控制		双作用电磁控制	
加压或卸压控制		双作用可调电磁控制	
液压先导控制 （加压控制）		电液先导控制	
液压先导控制 （卸压控制）		定位装置	

附表4　控制阀

名　称	符　号	名　称	符　号
溢流阀一般符号 或直动型溢流阀		减压阀一般符号 或直动型减压阀	
先导型溢流阀		先导型减压阀	
先导型比例电磁 溢流阀		顺序阀一般符号 或直动型顺序阀	

名 称	符 号	名 称	符 号
先导型顺序阀		集流阀	
平衡阀 （单向顺序阀）		分流集流阀	
		截止阀	
卸荷阀一般符号 或直动型卸荷阀		单向阀	
		液控单向阀	
压力继电器		液压锁	
不可调节流阀			
可调节流阀			
可调单向节流阀		或门型梭阀	
		二位二通换向阀 （常闭）	
调速阀一般符号		二位二通换向阀 （常开）	
		二位三通换向阀	
单向调速阀　简化符号		二位四通换向阀	
		二位五通换向阀	
温度补偿型 调速阀			
旁通型调速阀		三位三通换向阀	
		三位四通换向阀	
分流阀			
三位四通手动换向阀		三位四通电磁换向阀	
二位二通手动换向阀		三位四通电液换向阀	
三位四通液动换向阀		四通伺服阀	

附表 5　辅件和其他装置

名　称	符　号	名　称	符　号
油箱		冷却器	
密闭式油箱 （三条油路）		过滤器一般符号	
蓄能器一般符号		带磁性滤芯过滤器	
弹簧式蓄能器		带污染指示器 过滤器	
重锤式蓄能器		压力计	
气体隔离式蓄能器		压差计	
		流量计	
温度调节器		温度计	
加热器		电动机	
		行程开关	

参 考 文 献

［1］雷天觉. 液压工程手册［M］. 北京:机械工业出版社,1990.

［2］日本液压气动协会. 液压气动手册［M］. 北京:机械工业出版社,1984.

［3］林建亚,何存兴. 液压元件［M］. 北京:机械工业出版社,1988.

［4］陈愈. 液压阀［M］. 北京:中国铁道出版社,1982.

［5］章宏甲,黄谊. 液压传动［M］. 北京:机械工业出版社,1993.

［6］上海第二工业大学液压教研室. 液压传动与控制(第二版)［M］. 上海:上海科学技术出版社,1990.

［7］王懋瑶. 液压传动与控制教程［M］. 天津:天津大学出版社,1987.

［8］俞启荣. 机床液压传动［M］. 北京:机械工业出版社,1984.

［9］江苏省《液压传动》编写组. 液压传动［M］. 镇江:江苏科学技术出版社,1986.

［10］大连工学院机械制造教研室. 金属切削机床液压传动(第二版)［M］. 北京:科学出版社,1985.

［11］杨宝光. 锻压机械液压传动［M］. 北京:机械工业出版社,1981.

［12］蒋志勤. 机床液压传动教程［M］. 徐州:中国矿业大学出版社,1988.

［13］［美］R. P. 兰姆贝克. 液压泵和液压马达选择与应用［M］. 吴忠仁,译. 北京:机械工业出版社,1989.

［14］薛祖德. 液压传动［M］. 北京:中央广播电视大学出版社,1995.

［15］王春行. 液压伺服控制系统［M］. 北京:机械工业出版社,1983.

［16］李洪人. 液压控制系统［M］. 北京:国防工业出版社,1990.

［17］宋学义. 袖珍液压气动手册［M］. 北京:机械工业出版社,1995.

［18］陈松楷. 机床液压系统设计指导手册［M］. 广州:广东高等教育出版社,1993.

［19］丁树模. 机械工程学(第2版)［M］. 北京:机械工业出版社,1996.

［20］王运敏. 中国采矿设备手册［M］. 北京:科学出版社,2007.

冶金工业出版社部分图书推荐

书　名	作　者	定价(元)
冶金机械安装与维护(本科教材)	谷士强	24.00
液压传动与气压传动(本科教材)	朱新才	39.00
电液比例与伺服控制(本科教材)	杨征瑞	36.00
机械设备维修基础(高职教材)	闫喜琪	28.00
液压传动(高职教材)	孟延军	25.00
工厂电气控制设备(高职教材)	赵秉衡	20.00
机械维修与安装(高职教材)	周师圣	29.00
采掘机械(高职教材)	苑忠国	38.00
矿山提升与运输(高职教材)	陈国山	39.00
采掘机械和运输(第2版)(中职教材)	朱嘉安	49.00
轧钢车间机械设备(中职教材)	潘慧勤	32.00
机械安装与维护(职教教材)	张树海	22.00
通用机械设备(职教教材)	张庭祥	25.00
热工仪表及其维护(职业教育培训教材)	张惠荣	26.00
冶炼设备维护与检修(职业教育培训教材)	时彦林	49.00
电气设备故障检测与维护(职业教育培训教材)	王国贞	28.00
轧钢设备维护与检修(职业教育培训教材)	袁建路	28.00
炼焦设备检修与维护(职业教育培训教材)	魏松波	32.00
干熄焦生产操作与设备维护(职业教育培训教材)	罗时政	70.00
加热炉基础知识与操作(职业教育培训教材)	戚翠芬	29.00
液压可靠性与故障诊断(第2版)	湛从昌	49.00
冶金液压设备及其维护	任占海	35.00
液力偶合器使用与维护500问	刘应诚	49.00
液力偶合器选型匹配500问	刘应诚	49.00
冶金通用机械与冶炼设备	王庆春	45.00
地下辅助车辆	石博强	59.00
机械制造装备设计	王启义	35.00
矿山工程设备技术	王荣祥	79.00